Aldo Dórea Mattos

GESTÃO de CUSTOS de OBRA

conceitos, boas práticas e recomendações

2ª edição

Grafia atualizada conforme o Acordo Ortográfico da Língua Portuguesa de 1990, em vigor no Brasil desde 2009.

Capa, projeto gráfico e diagramação Malu Vallim
Fotos capa Brett Jordan, Jeff Tumale, Victor Xok, Josue Isai Ramos Figueroa, Saba Khvedelidze (www.unsplash.com)
Preparação de figuras Victor Azevedo
Preparação de textos Hélio Hideki Iraha
Revisão de textos Natália Pinheiro Soares
Impressão e acabamento BMF gráfica e editora

Dados Internacionais de Catalogação na Publicação (CIP)
(Câmara Brasileira do Livro, SP, Brasil)

Mattos, Aldo Dórea
Gestão de custos de obra : conceitos, boas práticas e recomendações / Aldo Dórea Mattos. -- 2. ed. -- São Paulo : Oficina de Textos, 2020.

Bibliografia.
ISBN 978-65-86235-10-4

1. Construções 2. Engenharia 3. Engenharia civil 4. Gestão de negócios 5. Planejamento e controle I. Título.

20-48369 CDD-624

Índices para catálogo sistemático:
1. Engenharia civil 624

Aline Graziele Benitez - Bibliotecária - CRB-1/3129

Rua Cubatão, 798
CEP 04013-003 São Paulo SP
tel. (11) 3085-7933
www.ofitexto.com.br
atend@ofitexto.com.br

Para meus alunos e leitores. E, por falar
em custo, para Daniele, minha esposa,
e Artur, meu filho

"Uma vela nada perde quando, com sua chama, acende
uma outra que está apagada."

Orison Swett Marden

agradecimentos

Agradeço a todos os que me ensinaram alguma coisa na carreira de engenheiro: professores, autores, colegas, chefes e subordinados.

Agradeço a meu pai, que me apresentou a profissão e me emprestou seus inúmeros livros técnicos em português, espanhol e inglês.

Agradeço à Eng. Fernanda Lima pela compilação dos tópicos.

Por fim, agradeço à equipe da Oficina de Textos, em especial a Marcel Iha, Natália Pinheiro, Hélio Hideki Iraha, Malu Vallim e Josiani de Souza.

apresentação

"Livros são os mais silenciosos amigos; os mais acessíveis e sábios conselheiros; e os mais pacientes professores."

Charles W. Eliot

"O Curso de Graduação em Engenharia tem como perfil do formando egresso/profissional o engenheiro, com formação generalista, humanista, crítica e reflexiva, capacitado a absorver e desenvolver novas tecnologias, estimulando a sua atuação crítica e criativa na identificação e resolução de problemas, considerando seus aspectos políticos, econômicos, sociais, ambientais e culturais, com visão ética e humanística, em atendimento às demandas da sociedade." Assim estabelece, em seu art. 3º, a Resolução nº 11/2002 do Conselho Nacional de Educação/Comissão de Educação Superior.

Para alcançar esses objetivos, são imprescindíveis à formação do engenheiro sólidos conhecimentos matemáticos e científicos, tecnológicos e de informática, de equipamentos e instrumentos, de direito, relações humanas e liderança, para possibilitar-lhe o desenvolvimento de espírito criativo e de habilidades e competências para planejar, elaborar e coordenar projetos de engenharia e estudos de viabilidade, gerenciar contratos de empreitada, administrar canteiros de obras, liderar e dirigir pessoas e desempenhar cargos e funções técnicas.

Deem-se esses conhecimentos a um indivíduo e, ao cabo de alguns anos, ter-se-á preparado um engenheiro. Atualmente, mais três disciplinas vieram se somar a essa expertise, que são a qualidade, o impacto das atividades da engenharia nos contextos social e ambiental e a adoção de inovadoras soluções técnicas que possibilitam o uso racional dos insumos, inclusive água e energia, um esforço no sentido de transformar o status da construção civil de predadora em sustentável.

Essas disciplinas, que giram em torno do orçamento, complementam o conhecimento do engenheiro e se constituem em uma ferramenta de grande utilidade prática para a tomada de decisões com garantia da eficácia.

O ensino da Engenharia, por suas características complexas, é feito não só nos bancos e laboratórios das escolas mas também por meio da prática dos equipamentos e com a leitura dos livros técnicos. Esses últimos, que andaram por algumas décadas tão escassos nas prateleiras das livrarias, voltaram em bom tempo a aparecer, para a satisfação não só do alunado como de toda a categoria profissional, que faz do livro, esse silencioso amigo, o seu instrumento de aperfeiçoamento contínuo.

Assim, vejo com satisfação este exemplar intitulado Gestão de custos de obra. O seu autor, o engenheiro, escritor, conferencista e líder Aldo Dórea Mattos, dá com esta obra uma valiosa contribuição à produção técnico-científica brasileira. O professor Aldo, como os bons escritores, além do seu estilo didático, tem o dom da escrita simples, mas não simplificada, o que a torna valorizada entre os seus pares, alunos e leitores.

O livro está dividido em oito capítulos. O primeiro trata das estimativas de custo e suas metodologias. O Cap. 2 versa sobre o orçamento propriamente dito, enquanto o terceiro explora o custo indireto. O Cap. 6 trata da gestão de custos propriamente dita, enquanto o Cap. 7 apresenta o planejamento, tema em que o autor é um especialista por demais consagrado, proporcionando ao leitor uma visão abrangente da Engenharia e de Gestão de Custos.

Finalmente, desejo que o entusiasmo de Aldo, observado em seus textos, facilite a construção do conhecimento profissional de cada leitor, não só estimulando a paixão pelos livros como também colhendo o máximo da sua sabedoria.

Roberto Sales Cardoso
Engenheiro Civil e autor

SUMÁRIO

um

Estimativa de custos

1.1 Estimativa dos quantitativos de fundação

Muitas vezes o orçamentista precisa fazer uma estimativa de quantidades para fins de cálculo expedito do custo de uma obra. Sem dispor ainda de plantas detalhadas e projeto executivo, o bravo orçamentista deseja, por exemplo, estimar o custo das fundações do prédio. Como fazê-lo de forma rápida?

Para resolver essa questão palpitante, devemos raciocinar de trás para frente. Para calcular o custo das sapatas (ou estacas), é preciso ter uma ideia da quantidade desses elementos; essa quantidade é função do número desses elementos e do tamanho médio de cada um, informações que só teremos se partirmos de três premissas de cálculo: a quantidade de pilares, a carga em cada um deles e a capacidade de carga do terreno.

Dessa forma, o roteiro intuitivo é:

- estimar a carga total do prédio;
- determinar a quantidade de pilares em função da área da edificação;
- calcular a carga média por pilar;
- adotar uma capacidade de carga para o terreno;
- dimensionar cada elemento de fundação (sapata ou estaca).

Vejamos um exemplo que ilustrará bem o método. Seja um prédio residencial de dez pavimentos, cada um com 300 m² de laje. Calcularemos fundações em *sapatas*. Vamos passo a passo.

1.1.1 Carga total do prédio

Para calcular o peso (carga) total do prédio, temos de usar alguns indicadores históricos. O primeiro deles é a *espessura média* de concreto por pavimento, ou seja, quanto concreto há por metro quadrado em cada pavimento. A experiência mostra que esse número fica na faixa de 0,20 m, isto é, as lajes, os pilares e as vigas representam uma espessura média de 20 cm por metro quadrado de construção.

Admitindo que o concreto armado tenha uma massa específica de 2,5 t/m³, teremos que a estrutura em si pesará 0,5 t/m². Podemos considerar outro tanto a título de sobrecarga, peso de alvenaria e revestimentos, o que nos leva a algo em torno de *1 t/m²*. Esse é um indicador de fácil manuseio: *um prédio de 3.000 m² de área de torre pesará aproximadamente* 3.000 t.

$$\text{Carga total} = \text{qtde. pavimentos} \times \text{área pavimento} \times \text{carga por m}^2$$

1.1.2 Quantidade de pilares

Caso não disponhamos do projeto arquitetônico para um levantamento exato da quantidade de pilares, podemos utilizar os dados médios da *área de influência* de cada pilar apresentados na Tab. 1.1.

Tab. 1.1 Área de influência do pilar

Uso do prédio	Área de influência do pilar
Residencial	1 pilar para cada 12,5 m²
Comercial	1 pilar para cada 25 m²

Em nosso caso, trabalharemos com um pilar a cada 12,5 m², o que dará um total de 300/12,5 = *24 pilares*.

$$\text{Qtde. pilares} = \frac{\text{Área pavimento}}{\text{Área influência capilar}}$$

1.1.3 Carga por pilar

A conta é simples: 3.000 t distribuídas em 24 pilares nos dá uma carga média de *125 t*.

$$\text{Carga pilar} = \frac{\text{Carga total}}{\text{Qtde. pilares}}$$

1.1.4 Capacidade de carga do terreno

Esse parâmetro não é calculado a partir da geometria da edificação, por ser inerente ao solo. O que se faz é assumir uma capacidade de carga compatível com o terreno da obra. Quanto mais resistente o solo, maior sua capacidade de carga. A Tab. 1.2 serve de orientação.

Tab. 1.2 Capacidade de carga do solo

Tipo	Capacidade de carga (kgf/cm²)
Rocha viva	100
Rocha laminada	35
Depósito compacto de matacões e pedras	10
Solo concrecionado	8
Pedregulho compacto	5
Areia grossa fofa	2
Areia fina compacta	2
Areia fina fofa	1
Argila dura	3
Argila média	1

Para ficar do lado da segurança, pode-se adotar 2 *kgf/cm²*.

1.1.5 Dimensionamento das sapatas

Para o dimensionamento das sapatas, definamos primeiramente sua geometria (Fig. 1.1).

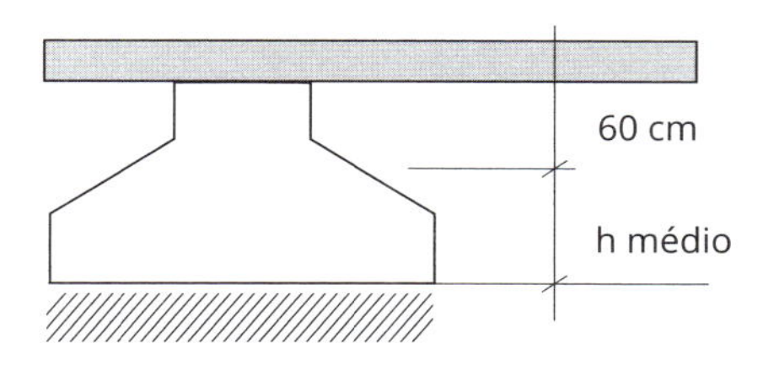

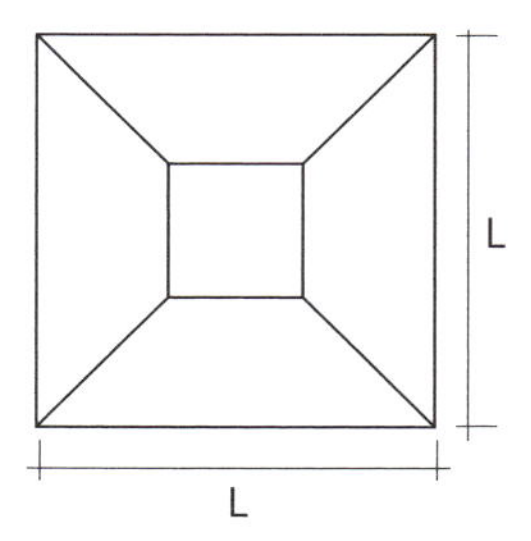

Fig. 1.1 *Sapata – corte e planta*

A área da sapata será tal que o terreno comporte a carga, ou seja, o quociente entre 125 t e a área deverá ser menor do que 2 kgf/cm², o que nos leva a que a área mínima será (125.000 kgf)/(20.000 kgf/m²) = 6,25 m², que significa uma sapata quadrada de 2,5 *m* de lado.

$$\text{Área sapata} = \frac{\text{Carga pilar}}{\text{Capacidade carga}}$$

$$\text{Lado sapata} = \sqrt{\text{área sapata}}$$

Como último retoque, definamos o $h_{médio}$ para a sapata ficar esteticamente e estaticamente adequada, através da fórmula empírica:

$$h_{médio} = 0{,}8 \times \frac{L}{3}$$

Em nosso caso, cada uma das 24 sapatas teria então 67 cm de altura da base mais 60 cm de "pescoço".

No interessante e útil livro *Custo sem susto* (Gonçalves; Ceotto, 2014), os autores ensinam como calcular de forma paramétrica uma grande quantidade de serviços. Vale a pena conferir.

1.2 Precisão do orçamento

Orçar uma obra é realizar um exercício de previsão. É acima de tudo interpretar o projeto e computar (adivinhar?) tudo aquilo que representará custo na obra.

Diversos são os momentos em que um orçamento pode ser feito. Em estágios preliminares, quando só se dispõe de um anteprojeto, pode-se estimar o custo da obra por ordem de grandeza, através de estimativas paramétricas (custo por metro quadrado, custo por quilômetro de rede de drenagem etc.). Nesse caso, a imprecisão da estimativa é muito maior do que quando se tem um projeto executivo bem elaborado, com especificações de material, quantitativos confiáveis, plantas e cortes, estudo topográfico e sondagem.

De que forma a precisão das estimativas de custo varia com o grau de desenvolvimento do projeto?

A AACE International, associação de Engenharia de Custos, procurou investigar essa variabilidade e propõe a matriz de classificação apresentada na Tab. 1.3.

Quando se trata da *indústria de processo*, isto é, refinarias, indústrias petroquímicas etc., ela propõe outra classificação (Tab. 1.4).

Por que será que a variação +/– não é simétrica? A resposta é simples: porque a prática mostra que é mais comum um empreendimento ter um custo final real *superior* à estimativa original do que *inferior* a ela.

A utilização das faixas da AACE International tornou-se padrão internacional de linguagem. Assim, quando alguém diz que tem uma estimativa Classe 3, dá para se ter uma noção do grau de detalhamento dessa estimativa. E não é só isso. Há empresas, para fins de autorização interna, que só asseguram recursos para empreendimentos cuja estimativa for Classe 2, por exemplo.

É bom ter conhecimento dessas boas práticas internacionais. Num cenário em que cada vez mais empresas brasileiras envolvem-se em contratos no exterior ou consorciam-se com empresas estrangeiras, um denominador comum é de grande relevância.

Tab. 1.3 Matriz de classificação da estimativa de custos

Classe de estimativa	Característica principal	Características secundárias			
	Nível de maturidade da definição das entregas do projeto – expresso em % de completude da definição do escopo	Finalidade – propósito típico da estimativa	Metodologia – método típico de estimativa	Intervalo de precisão esperado – variação típica +/– em relação ao índice 1 (= estimativa Classe 1)[a]	Esforço de preparação – grau de esforço típico em relação ao índice 1[b]
Classe 5	0% a 2%	Seleção ou viabilidade	Estocástico (através de fatores e/ou modelos) ou julgamento	4 a 20	1
Classe 4	1% a 15%	Estudo conceitual ou viabilidade	Predominantemente estocástico	3 a 12	2 a 4
Classe 3	10% a 40%	Autorização para provisão de recursos ou controle	Misto, mas predominantemente estocástico	2 a 6	3 a 10
Classe 2	30% a 70%	Controle ou proposta	Predominantemente determinístico	1 a 3	5 a 20
Classe 1	50% a 100%	Checagem de orçamento ou proposta	Determinístico	1	10 a 100

Notas: [a]Admitindo que um orçamento Classe 1 tenha +10%/–5% (= índice 1), um orçamento Classe 3 terá variabilidade de +20%/–10% a +60%/–30%.

[b]Se o índice de custo 1 representar 0,005% do custo total do projeto, então um índice de 100 representará 0,5%.

Fonte: AACE International (2019b).

Tab. 1.4 Matriz de classificação da estimativa de custos para indústrias de processo

Classe de estimativa	Característica principal	Características secundárias		
	Nível de maturidade da definição das entregas do projeto – expresso em % de completude da definição do escopo	Finalidade – propósito típico da estimativa	Metodologia – método típico de estimativa	Intervalo de precisão esperado – variação típica +/– em relação ao índice 1 (= estimativa Classe 1)[a]
Classe 5	0% a 2%	Seleção conceitual	Fator de capacidade, modelo paramétrico, julgamento ou analogia	Abaixo: –20% a –50% Acima: +30% a +100%
Classe 4	1% a 15%	Estudo ou viabilidade	Fator de equipamento ou modelo paramétrico	Abaixo: –15% a –30% Acima: +20% a +50%
Classe 3	10% a 40%	Autorização para provisão de recursos ou controle	Custos unitários meio detalhados, com itens do nível de montagem	Abaixo: –10% a –20% Acima: +10% a +30%
Classe 2	30% a 75%	Controle ou proposta	Custos unitários detalhados, com levantamento de quantitativos aproximado	Abaixo: –5% a –15% Acima: +5% a +20%
Classe 1	65% a 100%	Checagem de orçamento ou proposta	Custos unitários detalhados, com levantamento de quantitativos detalhado	Abaixo: –3% a –10% Acima: +3% a +15%

Nota: [a]O estágio da tecnologia de processo, a disponibilidade de dados referenciais de custo e muitos outros riscos afetam o intervalo significativamente. Os valores +/– representam percentuais típicos de variação de custos reais em relação à estimativa após a aplicação de contingência (normalmente num nível de confiança de 50%) para um dado escopo.

Fonte: AACE International (2019c).

1.3 Validação de orçamentos

O trabalho de orçar uma obra não é fácil. Requer muito de ciência e um pouco de arte. O orçamento envolve leitura de projetos e especificações técnicas, visita de campo, levantamento de quantitativos, composições de custos unitários, cotação de insumos, definição de metodologias executivas, comparação de alternativas, definição de alíquotas de seguro, avaliação de riscos etc.

Ao final desse trabalho árduo e nada fácil, o orçamento é apresentado a um diretor técnico ou chefe de setor para validá-lo e autorizar a apresentação daquele preço sob a forma de proposta em uma licitação ou negociação com o cliente.

Com pouco tempo e sem ter como refazer todas as contas, como esse diretor ou chefe de setor deverá *validar esse orçamento?* Como saber se o número apresentado faz sentido? Como ter indícios firmes de que o valor ao qual a equipe de orçamentistas chegou é plausível e transmite um adequado grau de certeza do preço? É possível dispor de um *checklist* que permita dar essa segurança?

Para cada grande aspecto do orçamento, é apresentada a seguir uma sugestão de validação, listando o que o tal diretor ou chefe de setor deve checar para criar seu próprio convencimento de que o orçamento em questão "tem cheiro" de estar correto.

1.3.1 Visita técnica

É imprescindível saber se o orçamento foi realizado com conhecimento de causa ou não. No afã de apresentar propostas em prazos surreais, alguns orçamentos são feitos só mediante o preenchimento da planilha de preços. Isso é um perigo!

A visita ao local da obra pode dar pistas de otimização de acessos, etapas de ataque da obra etc.

Uma vez vi uma construtora fazer o orçamento de um prédio público em uma noite, sem sequer abrir uma planta. Um rapaz ditava o serviço, outro preenchia a planilha. Isso não podia dar certo. A empresa ganhou a concorrência e, quando foi ver, não tinha previsto quase nada para cimbramento, sendo que o prédio seria construído num barranco bem íngreme, com cimbramento alto e elevado grau de complexidade...

1.3.2 Curva ABC de serviços

Quem não tem tempo de revisar tudo precisa se concentrar naquilo que faz a diferença. A melhor maneira de identificar os principais serviços da obra em termos de custo é a *curva ABC de serviços*, uma listagem dos serviços em ordem decrescente de custo total, com as colunas de percentual simples e acumulado.

Como as faixas A e B da curva ABC englobam 80% do custo da obra, a sugestão é que o engenheiro encarregado da validação do orçamento concentre sua atenção nos serviços dessas duas faixas. Em decorrência da famosa *regra de Pareto*, estima-se que 20% dos serviços caiam nessas faixas, o que mostra um resultado alentador: validando cerca de 20% dos serviços, validam-se 80% do custo.

Para cada um dos serviços das faixas A e B, a análise deverá recair primeiramente sobre a produtividade. Como é de praxe nas construtoras utilizar composições de custos unitários preexistentes – tanto montadas na empresa quanto de bancos de dados (TCPO, Sinapi, Sicro) –, a questão-chave é saber se essas composições estão adequadas em termos de produtividade, dimensionamento da equipe (proporção ajudante/oficial) e perda de material.

Um dos pontos que deve ser checado nessa fase é se a empresa já executou esse tipo de serviço para que dados de produtividade e custos reais possam ser cotejados com os do orçamento.

Ainda na curva ABC de serviços, é preciso ter uma noção clara da experiência das empresas subcontratadas que forneceram preço de serviços. O ideal seria chamar essas empresas durante a validação.

Querer validar item a item é perda de tempo. Ir à curva ABC é mais produtivo.

1.3.3 Curva ABC de insumos

Analogamente, na *curva ABC de insumos* o foco é saber como foi feita a cotação de preço dos insumos do topo da curva.

Eu sempre me pautei pela regra de pedir mais cotações para os insumos das faixas A e B (digamos, três preços), podendo os insumos da faixa C ficar com menor número de cotações ou até mesmo ter seus preços retirados de bancos de dados da construtora. Há empresas que definem requisitos do tipo "cinco cotações para a faixa A", "três cotações para a faixa B" e "uma ou duas cotações para a faixa C".

A preocupação de quem valida o custo dos principais insumos é certificar-se de que as compras durante a obra serão realmente feitas no custo orçado. Essa checagem tem relevância quando a diretoria da empresa quer saber se há margem para descontos quando a obra começar ou se os preços cotados são inflexíveis. Essa avaliação dá subsídio para uma análise de risco e competitividade a ser feita no final do processo de fechamento do preço.

Caso haja insumos importados, a validação deve recair sobre a cotação da moeda estrangeira utilizada.

1.3.4 Planejamento da obra

O orçamento também precisa "conversar" com o planejamento da obra – aliás, quem disse que orçamento e planejamento são departamentos distintos e estanques?

Ao se fazer essa correlação com o planejamento preliminar da obra, busca-se basicamente identificar os seguintes elementos:

* *Duração da obra*: geralmente os editais de licitação trazem o prazo da obra, mas nada impede de a construtora apostar em uma duração menor para ter ganhos no custo indireto.
* *Quantidade de turnos*: o regime de trabalho da obra também é um dado de entrada. Se a obra contar com o turno da noite, por exemplo, o adicional noturno deverá ser orçado no custo da mão de obra.
* *Número de frentes simultâneas*: também fruto do planejamento da obra é a quantidade de frentes de serviço atacadas a cada época. Essa informação é importante para o dimensionamento das estruturas de apoio e supervisão (custo *indireto* da obra).

Um desafio para você, leitor: veja as curvas ABC de *serviços* e *insumos* (Tabs. 1.5 e 1.6) de um prédio popular e sinta-se na posição do diretor técnico da construtora. Imagine que a equipe de orçamentistas está do seu lado e formule mentalmente as perguntas que *você* faria para validar esse orçamento. Para simplificar, são mostradas apenas as faixas A e B.

Procurei neste texto dar apenas umas dicas. A depender do porte e do tipo da obra, a validação pode ser mais complicada – envolvendo custo horário de equipamento, reaproveitamento de fôrmas etc. –, mas a essência é sempre pensar no que realmente importa. A perda de tempo nas empresas é uma “sangria” por falta de orientação e método.

Tab. 1.5 Faixas A e B de uma curva ABC de serviços

Número	Descrição	Unidade	Quantidade	Custo unitário (R$)	Custo total (R$)	Peso (%)	Acum. (%)	
8.2	Alvenaria de blocos de concreto estrutural 14 × 19 × 39 cm, espessura 14 cm, assentados com argamassa traço 1:0,25:4 (cimento, cal e areia)	m^2	1.908,45	54,03	103.113,55	15,0249	15,0249	Faixa A
9.10	Janela alumínio de correr, 2 folhas para vidro, sem bandeira, linha	m^2	99,21	580,79	57.620,18	8,3960	23,4209	
1.2	Estaca pré-moldada concreto armado 20 t, inclusive cravação/emendas	m	644,00	79,26	51.043,44	7,4377	30,8585	
6.1	Armação aço CA-50, diâm. 6,3 (1/4) a 12,5 mm (1/2) – fornecimento/corte (perda de 10%)/dobra/colocação	kg	4.596,60	5,83	26.798,18	3,9048	34,7634	
5.1	Forma em chapa de madeira compensada plastificada 18 mm, para estrutura	m^2	766,10	33,53	25.687,33	3,7430	38,5063	
7.2	Concreto usinado bombeado f_{ck} = 20 MPa, inclusive lançamento e adensamento	m^3	76,61	324,62	24.869,14	3,6237	42,1301	
14.1	Pintura com tinta texturizada acrílica para ambientes internos/externos	m^2	1.667,16	14,09	23.490,28	3,4228	45,5529	
13.1	Piso em cerâmica esmaltada linha popular PEI-4, assentada com argamassa colante, com rejuntamento em cimento branco	m^2	680,48	32,86	22.360,57	3,2582	48,8111	

Tab. 1.5 (continuação)

Número	Descrição	Unidade	Quantidade	Custo unitário (R$)	Custo total (R$)	Peso (%)	Acum. (%)	
9.1	Porta de madeira compensada lisa para pintura, 80 × 210 × 3,5 cm, incluso aduela 2A, alizar 2A e dobradiça	un	64,00	303,74	19.439,36	2,8326	51,6436	**Faixa A**
15.3	Emboço paulista (massa única) traço 1:2:8 (cimento, cal e areia média), espessura 2,0 cm, preparo manual da argamassa	m²	966,57	19,50	18.848,12	2,7464	54,3900	**Faixa B**
15.4	Gesso corrido, desempenado, espessura 0,7 cm	m²	1.475,08	12,24	18.054,98	2,6308	57,0209	
11.4	Estrutura metálica em tesouras ou treliças, vão livre de 12 m, fornecimento e montagem, não sendo considerados os fechamentos metálicos, as colunas, os serviços gerais em alvenaria e concreto, as telhas de cobertura e a pintura de acabamento	m²	244,91	53,20	13.029,21	1,8985	58,9194	
14.2	Pintura látex PVA ambientes internos, duas demãos	m²	1.475,08	8,44	12.449,68	1,8141	60,7335	
15.5	Azulejo 15 × 15 cm, 1ª qualidade, assentado com argamassa pré-fabricada e cimento colante, juntas em amarração, incluindo serviço de rejuntamento com cimento branco	m²	482,00	25,31	12.199,42	1,7776	62,5111	

9.12	Divisória em mármore branco polido, espessura 3 cm, assentado com argamassa traço 1:4 (cimento e areia), arremate com cimento branco, exclusive ferragens	m²	19,20	562,26	10.795,39	1,5730	64,0841	
1.3	Forma tábua para concreto em fundação c/ reaproveitamento 5×	m²	264,66	37,70	9.977,68	1,4539	65,5380	
15.2	Emboço paulista (massa única) traço 1:2:8 (cimento, cal e areia média), espessura 1,5 cm, preparo mecânico da argamassa	m²	657,28	15,13	9.944,65	1,4491	66,9870	
2.1	Lastro de concreto, preparo mecânico	m³	20,65	466,75	9.638,39	1,4044	68,3914	
13.4	Regularização de piso/base em argamassa traço 1:3 (cimento e areia), espessura 2,0 cm, preparo manual	m²	680,48	11,60	7.893,57	1,1502	69,5416	**Faixa B**
1.4	Armação aço CA-50 p/ 1,0 m³ de concreto	un	19,2	406,45	7.803,84	1,1371	70,6788	
16.1	Locação mensal de andaime metálico tipo fachadeiro, inclusive montagem	m²	1.093,29	7,11	7.773,29	1,1327	71,8114	
17.2	Eletricista ou oficial eletricista	h	500,00	13,71	6.855,00	0,9989	72,8103	
8.1	Vergas 10 × 10 cm, pré-moldadas c/ concreto f_{ck} = 15 MPa (preparo mecânico), aço CA-50 com formas tábua de pinho 3A	m	576,00	11,87	6.837,12	0,9963	73,8065	
17.1	Ajudante de eletricista	h	600,00	10,95	6.570,00	0,9573	74,7639	
21.62	Tubo PVC esgoto predial DN 50 mm, inclusive conexões – fornecimento e instalação	m	247,00	26,16	6.461,52	0,9415	75,7054	

Tab. 1.5 (continuação)

Número	Descrição	Unidade	Quantidade	Custo unitário (R$)	Custo total (R$)	Peso (%)	Acum. (%)
21.25	Reservatório de fibrocimento 500 L com acessórios	un	16,00	396,41	6.342,56	0,9242	76,6296
17.8	Cabo de cobre isolado PVC 450/750 V, 2,5 mm², resistente a chama – fornecimento e instalação	m	2.640,00	2,27	5.992,80	0,8732	77,5028
11.2	Telhamento com telha de fibrocimento ondulada, espessura 6 mm, inclusive juntas de vedação e acessórios de fixação, excluindo madeiramento	m²	242,21	24,35	5.897,81	0,8594	78,3622
13.3	Rodapé em cerâmica esmaltada linha popular PEI-4, assentada com argamassa fabricada no local, com rejuntamento em cimento branco	m	596,40	9,83	5.862,61	0,8543	79,2164
15.1	Chapisco traço 1:4 (cimento e areia grossa), espessura 0,5 cm, preparo mecânico da argamassa	m²	1.623,85	3,54	5.748,43	0,8376	80,0540
21.59	Tubo PVC esgoto série R DN 100 mm c/ anel de borracha – fornecimento e instalação	m	160,00	35,38	5.660,80	0,8248	80,8789

Faixa B

Tab. 1.6 Faixas A e B de uma curva ABC de insumos

Código do insumo	Descrição do insumo	Unidade	Quantidade	Preço unitário (R$)	Custo total (R$)	Peso (%)	Acum. (%)
6111	Servente	h	6.971,1958425	10,00	69.755,66	10,15	10,15
25070	Bloco concreto estrutural f_{ck} 4,5 MPa 14 × 19 × 39 cm, NBR 6136, parede	un	25.057,9485000	2,45	61.506,52	8,95	19,10
597	Janela de correr em alumínio, série 25, sem bandeira, com 4 folhas para vidro (duas fixas e duas móveis), 1,60 × 1,10 m (incluso guarnição e vidro liso incolor)	m²	99,2100000	540,76	53.648,79	7,81	26,91
2763	Estaca concreto pré-moldado inclusive cravação e emendas = 20 t	m	695,5200000	69,69	48.470,78	7,05	33,97
4750	Pedreiro	h	3.771,9921940	11,94	45.037,83	6,55	40,53
1524	Concreto usinado bombeado f_{ck} = 20,0 MPa	m³	80,4405000	269,31	21.663,49	3,15	43,68
6115	Ajudante	h	2.065,3231000	10,00	20.666,18	3,00	46,69
4783	Pintor	h	1.718,6799000	11,94	20.521,15	2,98	49,68
34	Aço CA-50 3/8" (9,52 mm)	kg	5.512,4520000	3,08	16.997,32	2,47	52,15
1379	Cimento Portland comum CP 1-32	kg	39.815,2499620	0,41	16.582,29	2,41	54,57
2696	Encanador ou bombeiro hidráulico	h	1.194,2400000	13,87	16.568,72	2,41	56,98
2436	Eletricista ou oficial eletricista	h	1.202,4760000	13,71	16.493,71	2,40	59,38
1289	Cerâmica esmaltada extra ou 1ª qualidade p/ piso PEI-4 – linha popular	m²	764,6014000	20,26	15.497,25	2,25	61,63
1213	Carpinteiro de formas	h	1.183,6990000	11,94	14.133,44	2,05	63,69

Tab. 1.6 (continuação)

Código do insumo	Descrição do insumo	Unidade	Quantidade	Preço unitário (R$)	Custo total (R$)	Peso (%)	Acum. (%)
6113	Ajudante de eletricista	h	1.117,3000000	10,95	12.240,98	1,78	65,47
7360	Tinta texturizada acrílica p/ pintura interna/externa	L	1.000,2960000	12,21	12.218,44	1,77	67,25
6117	Ajudante de carpinteiro	h	980,1960000	10,84	10.625,44	1,54	68,80
10966	Perfil aço estrutural "U" = 6" × 2" (qualquer espessura)	kg	2.974,7000000	3,39	10.104,39	1,47	70,23
12872	Gesseiro	h	772,5680000	11,94	9.224,51	1,34	71,61
10629	Mármore branco polido p/ divisórias *e* = 3 cm	m²	19,2000000	479,91	9.214,36	1,34	72,95
533	Azulejo branco brilhante 15 × 15 cm comercial ou 2ª qualidade	m²	506,1000000	17,42	8.818,75	1,28	74,24
378	Armador	h	681,4980000	11,94	8.137,13	1,18	75,42
6116	Ajudante de encanador	h	615,6500000	11,03	6.794,26	0,98	76,41
2427	Dobradiça latão cromado 3 × 3" sem anéis	un	192,0000000	30,58	5.872,76	0,85	77,27
3315	Gesso	kg	10.400,6200000	0,53	5.600,10	0,81	78,08
6114	Ajudante de armador	h	501,1320000	10,84	5.432,33	0,79	78,87
370	Areia média – posto jazida/fornecedor (sem frete)	m³	95,9358577	56,00	5.372,40	0,78	79,66
4004	Madeira 2ª qualidade serrada não aparelhada	m³	4,6732100	1.035,00	4.836,77	0,70	80,36

1.4 Fator de área – como fazer proporcionalidade de custo

A utilização de indicadores de custo por metro quadrado de área construída para a estimativa expedita do custo de um empreendimento é bastante comum nas fases de estudo de viabilidade e anteprojeto. Ao multiplicar o parâmetro pela área do prédio a ser construído, tem-se rapidamente uma noção do montante total requerido para a edificação. É com essa estimativa que o empreendedor analisa sua capacidade de bancar a obra com recursos próprios ou a necessidade de buscar dinheiro no mercado, sendo, às vezes, levado a abortar o projeto.

Ainda que a utilização de parâmetros tabelados permita ter uma noção aproximada do custo total, essa solução é excessivamente simplista por supor que o custo unitário de construção se mantém constante independentemente da área construída. É intuitiva a constatação de que, à medida que a área decresce, o custo do metro quadrado tende a subir. Várias são as razões para isso: a razão parede/piso é maior, a área de esquadria por metro quadrado de piso é maior, o elevador tem um peso maior no custo unitário de construção, e são proporcionalmente maiores as quantidades de quinas, cantos, arestamentos e arremates.

Por outro lado, se a área construída cujo custo se quer estimar é maior do que a da referência, o custo por metro quadrado tende a ser menor. Há uma evidente economia de escala.

O gráfico da Fig. 1.2, reproduzido do *RS Means Building Construction Cost Data*, uma espécie de TCPO americana, ilustra perfeitamente o fenômeno descrito. No eixo horizontal entra-se com o fator de área, que é a razão entre a área do projeto pesquisado e a área do projeto referencial, e, indo até a curva, encontra-se o respectivo multiplicador de custo. O comportamento da curva não é linear, mas exponencial e com duas fases distintas: uma referente a áreas maiores do que a padrão, outra para áreas menores.

Como exemplo, suponhamos que uma empresa tenha construído um edifício residencial de apartamentos de 100 m² e chegado a um custo de R$ 1.000/m². A empresa quer agora estimar por quanto sairia uma nova obra de projeto similar, porém com apartamentos de 75 m². Para isso, basta entrar no gráfico com um fator de área igual a 0,75 e procurar o multiplicador correspondente, que é 1,04. O custo do metro quadrado seria, portanto, de 1.000 × 1,04 = R$ 1.040. Se a empresa quiser construir outro prédio, com apartamentos de 200 m² e acabamento semelhante, pelo gráfico o multiplicador seria da ordem de 0,94, o que resultaria em R$ 940/m².

Construtoras acostumadas a edificar prédios de mesmo padrão e numa mesma cidade devem procurar gerar sua própria curva de custo. O fator de área traz grandes benefícios a quem faz estimativas de custo e análises de viabilidade, pois melhora bastante o grau de acerto nos estudos expeditos.

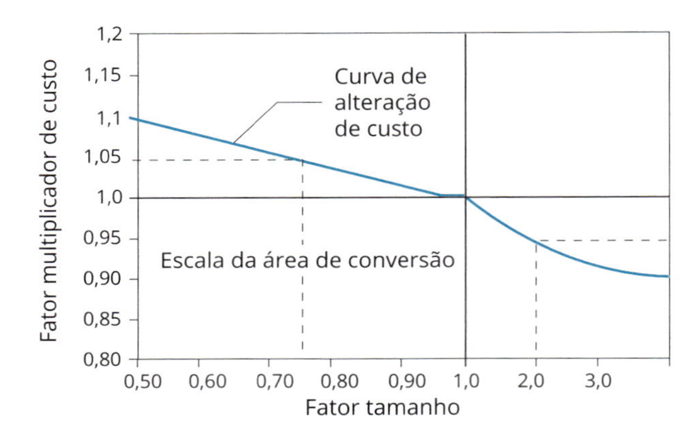

Fig. 1.2 *Proporcionalidade de custo do metro quadrado de construção em função do fator de área*
Fonte: RS Means (2002).

1.5 Fatores de Lang e Hand

Na fase de estudo de viabilidade, a empresa precisa chegar ao custo de uma obra sem muitos dados. Nessa época não se dispõe de desenhos detalhados, projeto executivo, dimensões corretas ou planilha de quantidades de serviço. Entretanto, é dessa análise preliminar que a empresa tomará decisões sobre avançar (ou não) no empreendimento e fará provisão de recursos para os anos seguintes.

No caso de obras industriais, são muito úteis os fatores de Lang, Hand e Happel para a estimativa de custos. Vejamos os dois primeiros.

Pelo *método de Lang*, o custo de uma planta industrial é obtido de forma expedita pela multiplicação de um fator pelo preço *CIF* dos equipamentos (isto é, entregues na fábrica) (Tab. 1.7). Hans Lang propôs esse método de cálculo aproximado depois de tabular o custo de várias fábricas americanas na década de 1940.

Tab. 1.7 Fatores de Lang

Tipo de planta	Fator de Lang
Processamento de sólidos	3,10
Processamento de sólidos e fluidos	3,63
Processamento de fluidos	4,74

Assim, por exemplo, para uma planta industrial de processamento de fluidos que tenha um total orçado de R$ 6 milhões, referente a torre de destilação, bandejamento, tanques, acumuladores de óleo, trocadores de calor, bombas e motores, o custo estimado da planta seria de *R$ 6M × 4,74 = R$ 28,44M*.

Pelo *método de Hand*, o cálculo é um pouco mais elaborado, pois utiliza um fator diferente para cada grupo de equipamento. Usando o mesmo exemplo da planta industrial de processamento de fluidos visto anteriormente e os respectivos fatores propostos por W. E. Hand, o custo estimado seria da ordem de *R$ 21,3M* (Tab. 1.8).

Por trabalhar com mais fatores, esse método tende a ser mais preciso do que o de Lang.

A AACE International estima que o grau de precisão das estimativas pelos dois métodos fique na faixa de –15% a +30%.

A literatura traz outros métodos, cada um com sua peculiaridade e ramo de aplicação: Baumann, Wroth, Happel etc.

Se você quiser se aprofundar no assunto, recomendo o ótimo livro *A Engenharia de Custos na viabilidade econômica de empreendimentos industriais* (Conforto; Spranger, 2011).

Tab. 1.8 Fatores de Hand

Grupo de equipamento	Fator de Hand	Custo dos equipamentos (× R$ 1M)	Custo dos equipamentos instalados (× R$ 1M)
Torres de destilação	4,0	2,0	8,0
Tanques	2,5	0,7	1,8
Acumuladores de óleo	2,5	0,4	1,0
Trocadores de calor	3,5	1,4	4,9
Bombas e motores	4,0	0,5	2,0
Instrumentação e controle	4,0	0,7	2,8
Equipamentos diversos	2,5	0,3	0,8
Total		6,0	21,3

1.6 Por que meu metro quadrado não bate com o custo unitário básico (CUB)?

Sempre ouço pessoas debatendo sobre a aplicabilidade do *custo unitário básico* (CUB) para refletir o custo de construção de edificações. Antes de avançar na discussão, é preciso entender que o CUB foi criado em 1964 para o governo monitorar a evolução do custo de construção e avaliar orçamentos de empreendimentos imobiliários. A responsabilidade por sua aferição é dos Sindicatos da Indústria da Construção Civil (Sinduscons) estaduais.

A NBR 12721 (ABNT, 2006), que regula o cálculo do CUB, estabelece 16 projetos-padrão (Tab. 1.9), com suas especificações técnicas e os respectivos quantitativos de mão de obra e equipamento, cujos custos os Sinduscons atualizam mensalmente, gerando o CUB de cada Estado para cada um dos projetos.

Tab. 1.9 Caracterização dos projetos-padrão conforme a NBR 12721

Sigla	Nome e descrição	Dormitórios	Área real (m^2)	Área equivalente (m^2)
R1-B	*Residência unifamiliar padrão baixo*: 1 pavimento, com 2 dormitórios, sala, banheiro, cozinha e área para tanque.	2	58,64	51,94
R1-N	*Residência unifamiliar padrão normal*: 1 pavimento, 3 dormitórios, sendo um suíte com banheiro, banheiro social, sala, circulação, cozinha, área de serviço com banheiro e varanda (abrigo para automóvel).	3	106,44	99,47
R1-A	*Residência unifamiliar padrão alto*: 1 pavimento, 4 dormitórios, sendo um suíte com banheiro e *closet*, outro com banheiro, banheiro social, sala de estar, sala de jantar e sala íntima, circulação, cozinha, área de serviço completa e varanda (abrigo para automóvel).	4	224,82	210,44
RP1Q	*Residência unifamiliar popular*: 1 pavimento, 1 dormitório, sala, banheiro e cozinha.	1	39,56	39,56
PIS	*Residência multifamiliar – projeto de interesse social*: térreo e 4 pavimentos-tipo. ✱ *Pavimento térreo: hall*, escada, 4 apartamentos por andar, com 2 dormitórios, sala, banheiro, cozinha e área de serviço. Na área externa estão localizados o cômodo da guarita, com banheiro e central de medição. ✱ *Pavimento-tipo: hall*, escada e 4 apartamentos por andar, com 2 dormitórios, sala, banheiro, cozinha e área de serviço.	2	991,45	978,09

Tab. 1.9 (continuação)

Sigla	Nome e descrição	Dormitórios	Área real (m²)	Área equivalente (m²)
PP-B	*Residência multifamiliar – prédio popular – padrão baixo:* térreo e 3 pavimentos-tipo. ✱ *Pavimento térreo: hall* de entrada, escada e 4 apartamentos por andar com 2 dormitórios, sala, banheiro, cozinha e área de serviço. Na área externa estão localizados o cômodo de lixo, guarita, central de gás, depósito com banheiro e 16 vagas descobertas. ✱ *Pavimento-tipo: hall* de circulação, escada e 4 apartamentos por andar, com 2 dormitórios, sala, banheiro, cozinha e área de serviço.	2	1.415,07	927,08
PP-N	*Residência multifamiliar – prédio popular – padrão normal:* pilotis e 4 pavimentos-tipo. ✱ *Pilotis*: escada, elevador, 32 vagas de garagem cobertas, cômodo de lixo, depósito, *hall* de entrada, salão de festas, copa, 3 banheiros, central de gás e guarita. ✱ *Pavimento-tipo: hall* de circulação, escada, elevadores e quatro apartamentos por andar, com três dormitórios, sendo um suíte, sala de estar/jantar, banheiro social, cozinha, área de serviço com banheiro e varanda.	3	2.590,35	1.840,45
R8-B	*Residência multifamiliar padrão baixo:* pavimento térreo e 7 pavimentos-tipo. ✱ *Pavimento térreo: hall* de entrada, elevador, escada e 4 apartamentos por andar, com 2 dormitórios, sala, banheiro, cozinha e área para tanque. Na área externa estão localizados o cômodo de lixo e 32 vagas descobertas. ✱ *Pavimento-tipo: hall* de circulação, escada e 4 apartamentos por andar, com 2 dormitórios, sala, banheiro, cozinha e área para tanque.	2	2.801,64	1.885,51
R8-N	*Residência multifamiliar, padrão normal*: garagem, pilotis e 8 pavimentos-tipo. ✱ *Garagem*: escada, elevadores, 64 vagas de garagem cobertas, cômodo de lixo, depósito e instalação sanitária. ✱ *Pilotis*: escada, elevadores, *hall* de entrada, salão de festas, copa, 2 banheiros, central de gás e guarita. ✱ *Pavimento-tipo: hall* de circulação, escada, elevadores e 4 apartamentos por andar, com 3 dormitórios, sendo um suíte, sala de estar/jantar, banheiro social, cozinha, área de serviço com banheiro e varanda.	3	5.998,73	4.135,22

Tab. 1.9 (continuação)

Sigla	Nome e descrição	Dormi-tórios	Área real (m²)	Área equivalente (m²)
R8-A	*Residência multifamiliar, padrão alto*: garagem, pilotis e 8 pavimentos-tipo. ✸ *Garagem*: escada, elevadores, 48 vagas de garagem cobertas, cômodo de lixo, depósito e instalação sanitária. ✸ *Pilotis*: escada, elevadores, *hall* de entrada, salão de festas, salão de jogos, copa, 2 banheiros, central de gás e guarita. ✸ *Pavimento-tipo: halls* de circulação, escada, elevadores e 2 apartamentos por andar, com 4 dormitórios, sendo um suíte com banheiro e *closet*, outro com banheiro, banheiro social, sala de estar, sala de jantar e sala íntima, circulação, cozinha, área de serviço completa e varanda.	4	5.917,79	4.644,79
R16-N	*Residência multifamiliar, padrão normal:* garagem, pilotis e 16 pavimentos-tipo. ✸ *Garagem*: escada, elevadores, 128 vagas de garagem cobertas, cômodo de lixo, depósito e instalação sanitária. ✸ *Pilotis*: escada, elevadores, *hall* de entrada, salão de festas, copa, 2 banheiros, central de gás e guarita. ✸ *Pavimento-tipo: hall* de circulação, escada, elevadores e 4 apartamentos por andar, com 3 dormitórios, sendo um suíte, sala de estar/jantar, banheiro social, cozinha e área de serviço com banheiro e varanda.	3	10.562,07	8.224,50
R16-A	*Residência multifamiliar, padrão alto:* garagem, pilotis e 16 pavimentos-tipo. ✸ *Garagem*: escada, elevadores, 96 vagas de garagem cobertas, cômodo de lixo, depósito e instalação sanitária. ✸ *Pilotis*: escada, elevadores, *hall* de entrada, salão de festas, salão de jogos, copa, 2 banheiros, central de gás e guarita. ✸ *Pavimento-tipo: halls* de circulação, escada, elevadores e 2 apartamentos por andar, com 4 dormitórios, sendo um suíte com banheiro e *closet*, outro com banheiro, banheiro social, sala de estar, sala de jantar e sala íntima, circulação, cozinha, área de serviço completa e varanda.	4	10.461,85	8.371,40

Tab. 1.9 (continuação)

Sigla	Nome e descrição	Dormi-tórios	Área real (m²)	Área equivalente (m²)
CSL-8	*Edifício comercial, com lojas e salas*: garagem, pavimento térreo e 8 pavimentos-tipo. * *Garagem*: escada, elevadores, 64 vagas de garagem cobertas, cômodo de lixo, depósito e instalação sanitária. * *Pavimento térreo*: escada, elevadores, *hall* de entrada e lojas. * *Pavimento-tipo: halls* de circulação, escada, elevadores e 8 salas com sanitário privativo por andar.	-	5.942,94	3.921,55
CSL-16	*Edifício comercial, com lojas e salas:* garagem, pavimento térreo e 16 pavimentos-tipo. * *Garagem*: escada, elevadores, 128 vagas de garagem cobertas, cômodo de lixo, depósito e instalação sanitária. * *Pavimento térreo:* escada, elevadores, *hall* de entrada e lojas. * *Pavimento-tipo: halls* de circulação, escada, elevadores e 8 salas com sanitário privativo por andar.	-	9.140,57	5.734,46
CAL-8	*Edifício comercial andares livres*: garagem, pavimento térreo e 8 pavimentos-tipo. * *Garagem*: escada, elevadores, 64 vagas de garagem cobertas, cômodo de lixo, depósito e instalação sanitária. * *Pavimento térreo:* escada, elevadores, *hall* de entrada e lojas. * *Pavimento-tipo: halls* de circulação, escada, elevadores e 8 andares corridos com sanitário privativo por andar.	-	5.290,62	3.096,09
GI	*Galpão industrial:* área composta de um galpão com área administrativa, 2 banheiros, um vestiário e um depósito.	-	1.000,00	-

Fonte: CBIC (s.d.).

Dessa forma, quando lemos que o metro quadrado de construção de um projeto residencial R-8 na Bahia custa R$ 1.084,87, não podemos interpretá-lo como um número "seco", aplicável a qualquer projeto. Basta que meu projeto tenha pé-direito mais alto ou fachada curva para que o custo do metro quadrado varie bastante.

O CUB é um retrato do projeto-padrão adotado e deve servir de referência. Uma boa ideia para as construtoras é gerar o coeficiente de proporcionalidade do seu próprio metro quadrado em relação ao CUB para cada tipologia que costuma edificar.

Uma saída para evitar essa padronização inflexível é adotar modelos numéricos que promovam a correlação de mais de um parâmetro, não somente a área construída.

A Fig. 1.3 mostra a planta de dez empreendimentos de mesma tipologia (residencial, oito pavimentos, padrão alto), com distribuição espacial distinta, que certamente possuem diferentes custos por área. Na Tab. 1.10 observa-se que a variação da densidade de vedação (relação entre a área de parede interna e a área construída) chega a 33%.

Tab. 1.10 Densidade de vedações

Projeto	Densidade de vedações[a]
1	1,15490404
2	1,15271038
3	1,06180631
4	1,08718538
5	0,96693366
6	1,13888749
7	0,86585175
8	1,08151269
9	1,12888651
10	1,04668803
Diferença absoluta	0,29
Diferença relativa	33%

Nota: [a]Área de parede interna/área construída.
Fonte: CUG Consultoria (www.cugconsultoria.com).

1.6.1 Custo unitário geométrico (CUG)

O custo unitário geométrico (CUG), por exemplo, é uma metodologia de parametrização que identifica correlações entre os dados preliminares do projeto e o custo final da obra por meio da modelagem estatística, desenvolvida especificamente para estimativas de projetos ainda em estágio inicial.

Seja o serviço *vedações*: ele é impactado pela geometria do prédio, e não só pela área. Assim, o CUG busca informações históricas da densidade de vedação por área em projetos anteriores em função de parâmetros como área de piso, altura do pé-direito, perímetro externo e quantidade de cômodos dos pavimentos, mesmo que o desenho da planta baixa ainda não esteja definido. A modelagem CUG apura a correlação entre essas variáveis através de um algoritmo do tipo $Y = B_0 + B_1X_1 + B_2X_2 + ... + B_nX_n$, onde Y é o custo (das vedações, no caso), X_i são as variáveis e B_i são coeficientes obtidos na modelagem numérica por regressão linear.

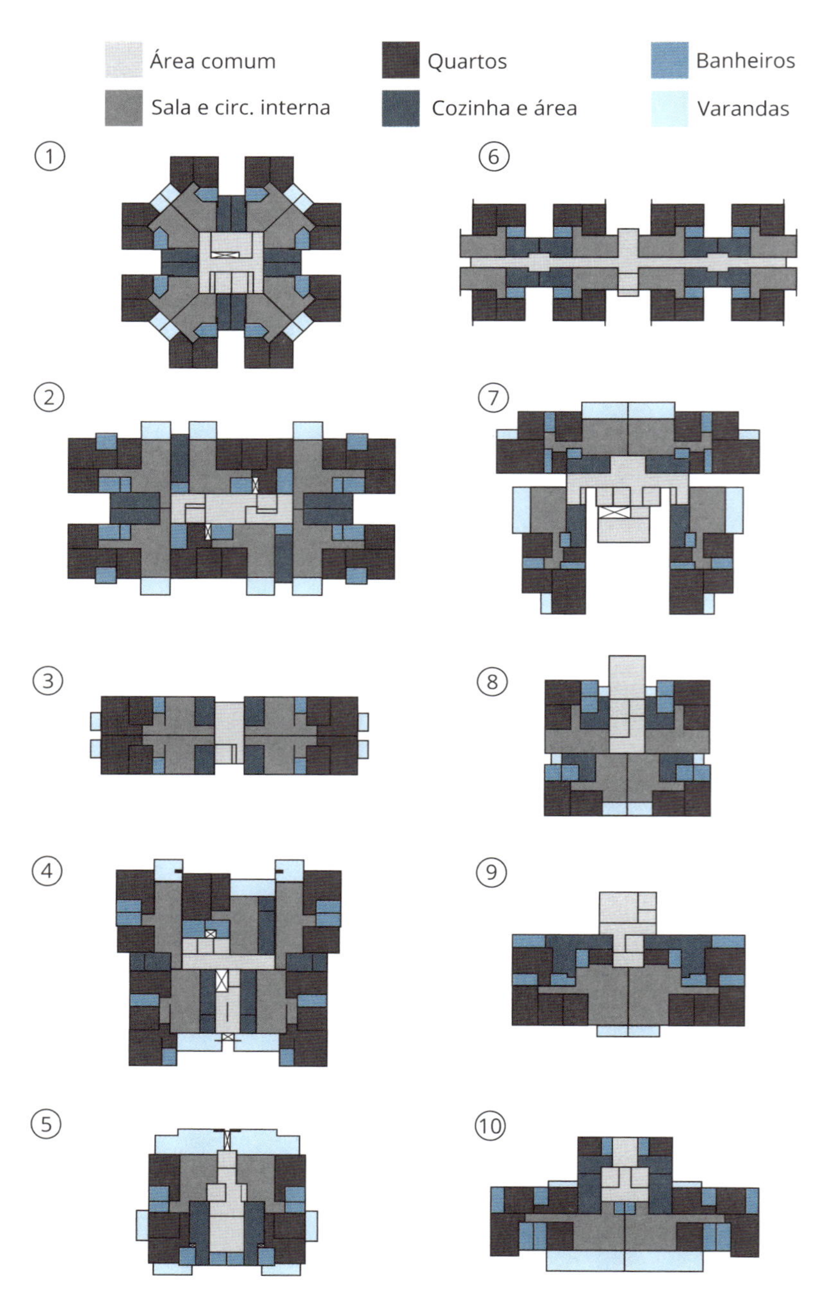

Fig. 1.3 *Diferentes tipologias*
Fonte: CUG Consultoria (www.cugconsultoria.com).

dois

Orçamento

2.1 Como interpretar uma composição de custos

Todo orçamento se baseia – ou pelo menos deveria se basear – em *composições de custos unitários*, que são tabelas que detalham os diversos insumos utilizados na execução do serviço em questão, seus coeficientes de utilização e, para a quantificação do serviço, o custo unitário de cada insumo.

A composição reveste-se, portanto, de enorme relevância para o orçamentista e também para o engenheiro de campo, pois este precisa analisá-la para saber o tipo de insumo considerado e a produtividade adotada quando da formação do preço da obra.

Embora as composições sejam tabelas geralmente simples, muita gente tem dúvidas sobre como lê-las, ou seja, como interpretar as informações nelas contidas e como usar esse entendimento na gestão dos trabalhos diários da obra. Jogar um pouco de luz nessa questão é o desafio deste capítulo.

As colunas de uma composição de custo unitário são detalhadas no Quadro 2.1.

Quadro 2.1 Colunas de uma composição de custo unitário

Insumo	Cada um dos elementos essenciais para a produção de determinado produto ou serviço. Os insumos podem ser de *mão de obra* (pedreiro, servente, azulejista), *material* (bloco, aço, prego, fio, tubo, cimento) ou *equipamento* (trator, rolo, escavadeira, betoneira)
Unidade	Medida de compra/cotação do insumo (kg, m², L, t, un)
Índice	Coeficiente de utilização de cada insumo. É a quantidade de insumo utilizada para a obtenção de uma unidade do serviço
Custo unitário	Valor de aquisição da unidade do insumo
Custo total	Multiplicação do índice pelo custo unitário

Lancemos mão de alguns exemplos bem didáticos.

Vamos analisar primeiro uma composição de custo unitário do serviço armação de aço CA-50, incluindo corte, dobra e instalação do aço (Tab. 2.1).

Tab. 2.1 Composição de custo unitário – armação estrutural

Insumo	Unidade	Índice	Custo unitário (R$)	Custo total (R$)
Armador	h	0,12	12,00	1,44
Ajudante	h	0,12	8,00	0,96
Aço CA-50	kg	1,10	4,00	4,40
Arame	kg	0,03	5,00	0,15
Total				6,95

A interpretação dessa composição é apresentada no Quadro 2.2.

Quadro 2.2 Interpretação da composição

Insumos	Há dois insumos de mão de obra (armador e ajudante) e dois insumos de material (aço CA-50 e arame), não havendo nenhum equipamento
Representatividade	O insumo mais representativo no custo da obra é o aço CA-50. Sozinho, o aço responde por 63% do custo do serviço de armação
Equipe	Foi considerada uma proporção de um ajudante para um armador. Essa conclusão provém da comparação entre os respectivos índices
Produtividade	O insumo que dita o ritmo do serviço é o armador. Sendo seu índice igual a 0,12 h/kg, isso significa que o armador produz 1 kg de armação a cada 0,12 h, o que corresponde a 1/0,12 = 8,5 kg/h. A produtividade é o inverso do índice (é uma regra de três simples). Se a produtividade média durante a obra for > 8,5 kg/h, melhor para o construtor, pois o serviço terá um custo unitário real menor; se a produtividade média durante a obra for < 8,5 kg/h, pior para o construtor, pois o serviço terá um custo unitário real maior
Produção	Se forem mobilizados cinco armadores (e seus cinco ajudantes), a produção semanal da equipe corresponderá a 5 × 8,5 kg/h × 44 h = 1.870 kg
Perda	O orçamentista está prevendo que a obra terá que comprar 1,10 kg de aço para cada 1 kg de armação a ser produzida. Isso significa 10% de perda desse insumo
Subcontratação	Se o engenheiro da obra decidir subcontratar uma empresa que fornece mão de obra de armação, o valor máximo que ele poderá pagar ao subempreiteiro a fim de não ter prejuízo em relação ao orçamento será de 1,44 + 0,96 = R$ 2,40/kg
Simulação	Admitindo-se que o armador possa ter a mesma produtividade compartilhando um ajudante com outro armador, o índice do ajudante passaria a ser de 0,06 h/kg, o que baratearia o serviço em R$ 0,48/kg

Vejamos outro exemplo: cobertura com telha de fibrocimento, perfil ondulado, *e* = 4 mm, altura de 24 mm, largura útil de 450 mm, largura nominal de 500 mm, inclinação de 27% – unidade: m² (Tab. 2.2). Importante: o critério de medição e pagamento desse serviço é a área do telhado *em projeção*. Nessa composição, por questão de facilidade de leitura, ocultamos as colunas de custo.

Tab. 2.2 Composição de custo unitário – cobertura

Insumo	Unidade	Índice
Ajudante de telhadista	h	0,07
Telhadista	h	0,14
Telha de fibrocimento	m²	1,19
Prego galvanizado 18 × 27	un	2,88
Arruela plástica	un	2,88

Proporção = um ajudante para cada dois telhadistas

Produtividade = 1/0,14 = 7,14 m²/h (em projeção horizontal)

Segundo uma inclinação de 27%, a cada 1 m² de projeção horizontal corresponde 1,036 m² de hipotenusa, ou seja, ao longo da água do telhado. O orçamentista então incluiu 1,19/1,036 - 1 = 15% de perdas (pela sobreposição das peças e desperdícios)

Índices iguais mostram que a cada prego corresponde uma arruela

Como se depreende do exemplo mostrado na Tab. 2.2, a interpretação da composição fornece subsídios importantes tanto para a checagem da própria composição quanto para a gestão do serviço durante a obra. Informações sobre produtividade, formação da equipe e perdas são sempre úteis, pois são parâmetros de aferição do desempenho da construtora durante a execução do serviço.

Para o serviço laje nervurada com forma de polipropileno e capa de concreto com 25 MPa, lançamento e adensamento, espessura da laje de 20 cm, fôrma de 15 × 57 × 60 cm, capeamento de 5 cm – unidade: m² (Tab. 2.3), as questões que propomos são mais voltadas à execução do serviço no campo.

a) *Que área de laje um caminhão-betoneira de 10 m³ consegue concretar?*
   Para responder, basta olhar o índice de concreto = 0,087 m³/m² de laje. Dividindo 10 por 0,087, temos que o caminhão é capaz de fornecer concreto para *115 m² de laje*. Isso quer dizer que, se o engenheiro pedir um caminhão cheio à concreteira e só tiver 100 m² disponíveis, sobrará concreto...

b) *Qual a unidade da fôrma (cubeta)?*
   Dia de locação. Aqui o orçamentista está admitindo que a construtora alugará as cubetas.

c) *Qual a produtividade do carpinteiro?*
A produtividade é o inverso do índice: 1/0,800 = 1,25 m^2/h.

Tab. 2.3 Composição de custo unitário – laje (fôrma e concreto)

Insumo	Unidade	Índice
Carpinteiro	h	0,800
Armador	h	0,350
Servente	h	0,742
Pedreiro	h	0,144
Concreto usinado *fck* 25 MPa	m^3	0,087
Desmoldante	L	0,100
Fôrma de polipropileno (cubeta)	loc/un/dia	2,900
Perfil cartola de chapa #13 de aço	loc/m/dia	1,500
Vibrador de imersão elétrico 1 HP	h prod	0,057

Ficou mais claro? Sugiro que você pegue algum banco de dados de composições – TCPO, Sinapi, Sicro, Orse, Emop, Agetop ou o da sua própria empresa – e teste seus conhecimentos. É assim que se aprende.

Ah, e não vá orçar sua obra com as composições apresentadas! Elas valem apenas para orientação didática.

2.2 Como trabalhar com composições auxiliares

Uma composição de custos é uma tabela que mostra todos os insumos que entram na execução de uma unidade do serviço em questão, com suas respectivas quantidades (índices). Agregando-se a coluna de custo unitário, chega-se ao custo total. Nas composições que apresentamos, os insumos eram todos pertencentes às três categorias clássicas: mão de obra, material e equipamento.

A fim de expandir o entendimento sobre a mecânica do orçamento, analisemos a composição de emboço para parede interna com argamassa de cimento e areia sem peneirar – unidade: m² (Tab. 2.4).

Tab. 2.4 Composição de custo unitário – emboço

Insumo	Unidade	Índice
Pedreiro	h	0,57
Servente	h	0,34
Argamassa	m³	0,030

Nessa composição, a argamassa pode ser vista como um material, se for adquirida pronta para usar. Não é o caso. Nossa obra fabricará a argamassa no canteiro. Dessa forma, o insumo *argamassa* representa na verdade um serviço com seus próprios insumos, isto é, "um serviço dentro do outro". Na linguagem técnica, a argamassa então é uma *composição auxiliar* (Tab. 2.5).

Tab. 2.5 Composição auxiliar – fabricação da argamassa

Insumo	Unidade	Índice
Pedreiro	h	0,57
Servente	h	0,34
Argamassa	m³	0,030

Composição auxiliar = argamassa de cimento e areia sem peneirar, traço 1:4 – unidade: m³

Insumo	Unidade	Índice
Servente	h	10,00
Areia lavada tipo média	m³	1,220
Cimento Portland CP-32	kg	365
Total		

Se quisermos representar a composição do emboço com todos os insumos (portanto, sem composição auxiliar), precisamos "explodir" a composição auxiliar em seus componentes (insumos). A conta é fácil: basta multiplicar o índice da composição auxiliar na composição principal pelos índices dos insumos da auxiliar (Tab. 2.6). Por que essa multiplicação? Porque a composição auxiliar é para 1 m³ de argamassa, porém só requeremos 0,030 m³ de argamassa para cada metro quadrado de emboço.

Tab. 2.6 Desmembramento da composição auxiliar

Insumo	Unidade	Índice
Pedreiro	h	0,57
Servente	h	0,34 + 0,030 × 10,00 = *0,64*
Areia lavada tipo média	m³	0,030 × 1,220 = *0,037*
Cimento Portland CP-32	kg	0,030 × 365 = *10,95*

Aplicação do emboço

Fabricação da argamassa

Vejamos outro exemplo. Um orçamentista quer orçar 1 m² de fôrma para vigas, com chapa compensada plastificada, *e* = 12 mm – unidade: m², porém ele dispõe de composições específicas para cada etapa do serviço: fabricação, montagem e desmontagem.

Trata-se de um serviço geral com três composições auxiliares, que são mostradas na Tab. 2.7. A composição toda aberta é apresentada na Tab. 2.8, se assim desejar o orçamentista.

Ficou claro?

Só para não perder a chance de interpretar composições de custo unitário, vemos que o índice 0,333 da fabricação da fôrma representa a reutilização. Pelo enunciado da composição, notamos que ela pressupõe três aproveitamentos dos painéis, o que significa que os carpinteiros fabricarão apenas um terço da área total de fôrma. Vejam como a garantia da integridade das fôrmas no canteiro é importante. Quanto mais se reaproveita, mais o índice baixa.

Cuidado: muita gente usa equivocadamente o termo reaproveitamento. *"Dois reaproveitamentos" significa "três aproveitamentos" (três utilizações).*

Tab. 2.7 Composição de custo unitário – fôrma

Insumo	Unidade	Índice
Fôrma para vigas – fabricação (três aproveitamentos)	m²	0,333
Fôrma para vigas – montagem	m²	1,000
Fôrma para vigas – desmontagem	m²	1,000

Fôrma para vigas, com chapa compensada plastificada, *e* = 12 mm – *fabricação* – unidade: m²

Insumo	Unidade	Índice
Ajudante de carpinteiro	h	0,300
Carpinteiro	h	1,200
Chapa de madeira compensada	m²	1,200
Sarrafo 1" × 3"	m	4,000
Pontalete 3" × 3"	m	3,200
Prego com cabeça 17 × 21 mm	kg	0,200

Fôrma para vigas, com chapa compensada plastificada, *e* = 12 mm – *montagem* – unidade: m²

Insumo	Unidade	Índice
Ajudante de carpinteiro	h	0,139
Carpinteiro	h	0,554
Desmoldante	L	0,020
Prego com cabeça 17 × 27 mm	kg	0,100

Fôrma para vigas, com chapa compensada plastificada, *e* = 12 mm – *desmontagem* – unidade: m²

Insumo	Unidade	Índice
Ajudante de carpinteiro	h	0,059
Carpinteiro	h	0,238
Prego com cabeça 17 × 21 mm	kg	0,200

Tab. 2.8 Desmembramento da composição auxiliar

Insumo	Unidade	Índice
Ajudante de carpinteiro	h	0,333 × 0,300 + 1 × 0,139 + 1 × 0,059 = *0,297*
Carpinteiro	h	0,333 × 1,200 + 1 × 0,554 + 1 × 0,238 = *1,188*
Chapa de madeira compensada	m²	1,200
Sarrafo 1" × 3"	m	4,000
Pontalete 3" × 3"	m	3,200
Prego com cabeça 17 × 21 mm	kg	0,200
Desmoldante	L	0,020
Prego com cabeça 17 × 27 mm	kg	0,100

2.3 Utilidades da curva ABC de serviços

Quando um orçamentista termina de fazer um orçamento analítico, ou seja, com composições de custo unitário para cada um dos serviços da obra, uma das melhores atitudes que ele pode tomar é gerar a curva ABC de serviços, ferramenta que tem várias utilidades práticas.

A curva ABC de serviços nada mais é do que a ordenação dos serviços da planilha orçamentária em ordem decrescente de custo total, com as colunas de percentual simples e acumulado. Seu nome deriva das faixas que podem ser definidas nessa tabela decrescente:

- *faixa A*: engloba os serviços que perfazem 50% do custo total da obra;
- *faixa B*: engloba os serviços cujo percentual acumulado está entre 50% e 80% do custo total;
- *faixa C*: são os serviços restantes.

Algumas utilidades da curva ABC de serviços são:

- *Identificação dos serviços que mais impactam no custo total da obra*: os serviços que ficam no topo da tabela são aqueles de maior representatividade no orçamento. Dessa forma, são eles que precisam ser orçados com mais atenção.
- *Priorização para negociação*: no caso de subcontratação de serviços, aqueles que ocupam posições mais altas na curva ABC deverão ser objeto de negociação mais cautelosa do que serviços de menor representatividade no todo.
- *Avaliação de desvios de custos*: periodicamente, durante a execução da obra, é sempre bom o gestor avaliar o custo real que está obtendo nos serviços das faixas A e B, porque qualquer desvio para mais ou menos terá um efeito muito maior no resultado da obra do que serviços de menor importância relativa.
- *Validação de orçamento*: o diretor ou a equipe técnica de uma construtora deve concentrar seus esforços de validação de orçamento justamente nos serviços que compõem as faixas A e B, pois esses poucos serviços representam 80% do custo total da obra. Essa orientação ajuda a focar no que realmente importa.

A Tab. 2.9 apresenta a planilha de serviços de um prédio residencial do tipo Minha Casa, Minha Vida. Sua curva ABC de serviços foi mostrada na Tab. 1.5.

Pergunto: se a construtora conseguir fazer a limpeza final (item 22.1) por um custo 20% abaixo do orçado, esse ganho compensará um estouro de 5% na fôrma (item 5.1)?

Tab. 2.9 Planilha de quantidades e preços (Sinapi)

Nº	Descrição	Unidade	Quantidade	Custo unitário	Custo total
1	**Estaca**				
1.1	Corte e preparo em cabeça de estaca	un	44,00	28,00	1.232,00
1.2	Estaca pré-moldada concreto armado 20 t, inclusive cravação/emendas	m	644,00	79,26	51.043,44
1.3	Fôrma tábua para concreto em fundação c/ reaproveitamento 5×	m^2	264,66	37,70	9.977,68
1.4	Armação aço CA-50 p/ 1,0 m^3 de concreto	un	19,2	406,45	7.803,84
1.5	Concreto f_{ck} = 15 MPa, preparo com betoneira, sem lançamento	m^3	19,20	276,57	5.310,14
2	**Lastros/fundações diversas**				
2.1	Lastro de concreto, preparo mecânico	m^3	20,65	466,75	9.638,39
3	**Movimento de terra**				
3.1	Escavação manual de vala em material de 1ª categoria até 1,5 m, excluindo esgotamento/escoramento	m^3	26,11	35,02	914,37
3.2	Espalhamento mecanizado (com motoniveladora 140 HP) material 1ª categoria	m^2	19,20	0,21	4,03
3.3	Reaterro vala/cava compact. camadas 30 cm em beco até 2,50 m	m^3	6,91	25,21	174,20
3.4	Transporte local com caminhão basculante 6 m^3, rodovia em leito natural	$m^3 \times km$	115,20	1,14	131,33
3.5	Regularização e compactação manual de terreno com soquete	m^2	258,10	3,30	851,73
4	**Locação**				
4.1	Locação da obra, com uso de equipamentos topográficos, inclusive topógrafo e nivelador	m^2	258,10	10,36	2.673,92
5	**Fôrma/cimbramento/escoramento**				
5.1	Fôrma em chapa de madeira compensada plastificada 18 mm, para estrutura	m^2	766,10	33,53	25.687,33
6	**Armadura**				
6.1	Armação aço CA-50, diâm. 6,3 (1/4) a 12,5 mm (1/2) – fornecimento/corte (perda de 10%)/dobra/colocação	kg	4.596,60	5,83	26.798,18

Tab. 2.9 (continuação)

Nº	Descrição	Unidade	Quantidade	Custo unitário	Custo total
7	**Concreto**				
7.1	Concreto *grout*, preparado no local, lançado e adensado m³ 9,32000 359,21 3347,89 0,4873800	m³	9,32	359,21	3.347,84
7.2	Concreto usinado bombeado f_{ck} = 20 MPa, inclusive lançamento e adensamento	m³	76,61	324,62	24.869,14
21.53	Torneira cromada 1/2" ou 3/4" para tanque, padrão popular – fornecimento e instalação	un	16,00	24,21	387,36
21.54	Torneira cromada 1/2" ou 3/4" para lavatório, padrão popular, com engate flexível plástico 1/2" × 30 cm – fornecimento e instalação	un	16,00	41,91	670,56
21.55	Sifão plástico para lavatório ou pia tipo copo 1.1/4" – fornecimento e instalação	un	48,00	20,17	968,16
21.56	Bancada (tampo) mármore sintético 120 cm × 60 cm com cuba – fornecimento e instalação	un	16,00	150,60	2.409,60
21.57	Lavatório louça branca suspenso 29,5 cm × 39,0 cm, padrão popular, com conjunto para fixação – fornecimento e instalação	un	16,00	76,91	1.230,56
21.58	Vaso sanitário com caixa de descarga acoplada – louça branca	un	16,00	294,42	4.710,72
21.59	Tubo PVC esgoto série R DN 100 mm c/ anel de borracha – fornecimento e instalação	m	160,00	35,38	5.660,80
21.60	Tubo PVC esgoto JS predial DN 40 mm, inclusive conexões – fornecimento e instalação	m	38,00	19,46	739,48
21.61	Tubo PVC esgoto predial DN 75 mm, inclusive conexões – fornecimento e instalação	m	42,00	35,81	1.504,02
21.62	Tubo PVC esgoto predial DN 50 mm, inclusive conexões – fornecimento e instalação	m	247,00	26,16	6.461,52
22	**Serviços gerais**				
22.1	Limpeza final da obra	m²	766,08	1,55	1.187,42
Total					686.283,98

2.4 Utilidades da curva ABC de insumos

Já tendo abordado anteriormente as utilidades da curva ABC de serviços, cabe-nos agora tratar da curva ABC de insumos, que nada mais é do que a ordenação dos insumos de mão de obra, material e equipamento em ordem decrescente de custo total, com as colunas de percentual simples e acumulado.

Enquanto a curva ABC de serviços coloca os serviços em ordem decrescente de custo, na curva ABC de insumos vamos identificar os insumos, ou seja, os "ingredientes" que compõem os serviços. Nessa curva não aparece *fôrma*, mas sim carpinteiro, ajudante, chapa compensada, prego e desmoldante; não aparece *escavação*, mas sim trator, operador e assim por diante.

Não é difícil perceber que a curva ABC de insumos é muito mais extensa do que a de serviços.

O nome ABC decorre das faixas que podem ser definidas na tabela:

* *faixa A*: engloba os insumos que perfazem 50% do custo total da obra;
* *faixa B*: engloba os insumos entre os percentuais acumulados de 50% e 80% do custo total;
* *faixa C*: são os insumos restantes.

Esse comportamento reflete bem o que se chama de *regra de Pareto*: 80% das consequências advêm de 20% das causas.

Algumas utilidades da curva ABC de insumos são:

* *Identificação dos insumos que mais impactam no custo total da obra*: os insumos que ficam no topo da tabela são aqueles de maior representatividade no orçamento. Dessa forma, são eles que precisam ser cotados/negociados com mais atenção.
* *Priorização para negociação*: os insumos que ocupam posições mais altas na curva ABC deverão ser objeto de negociação mais cautelosa com os fornecedores do que os serviços de menor representatividade no todo. Recomenda-se que sejam obtidas mais cotações de preço para os itens principais do que para os itens menos relevantes.
* *Avaliação de impactos*: periodicamente, durante a execução da obra, é sempre bom o gestor avaliar o custo real dos insumos das faixas A e B. Um inesperado aumento de custo num insumo da faixa A terá efeito muito maior no resultado da obra do que aquele num insumo da faixa C.
* *Validação de orçamento*: o diretor ou a equipe técnica de uma construtora deve concentrar seus esforços de validação de orçamento justamente nos insumos que compõem as faixas A e B, pois esses poucos insumos representam

80% do custo total da obra. Essa orientação ajuda a focar no que realmente importa.

- *Orçamento de alimentação, transporte e equipamento de proteção individual*: veja outros capítulos deste livro!

A Tab. 2.10 representa a curva ABC de insumos do mesmo prédio residencial que usamos no exemplo da curva ABC de serviços. Como a tabela é longa, serão reproduzidos apenas a parte superior (faixas A e B) e o final (itens menos desprezíveis).

Pergunto:

- Até que insumo vai a faixa A?
- E a faixa B?
- A equipe gestora dessa obra deverá despender mais energia na negociação de compra de cerâmica esmaltada ou de chapa de aço?

Tab. 2.10 Curva ABC de insumos

Código do insumo	Descrição do insumo	Unidade	Quantidade	Preço unitário	Custo total	Peso (%)	Acum. (%)
20193	Andaime metálico tipo fachadeiro larg. = 1,20 m, altura = 2,0 m	m²/m	1.126,0887000	3,99	4.504,28	0,65	81,02
7194	Telha fibrocimento ondulada 6 mm – 2,44 × 1,10 m	m²	278,5415000	16,09	4.482,58	0,65	81,67
7345	Tinta látex PVA	L	331,8930000	12,70	4.217,68	0,61	82,28
10555	Porta madeira compensada lisa para pintura 80 × 210 × 3,5 cm	un	64,0000000	60,03	3.842,04	0,55	82,84
601	Janela alumínio maxim-ar, série 25, 90 × 110 cm (incluso guarnição e vidro fantasia)	m²	6,9520000	545,21	3.790,33	0,55	83,39
2700	Montador	h	208,2290000	17,47	3.638,51	0,52	83,92
10422	Vaso sanitário sifonado c/ caixa acoplada louça branca – padrão médio	un	16,0000000	225,95	3.615,28	0,52	84,45

Tab. 2.10 (continuação)

Código do insumo	Descrição do insumo	Unidade	Quantidade	Preço unitário	Custo total	Peso (%)	Acum. (%)
6212	Tábua madeira 3ª qualidade 2,5 × 30,0 cm (1 × 12") não aparelhada	m	437,2516368	7,66	3.350,67	0,48	84,94
27	Aço CA-50 5/8" (15,87 mm)	kg	1.056,0000000	3,04	3.210,24	0,46	85,40
9841	Tubo PVC PBV série R p/ esg. ou águas pluviais predial DN 100 mm	m	176,0000000	16,38	2.883,98	0,41	85,82
984	Cabo de cobre isolamento antichama 450/750 V, 2,5 mm², TP Pirastic Pirelli ou equiv.	m	2.640,0000000	1,06	2.822,41	0,41	86,23
1106	Cal hidratada, de 1ª qualidade, para argamassa	kg	6.686,3080360	0,40	2.674,52	0,38	86,62
1214	Carpinteiro de esquadria	h	221,4400000	11,94	2.644,00	0,38	87,01
6130	Ajudante instalador hidráulico	h	224,8000000	11,03	2.480,87	0,36	87,37
6083	Selador látex PVA	GL	40,9744772	55,00	2.253,59	0,32	87,70
7288	Tinta esmalte sintético fosco	L	90,4062400	24,88	2.249,53	0,32	88,03
20006	Alizar/ guarnição 5 × 2 cm madeira cedro/imbuia/ jequitibá ou similar	m	640,0000000	3,47	2.221,62	0,32	88,35
184	Aduela/batente duplo/caixão/ grade caixa 13 × 3 cm p/ porta 0,60 a 1,20 × 2,10 m madeira cedrinho/ pinho/canela ou similar	jg	64,0000000	31,25	2.000,00	0,29	88,64

Tab. 2.10 (continuação)

Código do insumo	Descrição do insumo	Unidade	Quantidade	Preço unitário	Custo total	Peso (%)	Acum. (%)
367	Areia grossa – posto jazida/ fornecedor (sem frete)	m³	34,4748054	57,00	1.965,06	0,28	88,93
1345	Chapa madeira compensada plastificada 2,2 × 1,1 m × 18 mm p/ fôrma de concreto	m²	73,5456000	26,44	1.945,25	0,28	89,21
13393	Quadro de distribuição de embutir c/ barramento trifásico p/ 12 disjuntores unipolares em chapa de aço galv.	un	16,0000000	119,28	1.908,57	0,27	89,49
11865	Caixa-d'água fibrocimento redonda c/ tampa 500 L	un	16,0000000	117,24	1.875,98	0,27	89,76
9838	Tubo PVC série normal – esgoto predial DN 50 mm – NBR 5688	m	345,8000000	5,20	1.799,65	0,26	90,02
4718	Pedra britada n. 2 ou 25 mm – posto pedreira/ fornecedor (sem frete)	m³	35,8869200	49,50	1.776,40	0,25	90,28
1381	Argamassa ou cimento colante em pó para fixação de peças cerâmicas	kg	5.231,1600000	0,32	1.685,34	0,24	90,53
1162	Cap. ou tampão ferro galv. rosca 1/2"	un	2,0000000	2,22	4,45	0,00	99,99
425	Grampo p/ haste de aterramento de 5/8", cabo 6 a 50 mm²	un	2,0000000	2,10	4,20	0,00	99,99

Tab. 2.10 (continuação)

Código do insumo	Descrição do insumo	Unidade	Quantidade	Preço unitário	Custo total	Peso (%)	Acum. (%)
10567	Tábua madeira 3ª qualidade 2,5 × 23,0 cm (1 × 9") não aparelhada	m	0,7687680	5,47	4,21	0,00	99,99
5065	Prego de aço 10 × 10	kg	0,5004000	7,75	3,88	0,00	99,99
3764	Lâmpada incandescente 60 W	un	5,0000000	0,70	3,53	0,00	99,99
14	Estopa ou corda alcatroada p/ junta de tubos concreto/ cerâmico	kg	0,2400000	9,82	2,35	0,00	99,99
855	Bucha e arruela alumínio fundido p/ eletroduto 25 mm (1")	cj	4,0000000	0,53	2,14	0,00	99,99
4227	Óleo lubrificante para motores de equipamentos pesados (caminhões, tratores, retros etc.)	L	0,1769990	11,59	2,05	0,00	99,99
4090	Motoniveladora – potência 140 HP peso operacional 12,5 t	un	0,0000034	605.000,00	2,05	0,00	99,99
4350	Bucha *nylon* S-8 c/ paraf. rosca soberba aço zincado cab. chata fenda simples 4,8 × 75 mm	un	4,0000000	0,35	1,40	0,00	99,99
342	Arame galvanizado 12 BWG – 2,60 mm – 48,00 g/m	kg	0,2252800	5,63	1,26	0,00	99,99
5075	Prego de aço 18 × 30	kg	0,2816000	4,62	1,30	0,00	99,99

Tab. 2.10 (continuação)

Código do insumo	Descrição do insumo	Unidade	Quantidade	Preço unitário	Custo total	Peso (%)	Acum. (%)
1327	Chapa aço fina a frio preta 24 MSG, *e* = 0,61 mm – 4,89 kg/m²	kg	0,3600000	3,28	1,18	0,00	99,99
10533	Betoneira 580 L elétrica trifásica 7,5 HP c/ carregador mecânico	h	0,2323537	3,46	0,80	0,00	99,99
4229	Graxa	kg	0,0589996	13,87	0,81	0,00	99,99
6128	Ajudante geral	h	0,0454982	10,00	0,45	0,00	99,99
4239	Operador de motoniveladora	h	0,0227481	13,30	0,30	0,00	99,99
13	Estopa	kg	0,0400000	5,31	0,21	0,00	99,99

Obs.: diferença de 100% no campo peso acumulado, devido a arredondamentos.

2.5 Como comparar cotações de preço

No processo de elaboração do orçamento de uma obra, o orçamentista se depara com uma grande quantidade de insumos e serviços que precisam ter seu custo cotado. Para isso, devem ser solicitadas cotações no mercado. Esse processo de cotação de preços, embora seja aparentemente simples, tem algumas particularidades que podem fazer a diferença no preço final ao qual se chega.

Uma primeira observação é que cada fornecedor, fabricante, revendedor, distribuidor, subempreiteiro ou prestador de serviço apresenta sua cotação num formato próprio e, o que é muito comum, nem todas as cotações incluem o mesmo escopo. Há fornecedores que entregam o material na obra, enquanto outros o disponibilizam na fábrica, ficando o frete por conta do comprador; há fabricantes que apresentam preço baixo, porém fazem a ressalva (normalmente em letra pequena) de que tal preço só vale para compras acima de determinada quantidade mínima etc.

Quando se trata de cotações de serviços terceirizados, a disparidade também acontece, pois há empreiteiros que embutem em seu preço itens como andaimes e limpeza final, por exemplo, ao passo que outros dão o preço sem eles. Destacamos a seguir os principais cuidados que o orçamentista deve ter na hora de comparar cotações:

- *Especificações técnicas*: quem cota preços no mercado deve estar atento para a correta especificação contida no edital e no projeto. Para isso, é preciso que seja dada a descrição qualitativa do material, com informações de dimensões, peso, cor e resistência, e, quando se trata de produtos pouco comuns, como equipamentos, é costume informar no pedido a relação de normas técnicas a que o produto deve atender.
- *Unidade e embalagem*: o tipo de embalagem em que o material deve vir acondicionado influi no preço. Bloco cerâmico, por exemplo, pode vir solto sobre o caminhão ou paletizado; cimento pode ser comprado em sacos ou a granel; tinta pode ser adquirida em lata ou galão. A depender da quantidade da compra, a melhor opção varia.
- *Prazo de entrega*: o período compreendido entre o pedido e a entrega do material é de capital importância, principalmente quando se trata de um produto especial, que não é encontrado facilmente nas prateleiras das lojas. É o caso de elevadores, esquadrias especiais, cerâmicas, mármores, produtos importados etc.
- *Condições de pagamento*: a empresa que adquire um bem precisa se programar para fazer o desembolso. Por isso, é importante saber que tipo de facilidades o fornecedor concede em termos de prazos para pagamento. Uma compra pode ser à vista ou a prazo – com ou sem entrada, com ou sem desconto.

- *Validade da proposta*: os fornecedores costumam atribuir um prazo de validade às cotações que dão às empresas. É importante verificar se a época provável da compra está atendida pelo prazo da proposta.
- *Local e condições de entrega*: as cotações dos fornecedores geralmente indicam o local de entrega do produto. Pode ser na obra, na fábrica, no depósito do distribuidor, no porto, no aeroporto, na transportadora, na fronteira etc. A fim de identificar o local de entrega e o que está embutido no preço (seguro, frete, carga e descarga etc.), costumam-se utilizar as siglas CIF (mercadoria entregue na obra) e FOB (mercadoria a ser retirada pelo comprador).

2.5.1 Equalização de cotações

Cotações de preços obtidas de dois fornecedores podem não estar numa mesma base de informações, o que dificulta a comparação entre elas. É o caso, por exemplo, de um vendedor que fornece esquadrias de madeira pintadas e outro que as fornece sem pintura. Os dois valores não são comparáveis porque se referem a escopos de serviço distintos. O orçamentista precisa então adicionar à segunda cotação o custo da pintura para que os valores fiquem na mesma base.

Essa tarefa pode ser simples ou complicada, a depender do grau de detalhamento da cotação mais completa. Se ela individualiza os valores de cada etapa (fornecimento, pintura etc.), o orçamentista busca a parcela que falta na outra cotação e preenche a lacuna. Quando os valores não estão individualizados, ele precisa orçar a parcela de serviço que falta na proposta incompleta.

Exemplo 2.1

Comparar as cotações das três empresas que apresentaram preços para o fornecimento de esquadrias de madeira (Tab. 2.11).

Tab. 2.11 Propostas de fornecedores

Item	Fornecedor 1	Fornecedor 2	Fornecedor 3
Fornecimento	R$ 20.000,00	R$ 18.000,00	R$ 15.000,00
Pintura	R$ 4.000,00	Sem pintura	Sem pintura
Local de entrega	Obra (CIF)	Obra (CIF)	Fábrica (FOB)

A cotação do Fornecedor 1 é a única completa. Para comparação, as cotações dos Fornecedores 2 e 3 precisam ser completadas com o valor da pintura. Pode-se cotar a pintura separadamente ou, por praticidade, assumir a pintura cotada pelo Fornecedor 1.

A cotação do Fornecedor 3 precisa ainda ser completada com o transporte até a obra. Suponhamos que ele tenha sido cotado à parte pelo orçamentista (R$ 7.500,00).

Normalizando as cotações, obtém-se a Tab. 2.12.

Tab. 2.12 Propostas equalizadas

Item	Fornecedor 1	Fornecedor 2	Fornecedor 3
Fornecimento	R$ 20.000,00	R$ 18.000,00	R$ 15.000,00
Pintura	R$ 4.000,00	R$ 4.000,00	R$ 4.000,00
Local de entrega	Obra (CIF)	Obra (CIF)	R$ 7.500
Total	R$ 24.000,00	R$ 22.000,00	R$ 26.500,00

A melhor oferta é a do Fornecedor 2.

2.6 Instalações: por que orçamos e planejamos mal

As *instalações hidrossanitárias e elétricas* parecem ser uma fonte de grande incerteza para muitas construtoras. Uma enquete entre seus colegas construtores facilmente mostrará que inúmeros são os casos de estouros de custo de instalações, falência de empreiteiros e atrasos de cronograma por causa desses serviços especializados. As frustrações do orçamento das instalações são provenientes de causas comerciais, técnicas e gerenciais. Faço a seguir algumas reflexões sobre o assunto.

2.6.1 Causas comerciais

As instalações hidrossanitárias e elétricas constituem uma categoria de serviços que as construtoras gostam bastante de terceirizar, porque tradicionalmente as empresas de construção se dedicam apenas àquilo que se convenciona chamar de *parte civil*: escavação, fôrma, armação, concreto, revestimento, acabamento etc. Por uma questão de inércia cultural, as construtoras aparentemente gostam de contar com equipes próprias para a parte civil e subcontratar as instalações a empresas do setor.

Essas empresas subcontratadas, contudo, podem ou não ter o mesmo padrão de qualidade e forma de conduta da construtora contratante. Contratante e contratada terem sistemas gerenciais distintos representa logo de cara uma parte do problema. Empresas organizadas, que seguem procedimentos e impõem controle de execução de serviços, veem-se muitas vezes lidando com um subempreiteiro amador, caótico, desorganizado e informal, simplesmente porque optaram por contratar aquele de preço mais baixo. Cria-se de imediato um ponto vulnerável na condução da obra. Você já viu essa cena? Eu já.

2.6.2 Causas técnicas

É preciso também entender a forma como se orçam as instalações no mercado. Diferentemente dos orçamentistas da parte civil, os instaladores não têm o costume ou a cultura de usar composições de custo unitário para cada etapa do serviço. Os próprios bancos de dados referenciais são bastante pobres nesse sentido.

O que se vê corriqueiramente é o seguinte: o instalador cota o material da obra (tubos, conexões, fios, cabos etc.) e dimensiona a equipe de trabalhadores para realizar o respectivo serviço no prazo dado pelo construtor. Por exemplo, para fazer a instalação de um prédio, serão necessários tantos eletricistas, tantos ajudantes e tantos encarregados.

Outra maneira também encontrada na prática é aplicar sobre o custo do material um percentual referente à mão de obra (50%, 80%, 40%, dependendo do tipo de instalação e do padrão das especificações). Ao contrário do método anterior, aqui é impossível visualizar a equipe e a produtividade adotadas.

Em qualquer um dos casos, o empirismo é grande, maior do que no processo de orçar alvenaria e revestimentos.

As razões expostas trazem como resultado o fato de as construtoras trabalharem geralmente com a unidade *verba* no orçamento das instalações. O orçamentista da construtora recebe uma proposta de montante global do instalador e inclui esse valor no orçamento da obra. Trabalha-se, portanto, com uma verdadeira caixa-preta.

Uma forma de validar um orçamento de instalações é compará-lo com o custo total da obra. No caso de edifícios, instalações hidrossanitárias e elétricas correspondem à faixa de representatividade mostrada na Tab. 2.13: de 14% a 18%. Se a proposta que você receber do instalador estiver acima ou abaixo disso, desconfie.

2.6.3 Causas gerenciais

Do ponto de vista da gestão do empreendimento, uma prática errada dos planejadores é colocar no cronograma da obra uma barra única para o serviço *instalações*. Não é raro encontrar cronogramas com uma "barrona" de seis ou dez meses de duração para indicar as instalações hidrossanitárias e elétricas da obra. Os motivos são meio óbvios. Em primeiro lugar, o pacote de trabalho que figura no cronograma é muito genérico, englobando uma vasta gama de atividades. Como saber qual o percentual de avanço do bloco *instalações* até a presente data? A resposta vai ser um belo chute.

Em segundo lugar, hidráulica é uma frente de batalha e elétrica é outra. Não dá para juntar as duas famílias para fins de controle. Imagine que haja um problema de suprimento e a obra não receba eletrodutos em tempo hábil para cumprir o cronograma – as duas famílias ficarão naturalmente "descasadas" e, caso o planejador insista em agrupá-las como "irmãs siamesas", terá dor de cabeça para manter o cronograma atualizado de maneira coerente.

Existe uma crença na construção, sobretudo nas construtoras de médio e pequeno porte, de que não é preciso monitorar o avanço da empresa de instalações porque o preço contratado é global e "o empreiteiro que se vire para fazer o serviço no custo pactuado". Até entendo o empreiteiro de instalações assumir eventuais distorções de custo, mas o que realmente não compreendo é o construtor fazer vista grossa para o acompanhamento do cronograma. Aprenda: se o subcontratado se atrasar, ele até pode assumir o custo do atraso *do serviço dele*, mas o efeito desse atraso para a obra como um todo é muito maior e quem pagará a conta será o construtor.

Tab. 2.13 Estimativas de gastos por etapa de obra (%)

Mês de referência: maio 2017									
Etapas construtivas	Habitacional						Comercial		Industrial
	Residencial			Prédio com elevador fino (4)	Prédio sem elevador		Prédio com elevador fino (7)	Prédio sem elevador médio (8)	Galpão médio (9)
	Fino (1)	Médio (2)	Popular (3)		Médio (5)	Popular (6)			
Serviços preliminares	2,5 a 3,5	2,5 a 3,9	0,7 a 1,3	0,2 a 0,3	0,4 a 0,7	1,0 a 2,1	0,0 a 1,0	0,4 a 0,8	1,1 a 2,2
Movimento de terra	0,0 a 1,0	0,0 a 1,0	0,0 a 1,0	0,0 a 1,0	0,0 a 1,0	0,0 a 1,0	0,0 a 1,0	0,0 a 1,0	0,0 a 1,0
Fundações especiais	-	-	-	3,0 a 4,0	3,0 a 4,0	3,0 a 4,0	3,0 a 4,0	3,0 a 4,0	4,0 a 5,0
Infraestrutura	7,4 a 8,1	3,9 a 4,6	2,5 a 4,5	2,0 a 2,7	3,7 a 4,4	4,4 a 4,9	3,1 a 3,7	4,3 a 5,3	3,6 a 4,6
Superestrutura	16,3 a 19,1	12,5 a 17,2	10,8 a 13,8	28,4 a 34,7	24,0 a 29,9	20,4 a 25,5	25,2 a 30,2	20,9 a 25,0	6,5 a 8,6
Vedação	4,4 a 7,3	7,5 a 11,7	7,5 a 13,4	3,1 a 4,4	4,3 a 8,5	7,9 a 13,4	3,1 a 4,4	4,8 a 7,5	2,1 a 3,7
Esquadrias	2,5 a 5,0	6,5 a 12,1	7,7 a 12,8	6,5 a 12,0	3,9 a 7,0	3,1 a 5,5	6,3 a 12,5	7,5 a 13,8	9,1 a 17,3
Cobertura	0,0 a 0,4	3,9 a 8,5	8,7 a 17,2	-	0,6 a 1,9	-	-	-	19,0 a 28,5
Instalações hidráulicas	11,2 a 13,1	11,4 a 13,4	11,2 a 12,1	10,8 a 12,7	9,9 a 11,6	9,6 a 10,6	9,6 a 10,6	7,4 a 8,4	4,6 a 5,5
Instalações elétricas	3,8 a 4,8	3,8 a 4,8	3,8 a 4,8	4,5 a 5,4	3,7 a 4,6	3,8 a 4,8	3,7 a 4,6	3,8 a 4,7	5,0 a 6,0
Impermeabilização e isolação térmica	11,0 a 14,3	0,4 a 0,8	0,4 a 0,9	1,3 a 2,7	1,3 a 1,9	4,9 a 6,2	2,0 a 2,6	6,4 a 7,8	1,1 a 1,7
Revestimento (pisos, paredes e forros)	19,2 a 26,0	23,6 a 29,5	22,1 a 30,5	19,4 a 25,1	24,7 a 31,4	23,1 a 32,6	16,8 a 23,7	17,4 a 21,1	8,2 a 11,3
Vidros	1,4 a 2,7	0,3 a 0,6	0,6 a 1,1	1,1 a 2,1	0,3 a 0,6	0,3 a 0,5	1,4 a 2,5	1,0 a 2,0	0,0 a 0,3
Pintura	3,9 a 5,6	6,2 a 8,1	4,0 a 5,0	3,5 a 4,5	5,1 a 6,8	2,6 a 3,5	6,8 a 10,1	6,6 a 8,4	5,5 a 8,3
Serviços complementares	2,3 a 3,4	0,6 a 0,7	0,6 a 1,1	0,3 a 0,9	0,0 a 1,2	0,6 a 1,1	0,0 a 1,1	0,0 a 8,4	10,7 a 15,3
Elevadores	-	-	-	1,7 a 2,2	-	-	3,4 a 4,2	-	-

Veja as informações relativas às tipologias construtivas na tabela do Custo Unitário Pini de Edificações (CUPE).

Fonte: baseado em Pini (2017).

Minhas recomendações

* "Exploda" a família *instalações* em pacotes de trabalho menores, por atividade (rasgo nas paredes, introdução de eletrodutos, enfiação, fechamento dos rasgos etc.) e por pavimento.
* Envolva a empresa instaladora no dimensionamento das durações - e cobre o cumprimento dos prazos.
* Chame a instaladora para as reuniões de produção e de avaliação do progresso da obra - eu aprendi uma coisa na vida: *puxe seus fornecedores para cima, não para baixo!* "Canibalismo" não ajuda ninguém.
* Aproprie índices de campo para ter seu próprio banco de dados - um dia você pode precisar deles.

2.7 IMPACTO DAS IMPEDITIVIDADES NO ORÇAMENTO

Muitos clientes públicos e privados caracterizam-se pelo rigor com que tratam questões de meio ambiente, qualidade, saúde e segurança do trabalho em seus contratos de obra. Essas companhias, entre as quais se destacam Petrobras, Vale e outros grupos industriais, impõem vários requisitos organizacionais no que diz respeito a contratação, treinamento, acesso ao local da obra, exames de saúde, rotinas de comunicação diária etc.

Todas essas condicionantes inerentes ao ambiente de produção, que no jargão da construção são chamadas de *impeditividades*, acarretam evidente perda de produtividade das equipes executoras dos serviços e, em decorrência disso, um custo maior para as empresas contratadas. Esse decréscimo de produtividade precisa, então, ser refletido nos orçamentos.

No rol das impeditividades incluem-se, entre outros fatores:

* *Período de cadastramento e integração*: exames e treinamento dos operários até a obtenção do crachá e a permissão para entrar no canteiro; durante esse (longo) período, o operário já está recebendo salário da construtora.
* *Diálogo diário de segurança, meio ambiente e saúde*: preleção diária feita em cada frente de serviço, geralmente registrada em formulário próprio e assinada por todos os participantes.
* *Auditoria comportamental*: observação e interação com a força de trabalho, com foco na atitude e no comportamento das pessoas durante a realização de suas tarefas.
* *Treinamentos programados*: podem consumir vários dias durante o ano, incluindo grandes eventos internos de prevenção de acidentes do trabalho.
* *Deslocamentos*: entre portaria, vestiário, frentes de serviço e refeitório (em local normalmente designado pelo contratante).
* *Velocidade controlada*: muitos canteiros de obra preveem tráfego em velocidades muito inferiores àquelas que normalmente são usadas nos orçamentos das construtoras (e nas composições de custos unitários dos bancos de dados oficiais).

Pelo fato de o conjunto de impeditividades limitar o tempo "líquido" disponível do trabalhador, o construtor só pode contar com uma fração da jornada de trabalho do operário. A fim de recuperar o tempo desperdiçado nas impeditividades, as construtoras veem-se impelidas a incorrer em alta quantidade de horas extras, ou então a mobilizar uma quantidade maior de trabalhadores.

Não estariam as impeditividades contempladas nos índices que aparecem nas composições de custos unitários do Sicro? A resposta é *não*. Os índices (ou coeficientes) que figuram nas composições referem-se ao período *produtivo*, ou seja, à execução propriamente dita do serviço. Considerando que os índices são apropriados de observações em campo, é intuitivo perceber que o ritmo de produção verificado correspondia ao período em que as equipes estavam efetivamente trabalhando.

No processo de montagem das composições de custos unitários, no caso específico do Sicro (do DNIT) – e o mesmo se dá com outros bancos de dados, como o Sinapi (da Caixa Econômica Federal), por exemplo, e o RS Means (americano) –, o coeficiente redutor de produtividade aplicado é o *fator de eficiência*, como ilustrado na Tab. 2.14.

Tab. 2.14 Produção de equipe mecânica do Sicro

5502138		Escavação, carga e transporte de material de 1ª categoria – DMT de 600 a 800 m – caminho de serviço em revestimento primário – com escavadeira e caminhão basculante de 14 m³						Unidade: m³
Variáveis intervenientes		Unidade	Equipamentos					
			E9515	E9667				
			Escavadeira hidráulica sobre esteira com caçamba com capacidade de 1,5 m³ – 110 kW	Caminhão basculante com capacidade de 14 m³ – 295 kW				
a	Afastamento							
b	Capacidade	m³	1,50	14,00				
c	Consumo	L/m³						
d	Distância	m		700,00				
e	Espaçamento	m						
f	Espessura	m						
g	Fator de carga		1,00	1,00				
h	Fator de conversão		0,80	0,80				
i	Fator de eficiência		0,83	0,83				
j	Largura de operação	m						
l	Largura de superposição	m						

Fator de eficiência: 0,83 = 50'/60'

Tab. 2.14 (continuação)

Variáveis intervenientes		Unidade	Equipamentos					
			E9515	E9667				
			Escavadeira hidráulica sobre esteira com caçamba com capacidade de 1,5 m³ - 110 kW	Caminhão basculante com capacidade de 14 m³ - 295 kW				
m	Largura útil	m						
n	Número de passadas	un						
o	Profundidade	m						
p	Tempo fixo	min		5,50				
q	Tempo de ida	min		1,64				
r	Tempo de retorno	min		1,45				
s	Tempo total de ciclo	min	0,27	8,59				
t	Velocidade de ida	m/min		428,03				
u	Velocidade de retorno	m/min		481,53				
Observações			Fórmulas					
			P = 60.b.g.h.i/s	P = 60.b.g.h.i/s				
Produção horária			221,33	64,94				
Número de unidades			1,00	4,00				
Utilização operativa			1,00	0,85				
Utilização improdutiva			0,00	0,15				
Produção da equipe			221,33	221,33				

Fonte: DNIT (2017, v. 12, tomo 5).

Esse fator de eficiência se refere às interrupções naturais da atividade *durante a operação*, isto é, enquanto a equipe está devidamente alocada ao serviço, trabalhando nele. O que esse fator tenta capturar são os momentos de paralisações intrínsecas à execução do serviço, tais como consumo de água, necessidades fisiológicas, comunicação com o encarregado, reposicionamento e "patolagem" de equipamento, instrução do operador da carregadeira para o operador do caminhão etc.

Conclui-se que o fator de eficiência nada tem a ver com o tempo que o operário perde esperando crachá de acesso, participando do diálogo diário de segurança ou se deslocando até um refeitório remoto.

As impeditividades são diferentes. Elas não se manifestam enquanto o operário está empenhado num serviço, mas nos momentos de admissão, treinamento, início de turnos etc., e têm relação direta com a política de segurança, meio ambiente e saúde (SMS) do contratante. Logo, *impeditividades não se confundem com fator de eficiência*, não sendo possível considerá-las pressupostas nas composições de custos unitários dos bancos de dados referenciais.

Pela mesma razão, é justo que o contratante entenda que, no processo de orçamentação, as empresas proponentes farão aplicar sobre suas composições um coeficiente redutor de produtividades para refletir a ação das impeditividades.

Imaginemos um dia típico de trabalho numa obra de um desses rigorosos clientes. Após bater o ponto, o operário se desloca até o local de trabalho (que pode estar distante até 3 km, num deslocamento moroso por conta da velocidade máxima permitida de 30 km/h, que tende a ter uma média ainda menor por causa dos muitos cruzamentos e "pare-siga"); cumpre a formalidade do diálogo diário de SMS e vai então ao trabalho propriamente dito; na hora do almoço, desloca-se até o refeitório (outro deslocamento longo de ida e volta) e, ao final de turno, faz novo trajeto de volta ao vestiário e daí até a portaria do canteiro. Ainda precisamos contar os treinamentos periódicos, auditorias comportamentais etc. Convenhamos que, de uma jornada regulamentar de 8 h, sobra algo em torno 5 h "líquidas" de trabalho.

2.8 Produção das equipes mecânicas

Quando o orçamentista precisa chegar ao *custo unitário de um serviço de terraplenagem ou pavimentação*, o desafio está em calcular a produtividade dos equipamentos que integram a patrulha do serviço (conjunto de equipamentos por tipo e quantidade).

Em se tratando de equipamentos, a produtividade é uma grandeza que envolve a capacidade da concha do equipamento de carga (carregadeira, escavadeira), o tempo de ciclo do caminhão, a distância de transporte e o fator de eficiência, entre outros parâmetros. Uma maneira prática de computar esses dados e apresentá-los de forma padronizada é utilizar a planilha *produção de equipes mecânicas* (PEM), adotada pelo Departamento Nacional de Infraestrutura de Transportes (DNIT) em seu prestigioso *Manual de custos rodoviários* (2003), que é a base conceitual do banco de dados Sistema de Custos Rodoviários (Sicro).

2.8.1 Campos da planilha PEM

A planilha PEM é uma planilha genérica que contém uma série de variáveis cujos valores devem ser fornecidos para cada equipamento que compõe a patrulha do serviço em questão (Tab. 2.14). Essas variáveis são descritas a seguir:

a) *afastamento*: distância entre furos no sentido transversal à face da bancada (em desmonte de rocha);
b) *capacidade*: volume nominal da concha ou caçamba (ou alguma outra dimensão do equipamento);
c) *consumo*: quantidade por unidade de serviço (por exemplo: L/m³ para espalhamento de água por um caminhão-pipa; m³/min de ar comprimido para uma perfuratriz);
d) *distância*: espaço médio percorrido pelo equipamento;
e) *espaçamento*: distância entre furos no sentido paralelo à face da bancada (em desmonte de rocha);
f) *espessura*: espessura da camada compactada;
g) *fator de carga*: relação entre a capacidade efetiva (real) e a capacidade nominal da concha ou caçamba;
h) *fator de conversão*: relação entre o volume do material no corte e o volume solto ($\phi = 1/(1 + E)$), sendo E o empolamento;
i) *fator de eficiência*: relação entre a produção efetiva e a produção nominal;
j) *largura de operação*: largura da lâmina do equipamento;
l) *largura* útil: subtração das duas larguras anteriores (operação e superposição);
m) *número de passadas*: número de vezes que o equipamento passa no mesmo lugar (compactação, espalhamento etc.);

n) *profundidade*: penetração atingida por equipamento de perfuração;
o) *tempo fixo*: intervalo de tempo de carga, descarga e manobras;
p) *tempo de percurso (ida)*: intervalo de tempo que o equipamento carregado leva do local de carga ao local de descarga – é a razão entre a distância e a velocidade de ida;
q) *tempo de retorno*: intervalo de tempo que o equipamento vazio leva do local de descarga até o local de carga – é a razão entre a distância e a velocidade de retorno;
r) *tempo total de ciclo*: soma dos três tempos anteriores;
s) *velocidade (ida) média*: velocidade com que o equipamento carregado vai desde o local de carga até o local de descarga;
t) *velocidade de retorno*: velocidade com que o equipamento vazio volta do local de carga para o local de descarga.

Nem todas as variáveis são requeridas para todos os casos.

2.8.2 Como ler a PEM

A planilha PEM mostrada na Tab. 2.15 foi extraída do Sicro. A composição de código 5501880 refere-se a escavação, carga e transporte de material de 1ª categoria – DMT de 1.000 m a 1.200 m – caminho de serviço em leito natural – com carregadeira e caminhão basculante de 14 m^3 (unidade: m^3).

Para cada equipamento, informa-se o valor das variáveis mencionadas na respectiva fórmula. Para a carregadeira, por exemplo, a fórmula é dada por:

$$P = 60 \cdot b \cdot g \cdot h \cdot i/s$$

Os termos da fórmula estão na coluna das variáveis:

b = capacidade;
g = fator de carga;
h = fator de conversão;
i = fator de eficiência;
s = tempo total de ciclo.

Tab. 2.15 Produção de equipe mecânica 5501880 – Sicro

5501880		Escavação, carga e transporte de material de 1ª categoria – DMT de 1.000 a 1.200 m – caminho de serviço em leito natural – com carregadeira e caminhão basculante de 14 m³			Unidade: m³		
Variáveis intervenientes	Unidade	Equipamentos					
		E9511	E9541	E9667			
		Carregadeira de pneus com capacidade de 3,3 m³ – 213 kW	Trator de esteiras com lâmina – 259 kW	Caminhão basculante com capacidade de 14 m³ – 295 kW			
a Afastamento							
b Capacidade	m³	3,30	8,70	14,00			
c Consumo	L/m³						
d Distância	m		30,00	1.100,00			
e Espaçamento	m						
f Espessura	m						
g Fator de carga		0,90	0,90	1,00			
h Fator de conversão		0,80	0,80	0,80			
i Fator de eficiência		0,83	0,83	0,83			
j Largura de operação	m						
l Largura de superposição	m						
m Largura útil	m						
n Número de passadas	un						
o Profundidade	m						
p Tempo fixo	min		0,15	5,11			
q Tempo de ida	min		0,75	4,06			
r Tempo de retorno	min		0,38	2,19			
s Tempo total de ciclo	min	0,50	1,28	11,36			
t Velocidade de ida	m/min		40,00	270,86			
u Velocidade de retorno	m/min		80,00	503,02			

Variáveis da carregadeira (capacidade, fator de carga, fator de conversão, fator de eficiência)

Tab. 2.15 (continuação)

Observações	**Fórmulas**					
	P = 60.b.g.h.i/s	P = 60.b.g.h.i/s	P = 60.b.g.h.i/s			
Produção horária	236,65	244,67	49,11			
Número de unidades	1,00	1,00	5,00			
Utilização operativa	1,00	0,97	0,96			
Utilização improdutiva	0,00	0,03	0,04			
Produção da equipe	236,65	236,65	236,65			

Fórmulas para cálculo da produtividade de cada equipamento (as letras correspondem às variáveis de cima)

Utilização operativa + improdutiva = 1 (= 100%)

Com os valores dados,

$$P = 60 \text{ min/h} \times 3{,}30 \text{ m}_S^3 \times 0{,}90 \times 0{,}80 \text{ m}_C^3/\text{m}_S^3 \times 0{,}83/0{,}50 \text{ min} = 236{,}65 \text{ m}_C^3/\text{h}$$

Note que o fator de eficiência de 0,83 corresponde ao equipamento trabalhando efetivamente 50 min a cada hora (50/60 = 0,83).

Procedendo de forma análoga para o *trator de esteira*, chega-se a uma produtividade maior: 244,67 m_C^3/h. Ora, como o carro-chefe da patrulha da escavação é a carregadeira, a produtividade do trator ficará limitada ao ritmo, ou seja, à produtividade da carregadeira. Dessa forma, o trator terá uma utilização operativa de 236,65/244,67 = 0,97 (= 97%), sendo 0,03 (= 3%) de utilização improdutiva.

Para o *caminhão basculante*, a fórmula é similar, porém o tempo de ciclo total foi calculado pela soma das parcelas tempo fixo (5,11'), tempo de ida (1.100 m/(270,86 m/min) = 4,06') e tempo de volta (1.100 m/(503,02 m/min) = 2,19').

Note que as velocidades são informadas em m/min, e não em km/h. E a distância de 1.100 m corresponde ao ponto médio da faixa de DMT do serviço (entre 1.000 m e 1.200 m).

2.8.3 Composição de custos unitários

Como o que o orçamentista está buscando é o *custo unitário do serviço* (R\$/m_C^3), basta dividir o custo horário (R\$/h) de cada equipamento pela produção horária calculada (m_C^3/h).

A tabela *composição de custos unitários*, também adotada no Sicro, nada mais é do que a composição de custos feita a partir da patrulha dimensionada na PEM. Na parte superior é totalizado o custo horário da patrulha (R$ 1.418,15), ao qual se adicionou o servente. Dividindo-se esse total por 236,65 m_C^3/h (obtida na PEM), chega-se ao custo unitário do serviço (R$ 6,08/m_C^3) (Tab. 2.16).

Tab. 2.16 Composição de custo unitário 5501880 – Sicro

Sistema de Custos Referenciais de Obras – Sicro				Bahia		FIC 0,01425
Custo Unitário de Referência		Janeiro/2020		Produção da equipe 236,65000 m³		
5501880 Escavação, carga e transporte de material de 1ª categoria – DMT de 1.000 a 1.200 m – caminho de serviço em leito natural – com carregadeira e caminhão basculante de 14 m³						**Valores em reais (R$)**
A – Equipamentos	Quantidade	Utilização		Custo horário		Custo horário total
		Operativa	Improdutiva	Produtivo	Improdutivo	
E9667 – Caminhão basculante com capacidade de 14 m³ – 188 kW	5,00000	0,96	0,04	164,7488	50,2110	800,8364
E9511 – Carregadeira de pneus com capacidade de 3,3 m³ – 213 kW	1,00000	1,00	0,00	221,0305	98,4810	221,0305
E9541 – Trator de esteiras com lâmina – 259 kW	1,00000	0,97	0,03	387,2135	132,0294	379,5580
					Custo horário total de equipamentos	1.401,4249
B – Mão de obra	Quantidade	Unidade		Custo horário		Custo horário total
P9824 – Servente	1,00000	h		16,7387		16,7387
					Custo horário total de mão de obra	16,7387
					Custo horário total de execução	1.418,1636
					Custo unitário de execução	5,9927
					Custo do FIC	0,0854
					Custo do FIT	–
C – Material	Quantidade	Unidade		Preço unitário		Custo unitário
					Custo unitário total de material	
D – Atividades auxiliares	Quantidade	Unidade		Custo unitário		Custo unitário
					Custo total de atividades auxiliares	
					Subtotal	6,0781
E – Tempo fixo	Código	Quantidade	Unidade		Custo unitário	Custo unitário
					Custo unitário total de tempo fixo	
F – Momento de transporte	Quantidade	Unidade		DMT		Custo unitário
			LN	RP	P	
					Custo unitário total de transporte	
					Custo unitário direto total	6,08

2.9 DIMENSIONAMENTO EXPEDITO DE TUBULAÇÕES

Na vida prática, às vezes o profissional da construção civil tem à sua disposição um projeto executivo calculado nos mínimos detalhes, porém às vezes se depara com situações em que ele mesmo precisa fazer o dimensionamento expedito de elementos da obra – traço de concreto, ferragem de uma viga, diâmetro de tubulação etc.

Nesta seção será abordado um método simples e rápido de dimensionar o *diâmetro de tubulações hidráulicas de água fria*. A necessidade desse tipo de cálculo surge, por exemplo, quando o engenheiro vai construir instalações provisórias do canteiro, ou quando precisa fazer uma captação de água ou montar uma oficina mecânica na obra. O método que eu explico a seguir é o *ábaco luneta*, que só vim a conhecer muitos anos depois de formado e que teria "me quebrado vários galhos" nas obras por onde passei.

As informações requeridas para o dimensionamento da tubulação são:

* *quantidade de peças* atendidas;
* *quantidade de água* (vazão).

A quantidade de água é refletida no chamado *peso das peças de utilização*. O peso tem relação direta com os diâmetros mínimos necessários para o funcionamento das peças.

Para determinar o diâmetro dos barriletes, colunas, ramais e sub-ramais, o roteiro é o indicado na Fig. 2.1.

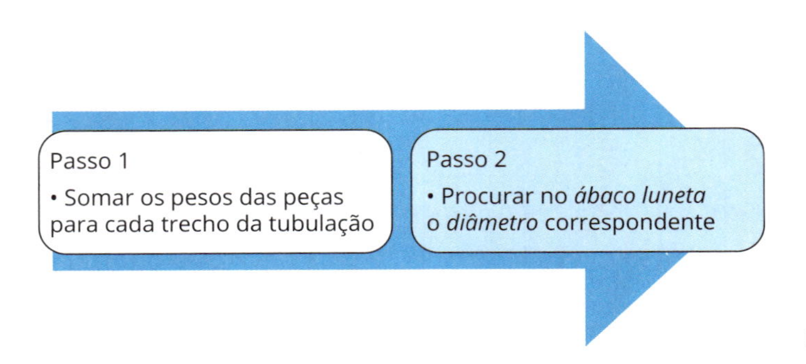

FIG. 2.1 *Roteiro de cálculo*

Vejamos a aplicação do ábaco luneta para a instalação do banheiro mostrada na Fig. 2.2.

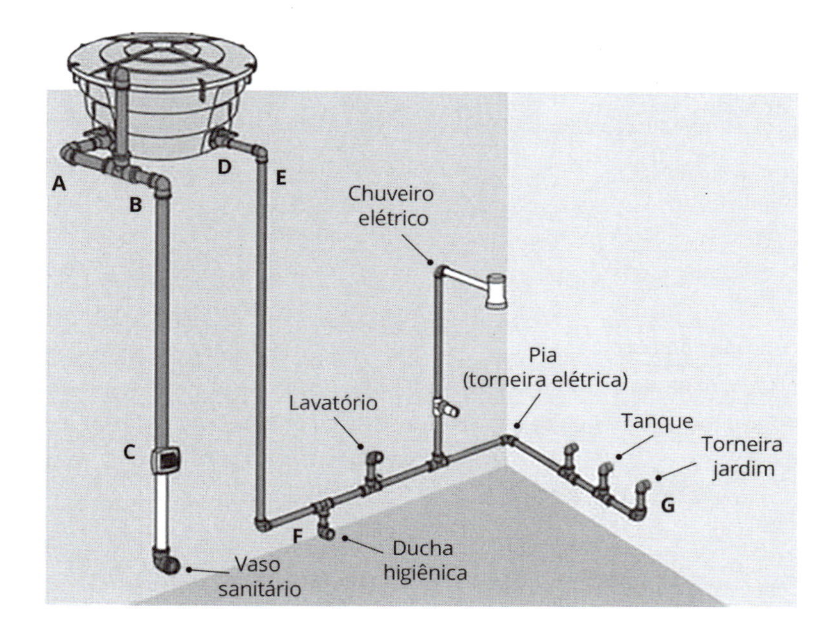

Fig. 2.2 *Instalação do banheiro*

2.9.1 Passo 1 – Somar os pesos das peças de utilização para cada trecho da tubulação

Os pesos são dados na Tab. 2.17.

a) **Trechos AB e BC**

A vazão nesses dois trechos é igual, pois não há saídas de água. A única peça está no final do trecho BC (coluna): o vaso sanitário, cujo peso é 32, conforme tiramos da tabela anterior.

b) **Trechos DE, EF e FG**

A água que passa no trecho DE é a mesma que percorre o trecho EF (coluna) e que abastecerá os elementos do trecho FG (ramal): ducha higiênica, lavatório, chuveiro elétrico, pia da cozinha (com torneira elétrica), tanque e torneira de jardim.

Da tabela saem os pesos:

◊ ducha: 0,4;

◊ lavatório: 0,3;

◊ chuveiro elétrico: 0,1;

◊ pia da cozinha (com torneira elétrica): 0,1;

◊ tanque: 0,7;

◊ torneira de jardim: 0,4;

◊ total: 2,0.

Tab. 2.17 Peso de utilização das peças

Aparelho sanitário		Peça de utilização	Vazão de projeto (L/s)	Peso relativo
Bacia sanitária		Caixa de descarga	0,15	0,3
		Válvula de descarga	1,7	32
Banheira		Misturador (água fria)	0,3	1
Bebedouro		Registro de pressão	0,1	0,1
Bidê		Misturador (água fria)	0,1	0,1
Chuveiro ou ducha		Misturador (água fria)	0,2	0,4
Chuveiro elétrico		Registro de pressão	0,1	0,1
Lavadora de pratos ou de roupas		Registro de pressão	0,3	1
Lavatório		Torneira ou misturador (água fria)	0,15	0,3
Mictório cerâmico	Com sifão integrado	Válvula de descarga	0,5	2,8
	Sem sifão integrado	Caixa de descarga, registro de pressão ou válvula de descarga para mictório	0,15	0,3
Mictório tipo calha		Caixa de descarga ou registro de pressão	0,15 por metro de calha	0,3
Pia	Torneira ou misturador (água fria)	Torneira ou misturador (água fria)	0,25	0,7
	Torneira elétrica	Torneira elétrica	0,1	0,1
Tanque		Torneira	0,25	0,7
Torneira de jardim ou lavagem em geral		Torneira	0,2	0,4

2.9.2 Passo 2 – Procurar no ábaco luneta o diâmetro correspondente

O ábaco luneta nada mais é do que a Fig. 2.3. Basta enquadrar o peso total do trecho na linha "soma dos pesos" e obter o diâmetro recomendado, de acordo com o tipo de tubo (soldável ou roscável). O tubo soldável requer diâmetros maiores devido à maior perda de carga hidráulica.

a) **Trechos AB e BC**

Peso total = 32 → Diâmetro = 40 mm (para tubulação soldável) ou 1¼" (para tubulação roscável)

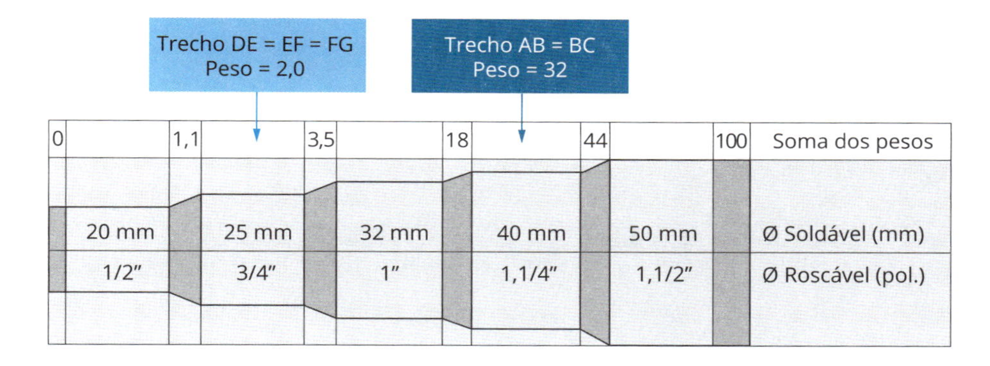

Fig. 2.3 *Ábaco luneta*

b) **Trechos DE, EF e FG**

Peso total = 2 → Diâmetro = 25 mm (para tubulação soldável) ou ¾" (para tubulação roscável)

Optando pela tubulação soldável, o esquema é o mostrado na Fig. 2.4.

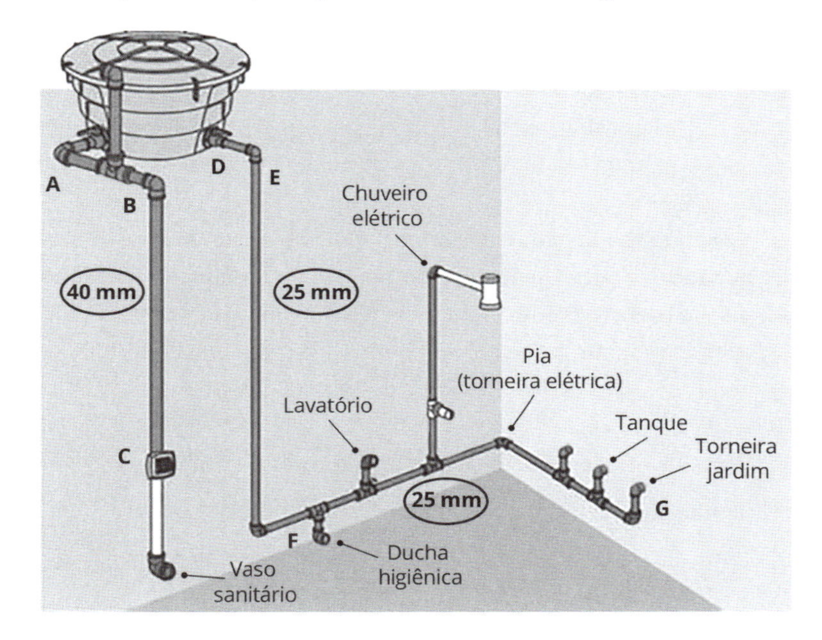

Fig. 2.4 *Instalação do banheiro com tubulação soldável*

Esse método produz uma solução aproximada. O bom mesmo é pedir a um projetista para dimensionar as instalações hidráulicas.

Entendeu? Então ensine-o a um colega!

três

Custo indireto

3.1 Como orçar vale-transporte

Pela legislação trabalhista em vigor no Brasil, o *vale-transporte* (VT) constitui benefício que o empregador antecipará ao trabalhador para utilização efetiva em despesas de deslocamento residência-trabalho e vice-versa, entendendo-se por deslocamento a soma dos segmentos componentes da viagem do beneficiário, por um ou mais meios de transporte, entre sua residência e o local de trabalho.

A regra de pagamento do VT é a seguinte:

* o beneficiário (o operário, no caso) custeará uma parcela equivalente a *6% de seu salário básico*;
* o empregador custeará o que exceder à parcela referida no item anterior.

Sendo assim, o que devemos incluir no orçamento de uma obra é apenas a parte que toca ao empregador, que é o construtor. Vejamos o método a partir de um exemplo – o mesmo prédio residencial que usamos no exemplo da curva ABC. Filtremos apenas os insumos de mão de obra e sua respectiva quantidade e custo (Tab. 3.1).

Tab. 3.1 Custo ABC de insumos de mão de obra

Descrição	Unidade	Quantidade	Custo unitário (R$)	Custo total da mão de obra (R$)
Servente	hh	6.971,20	10,00	69.712,00
Pedreiro	hh	3.771,99	11,94	45.037,56
Ajudante geral	hh	2.065,32	10,00	20.653,20
Pintor	hh	1.718,68	11,94	20.521,04
Encanador	hh	1.194,24	13,87	16.564,11
Eletricista	hh	1.202,48	13,71	16.486,00

Tab. 3.1 (continuação)

Descrição	Unidade	Quantidade	Custo unitário (R$)	Custo total da mão de obra (R$)
Carpinteiro de fôrma	hh	1.183,70	11,94	14.133,38
Ajudante de eletricista	hh	1.117,30	10,95	12.234,44
Ajudante de carpinteiro	hh	980,20	10,84	10.625,37
Gesseiro	hh	772,57	11,94	9.224,49
Armador	hh	681,50	11,94	8.137,11
Ajudante de encanador	hh	615,65	11,03	6.790,62
Ajudante de armador	hh	501,13	10,84	5.432,25
Montador	hh	208,23	17,47	3.637,78
Carpinteiro de esquadria	hh	221,44	11,94	2.643,99
Ajudante de encanador	hh	224,80	11,03	2.479,54
Serralheiro	hh	133,81	11,94	1.597,69
Azulejista ou ladrilhista	hh	130,14	11,94	1.553,87
Montador (tubo de aço/ equipamentos)	hh	87,46	17,47	1.527,93
Marmorista/graniteiro	hh	92,16	11,94	1.100,39
Telhadista	hh	56,44	11,94	673,89
Auxiliar de topografia	hh	154,86	4,02	622,54
Topógrafo	hh	25,81	12,05	311,01
Nivelador	hh	25,81	5,50	141,96
Operador de máquinas e equipamentos	hh	6,13	12,75	78,16
Ajudante geral	hh	0,045	10,00	0,45
Operador de motoniveladora	hh	0,023	13,30	0,31
Total	**hh**	**24.143,12**		**271.921,06**

Vamos supor que cada trabalhador precise de quatro passagens de ônibus diariamente (duas para ir trabalhar, duas para voltar para casa) e que cada passagem (VT) custe R$ 2,50. Isso representa um custo de R$ 10,00 de VT por dia por trabalhador, que equivale a R$ 10,00/8,8 h = R$ 1,14/hh.

Note que esse não é o valor que entrará no orçamento, porque o trabalhador arcará com uma pequena parcela desse montante. Calculemos então essa dedução e aí, mais uma vez, recorramos à poderosa curva ABC de insumos.

Como a empresa pode reter até 6% do salário do trabalhador para pagar o VT, vê-se que ela precisa subsidiar mais o transporte do servente do que o do oficial, pois este último tem um salário mais alto. Por isso, precisamos calcular o *custo horário médio* do efetivo da obra e ver quanto representa 6% desse valor.

Da curva ABC tiramos que a obra tem 24.143 hh e um custo total de mão de obra de R$ 271.921, o que leva a um custo horário médio de R$ 271.921/24.143 hh = R$ 11,26/hh. A dedução máxima possível fica sendo 6% × R$ 11,26/hh = R$ 0,68/hh.

Dessa forma, o custo de VT que entrará no orçamento será R$ 1,14 – R$ 0,68 = R$ 0,46/hh. Multiplicando esse valor pelas 24.143 hh, o custo total de transporte da obra será 24.143 hh × R$ 0,46/hh = R$ 11.105,78.

Essa quantidade é bastante precisa porque provém do total orçado de mão de obra, não sendo um "chute", como se vê muitas vezes nas empresas. É mais uma notável utilidade da curva ABC!

3.2 Como orçar alimentação

Nas empresas, o orçamento da alimentação é feito das maneiras mais distintas. O mais comum é arbitrar um efetivo médio mensal e multiplicá-lo pela duração da obra, mas esse método é inexato porque não segue um cálculo lógico de dimensionamento.

A maneira mais precisa deriva justamente da curva ABC de insumos.

Consideremos os insumos de mão de obra e suas respectivas quantidades para o mesmo prédio residencial da Tab. 3.1.

Como é fornecido um almoço por operário a cada dia, o total de almoços durante a obra é a divisão do total de homens-horas (hh) pela jornada média diária (assumamos 8,8 h/dia): 24.143 hh/8,8 h = 2.743 almoços. Supondo que um almoço custe R$ 10,00, teremos um gasto total de R$ 27.430,00.

Entretanto, como a legislação permite ao empregador cobrar do empregado 20% do valor da refeição, somente 80% do custo total de almoço é que deverá ir para o orçamento: 80% × R$ 27.430,00 = R$ 21.944,00.

3.3 Como orçar EPI

Ainda utilizando como base a curva ABC de insumos, veremos como orçar o equipamento de proteção individual (EPI) de uma obra.

Temos visto nas empresas diversos métodos de cálculo, uns baseados em consumos históricos, outros meramente "chutados", com a alegação de que "esse item não pesa muito". Vejamos agora como fazer a conta de uma forma científica, ou seja, baseada em parâmetros e seguindo uma lógica defensável e coerente.

No conceito de EPI enquadram-se todos os equipamentos de uso pessoal que têm por finalidade a proteção do empregado contra lesões à sua integridade física e danos à sua saúde. Seu fornecimento é uma obrigação do empregador e, portanto, é um custo que deve ser incorporado ao orçamento da obra.

Os EPIs abrangem, mas não se limitam a (para maiores detalhes, consultar a Norma Reguladora NR-6, do antigo Ministério do Trabalho e Emprego):

- *capacete de segurança*: para proteção da cabeça contra impactos;
- *protetor auricular* (tipo *plug*, tipo concha): para atenuação da exposição ao ruído;
- *bota*: para proteção dos pés contra perfurações causadas por pregos e outros objetos, proteção contra queda de objetos (bico de aço), proteção contra escorregamento etc.;
- *máscara* (de vários tipos): para proteção da face em corte de tijolo, cerâmica, madeira, aplicação de tinta etc.;
- *cinto de segurança*: para proteção do operário em trabalho em altura;
- *luva* (de raspa, de látex): para proteção das mãos em trabalhos de corte, carregamento de material, manuseio de produtos etc.;
- *óculos/viseira de proteção*: para proteção contra partículas em projeção, brilho excessivo etc.

3.3.1 Cesta de EPI

A chave do cálculo do EPI é a composição daquilo que se chama *cesta de EPI*, que é a relação dos EPIs por categoria profissional (pedreiro, servente, armador etc.) e seu custo horário. Para a obtenção dessa cesta, primeiro listamos os itens com sua respectiva vida útil (em meses) – ou seja, a cada quantos meses o item é reposto (substituído). Dividindo o custo médio mensal do EPI por 176 h, chegamos ao *custo horário de EPI* (Tab. 3.2).

Em seguida, montamos a cesta de EPI de cada categoria e chegamos a um total de EPI por hora de cada uma delas (Tab. 3.3). No exemplo adotado, a cesta é igual para todos os operários, sendo diferente apenas para o eletricista.

Reportando-nos à mesma curva ABC já mencionada e usando apenas os insumos de mão de obra, chegamos ao custo total de EPI mostrado na Tab. 3.4.

Algumas observações:

- Consulte sempre o Acordo Coletivo de Trabalho em vigor no local da obra, pois os requerimentos de EPI podem variar.
- Note que nossa cesta foi simplista. A quantidade de EPI pode ser maior e variar de uma categoria para outra.
- Incluímos *protetor solar* na relação porque, embora tecnicamente não seja um equipamento, a consideração é idêntica.

Tab. 3.2 Custo horário de EPI

EPI	Unidade	Custo unitário (R$)	Quantidade	Vida útil(*) (mês)	Custo com EPI (por hora) (R$)
Bota	un	28,30	1,00	6,00	0,027
Uniforme	un	25,48	2,00	4,50	0,064
Protetor solar	un	10,50	1,00	1,00	0,060
Luva	un	3,64	1,00	1,50	0,014
Capacete	un	25,39	1,00	11,00	0,013
Óculos	un	2,50	1,00	2,50	0,006
Protetor auricular	un	0,63	1,00	1,00	0,004
Máscara	un	1,00	1,00	0,50	0,011
Cinto de segurança	un	89,00	1,00	12,00	0,042
Bota 12.000 V	un	62,30	1,00	12,00	0,029
Luva 12.000 V	un	409,50	1,00	12,00	0,194
Horas por mês (hpm)					176

(*) Consumo (frequência de troca) apropriado pelo autor em obras.

Tab. 3.3 Cesta de EPI

EPI	Servente (R$)	Pedreiro (R$)	Pintor (R$)	Carpinteiro (R$)	Encanador (R$)	Armador (R$)	Eletricista (R$)
Bota convencional	0,027	0,027	0,027	0,027	0,027	0,027	0,027
Uniforme	0,064	0,064	0,064	0,064	0,064	0,064	0,064
Protetor solar	0,060	0,060	0,060	0,060	0,060	0,060	0,060
Luva	0,014	0,014	0,014	0,014	0,014	0,014	0,014
Capacete	0,013	0,013	0,013	0,013	0,013	0,013	0,013
Óculos	0,006	0,006	0,006	0,006	0,006	0,006	0,006
Protetor auricular	0,004	0,004	0,004	0,004	0,004	0,004	0,004
Máscara	0,011	0,011	0,011	0,011	0,011	0,011	0,011
Cinto de segurança	-	-	-	-	-	-	0,042
Bota 12.000 V	-	-	-	-	-	-	0,029
Luva 12.000 V	-	-	-	-	-	-	0,194
	0,198	**0,198**	**0,198**	**0,198**	**0,198**	**0,198**	**0,464**

Tab. 3.4 Custo de EPI por categoria de mão de obra

Descrição	Unidade	Quantidade	Custo de EPI por hora (R$)	Custo total de EPI (R$)
Servente	hh	6.971,20	0,198	1.382,59
Pedreiro	hh	3.771,99	0,198	748,10
Ajudante	hh	2.065,32	0,198	409,61
Pintor	hh	1.718,68	0,198	340,86
Encanador	hh	1.194,24	0,198	236,85
Eletricista	hh	1.202,48	0,464	557,95
Carpinteiro de fôrma	hh	1.183,70	0,198	234,76
Ajudante de eletricista	hh	1.117,30	0,198	221,59
Ajudante de carpinteiro	hh	980,20	0,198	194,40
Gesseiro	hh	772,57	0,198	153,22
Armador	hh	681,50	0,198	135,16
Ajudante de encanador	hh	615,65	0,198	122,10
Ajudante de armador	hh	501,13	0,198	99,39
Montador	hh	208,23	0,198	41,30
Carpinteiro de esquadria	hh	221,44	0,198	43,92
Ajudante de instalador hidráulico	hh	224,80	0,198	44,58
Serralheiro	hh	133,81	0,198	26,54
Azulejista ou ladrilhista	hh	130,14	0,198	25,81
Montador (tubo de aço/ equipamentos)	hh	87,46	0,198	17,35
Marmorista/graniteiro	hh	92,16	0,198	18,28
Telhadista	hh	56,44	0,198	11,19
Auxiliar de topografia	hh	154,86	0,198	30,71
Topógrafo	hh	25,81	0,198	5,12
Nivelador	hh	25,81	0,198	5,12
Operador de máquinas e equipamentos	hh	6,13	0,198	1,22
Ajudante geral	hh	0,045	0,198	0,01
Operador de motoniveladora	hh	0,023	0,198	0,005
Total	**hh**	**24.143,12**		**5.107,75**

✱ Nas tabelas apresentadas só foram considerados os equipamentos de proteção *individual*. Os equipamentos de proteção *coletiva* (telas de proteção, cones, faixas, placas de sinalização etc.) devem ser orçados separadamente.

Pergunta: como você incluiria a *lavagem* do uniforme no raciocínio, supondo que haja uma lavagem semanal de R$ 10 por uniforme?

3.4 Custo direto ou indireto?

Recebo sempre consultas do tipo: a grua da obra é custo direto ou indireto? A alimentação deve entrar no direto ou no indireto? A resposta nem sempre é tão simples.

A separação dos custos de uma obra em diretos e indiretos é mera conveniência de quem orça. O importante é que todo o custo de se fazer a obra seja contemplado em alguma "caixinha" do orçamento.

A definição clássica de custo *direto* é todo custo (material, mão de obra, equipamento) *diretamente* associado com o serviço que está sendo orçado, ou seja, o custo dos insumos que entram na execução do referido serviço. Assim, por exemplo, no custo da fôrma incluem-se carpinteiro, ajudante, os diversos tipos de madeira, prego e desmoldante.

No custo *indireto*, por sua vez, abrigam-se todos os custos que o orçamentista não consegue atribuir diretamente a um serviço. Exemplos clássicos são a despesa de energia da obra e o salário do engenheiro.

Pensando no caso da grua, se o orçamentista conseguir ter uma noção clara de quanto tempo a grua estará trabalhando para cada serviço – alvenaria, concreto, fôrma, armação, instalação hidráulica, pintura etc. –, ele pode diluir o custo da grua na composição de cada serviço individualmente. Dessa forma, a grua teria um tratamento de custo direto. Se, entretanto, o orçamento for feito mediante a multiplicação do período de permanência da grua por seu aluguel mensal, o tratamento é tipicamente de custo indireto. Nota-se que teoricamente o total deve ser o mesmo. O que não pode é haver subavaliação ou superavaliação grosseira.

No caso de obras públicas, em que o órgão contratante lança um edital na praça, a caracterização de custo direto e indireto é um pouco diferente. Chama-se de indireto todo o custo que não estiver refletido expressamente na planilha de preços do contrato. Se, por exemplo, houver na planilha um item relativo à "montagem de tapumes", esse serviço será tido como direto, porque será medido e pago com os critérios aplicáveis. Se não existir tal item, o custo de montar os tapumes terá que ser estimado separadamente e diluído sobre os itens da planilha. Nesse caso, ele será indireto e estará incluído no BDI da obra.

E você, onde aloca o custo da grua?

3.5 Onde alocar o custo dos projetos

A questão sobre *onde alocar o custo dos projetos* parece ser uma dúvida recorrente nas empresas e entre orçamentistas e analistas de custos. A seguir, vou tentar jogar um pouco de luz nesse assunto.

Quando eu mencionar *projeto* aqui nesta análise, entenda-se o desenvolvimento conceitual do objeto da obra e seus componentes, mediante a representação gráfica e textual de suas especificações, dimensões, disposição espacial etc. Compreende, portanto, os projetos arquitetônico, estrutural, de instalações, de paisagismo, entre outros.

Faço questão de frisar isso porque às vezes o termo projeto tem a acepção de empreendimento, mas não é o caso aqui. Mais inteligente é a língua inglesa, que tem dois termos que não se confundem: *design* refere-se aos projetos de engenharia e arquitetura, enquanto *project* designa o empreendimento como um todo.

Primeiramente é preciso destacar que existem diversos tipos de obra e formas de contratação. Uma obra licitada por um órgão público é muito diferente da construção de um prédio em incorporação e da construção de uma fábrica em regime de *turnkey*. Essa diferença é justamente o que vai guiar o tratamento que se dá à alocação do custo do projeto.

3.5.1 Incorporação

No caso de uma incorporação, pode haver duas situações: (i) a construtora ser uma empresa diferente da incorporadora; (ii) a construtora ser a própria incorporadora.

Na primeira situação, os projetos são feitos pela incorporadora, que contrata os diversos projetistas e gerencia a entrega e a qualidade dos projetos. A construção é mais um contrato da incorporadora, não havendo razão para que o custo da obra se misture com o custo dos projetos. A construtora não terá nenhum encargo de gestão de projetos de engenharia e arquitetura, e seu orçamento contemplará simplesmente o custo da obra em si.

Na segunda situação, muitas vezes projetos e obra são vistos como integrantes de um mesmo pacote, que é o empreendimento. Algumas empresas fazem o orçamento integrado, computando junto o custo do terreno, da corretagem, dos projetos e da construção.

O que não me agrada muito é a prática de algumas empresas de fazer um orçamento unificado, nele incluindo o terreno e a corretagem, por exemplo, como itens *dentro do custo da obra*. Isso não me parece adequado por dois motivos: primeiro porque a obra é apenas uma etapa do negócio, e segundo porque a equipe da obra não é quem negocia compra de terreno, trata com corretores ou gerencia projetos.

Menos adequado

Obras
Projetos
Terraplenagem
Fundações
Estrutura
Instalações
...

Mais adequado

Projetos
Arquitetônico
Estrutural
...

Obra
Terraplenagem
Fundações
Estrutura
Instalações
...

Fig. 3.1 *Plano de contas: estrutura menos adequada e estrutura mais adequada*

Além disso, os projetos antecedem a obra, consistindo numa "unidade de negócio" separada da construção.

Embora o custo do empreendimento como um todo seja a soma dessas parcelas, não é correto incluí-las no custo *da obra*, como se vê comumente por aí.

Eu particularmente me guio pela regra da responsabilidade. Se a equipe da obra não é a responsável pelos projetos, o orçamento da obra não pode conter os projetos.

Recomendo estruturar o plano de contas esquematicamente conforme mostrado na Fig. 3.1.

3.5.2 Obra pública

A Lei das Licitações (Lei nº 8.666 – Brasil, 1993) estabelece que obras e serviços somente poderão ser licitados quando houver *projeto básico* aprovado pela autoridade competente e disponível para exame dos interessados em participar do processo licitatório (art. 7º, § 2º).

Entretanto, no art. 7º, § 1º, é admitido que o projeto executivo seja desenvolvido concomitantemente com a execução das obras e serviços, sendo permitida sua elaboração como "encargo do contratado" (art. 9º, § 2º).

Sendo, então, licitada uma obra somente com o projeto básico, alguém terá que refiná-lo até chegar ao projeto executivo. Se essa tarefa couber ao construtor vencedor da licitação, o item "projetos" deverá estar na planilha de preços do contrato e terá, por conseguinte, características de *custo direto*, sendo objeto de medição por item específico.

Por outro lado, nos casos de *empreitada integral*, também definida na Lei das Licitações, e de *contratação integrada*, criada pela Lei do Regime Diferenciado de Contratações Públicas (Lei nº 12.462 – Brasil, 2011), a empresa ou consórcio contratado ficará inteiramente responsável pelo desenvolvimento dos projetos, comprometendo-se a entregar a edificação ou instalação funcionando bem e atendendo aos critérios de qualidade impostos pelo contratante.

Por não haver necessariamente uma planilha de preços unitários contendo expressamente um item de projetos, não há que se debater se o custo dos projetos é direto ou indireto. Geralmente, o que acontece é que o detalhamento dos projetos é feito por uma empresa consorciada (ou subcontratada), que interagirá com a empresa construtora. Da mesma forma que expusemos antes, o custo dos projetos e da obra deverá ser monitorado em centros de custo diferentes.

E você? Onde aloca o custo dos projetos? Em centros de custo separados da obra? Dentro do custo da obra?

3.6 O que é overhead e como calculá-lo

Como em todas as áreas no Brasil, a Engenharia de Custos também vem sofrendo a invasão de termos estrangeiros, sobretudo ingleses. Particularmente sou contra a utilização de uma palavra em inglês se há uma similar em português. É o que acontece com *overhead*, um termo que é empregado em diferentes acepções no mercado, algumas até incorretas.

A aplicação mais comum da palavra *overhead* no Brasil é como sinônimo de administração central, porém há uma impropriedade nessa sinonímia. Vamos ver como a AACE International (2019a, p. 82) define *overhead*:

> *Overhead – A cost or expense inherent in the performing of an operation, (e.g., engineering, construction, operating, or manufacturing) which cannot be charged to or identified with a part of the work, product or asset and, therefore, must be allocated on some arbitrary base believed to be equitable, or handled as a business expense independent of the volume of production.*

Ora, o que se depreende da expressão é que *overhead* é, na verdade, sinônimo de despesas indiretas, e não de administração central!

Nos Estados Unidos, os orçamentistas costumam dividir o *overhead* em duas partes:

- *field overhead*: corresponde à nossa administração local, ou seja, o custo de pessoal de supervisão, gerência e administração da obra, e as despesas gerais (luz, água, material de escritório etc.);
- *home office overhead (HOOH)*: este, sim, é o equivalente à nossa administração central, ou seja, o rateio do custo da matriz entre as diversas obras.

Mas como se calcula a *taxa de administração central* a ser embutida nos orçamentos da construtora?

As construtoras geralmente dispõem de uma matriz (escritório central ou sede) onde se baseia a administração central da empresa. A administração central é a estrutura necessária para a execução das atividades de direção geral da empresa, incluindo as áreas administrativa, financeira, contábil, técnica, de suprimento etc.

O escritório central é, a rigor, um gerador de despesas, sem ser propriamente um gerador de receitas, pois de fato são as obras que internam dinheiro na empresa. Então, quem arca com as despesas da matriz? Logicamente são as obras – e para isso a construtora precisa embutir no orçamento de suas obras uma provisão de recursos para o custeio do escritório central. As obras rateiam os custos da matriz e remetem mensalmente uma cota proporcional ao porte de cada contrato. É a isso que se dá o nome de *taxa de administração central*.

As despesas que devem ser cobertas por essa taxa são apresentadas no Quadro 3.1.

Quadro 3.1 Despesas cobertas pela administração central

Item	Descrição
Pessoal	Custo das equipes do escritório central (sede) e filiais, incluindo pró-labore dos sócios, salário de diretores, gerentes, secretárias, técnicos, estagiários, motoristas, contínuos, e de toda a equipe de RH, contabilidade, financeiro, orçamento, compras, assessoria de imprensa, assessoria jurídica, TI etc.
Instalações físicas	Aluguel e manutenção dos imóveis da construtora: sede, filiais, depósitos, pátios de equipamento etc.
Despesas correntes	Água, luz, telefone, internet, despesas postais, assinaturas de jornais e revistas, material de escritório e de limpeza etc.
Veículos e equipamentos	Veículos utilitários, fotocopiadoras, *plotters*, faxes, computadores, aparelhos de ar condicionado etc.
Serviços de terceiros	Consultoria para estudos de obras, assessoria contábil e jurídica, publicidade, serviços gráficos, manutenção de computadores, auditoria, treinamento etc.
Outras despesas	Anuidades (Crea, sindicato etc.), aquisição de editais, seguros, viagens, brindes natalinos etc.

Para estimar a taxa de administração central a ser praticada, o orçamentista deve elaborar o orçamento anual da administração central e calcular percentualmente a representatividade desse custo em relação à movimentação de dinheiro das obras durante o ano.

Vejamos um exemplo. Na Tab. 3.5 é apresentado o custo anual estimado da administração central (escritório e terreno alugado para depósito) de uma construtora de médio porte.

Tab. 3.5 Administração central (previsão para o ano seguinte)

Item	Unidade	Índice	Custo unitário (R$)	Custo total (R$)
Pessoal				
Diretor	mês	12	12.600,00	151.200,00
Gerente administrativo/financeiro	mês	12	7.200,00	86.400,00
Técnicos	mês	24	16.200,00	388.800,00
Estagiário	mês	24	450,00	10.800,00
Secretária	mês	24	1.800,00	43.200,00
Motorista	mês	12	630,00	7.560,00
Copeira	mês	12	630,00	7.560,00
Contínuo	mês	12	630,00	7.560,00
Despesas administrativas				
Telefone e internet	mês	12	1.000,00	12.000,00
Energia e água	mês	12	400,00	4.800,00
Despesas postais	mês	12	250,00	3.000,00
Material de escritório	mês	12	400,00	4.800,00
Cópias	mês	12	200,00	2.400,00
Material de limpeza e de copa	mês	12	200,00	2.400,00
Alimentação	mês	12	1.000,00	12.000,00
Vale-transporte	mês	12	1.000,00	12.000,00
Compra de editais	mês	12	150,00	1.800,00
Anuidades (Crea, sindicato etc.)	vb	1	400,00	400,00
Assinatura de revistas, jornais, livros	mês	12	80,00	960,00
Equipamentos				
Automóvel (propriedade, operação, manutenção)	mês	12	2.200,00	26.400,00
Fotocopiadora (locação)	mês	12	400,00	4.800,00
Computador (depreciação e juros)	mês	12	100,00	1.200,00
Fax (depreciação e juros)	mês	12	30,00	360,00
Serviços de terceiros				
Contabilidade	mês	12	500,00	6.000,00
Assessoria jurídica	mês	12	500,00	6.000,00
Cursos e treinamento profissional	mês	12	200,00	2.400,00
Imóveis				
Escritório (depreciação, condomínio, IPTU)	mês	12	2.000,00	24.000,00
Depósito (locação)	mês	12	600,00	7.200,00

Tab. 3.5 (continuação)

Item	Unidade	Índice	Custo unitário (R$)	Custo total (R$)
Mobiliário (depreciação)	mês	12	200,00	2.400,00
Diversos				
Viagens	mês	12	500,00	6.000,00
Consultoria	vb	1	3.000,00	3.000,00
Outros	vb	1	1.000,00	1.000,00
Total				**850.400,00**

Esse valor deverá ser dividido pelo volume das obras.

Se os R$ 850.400,00 forem divididos pelo custo estimado das obras atuais e futuras no ano vindouro, a taxa de administração central será sempre aplicada pelo orçamentista sobre o custo das obras que ele vier a orçar.

Se os R$ 850.400,00 forem divididos pelo faturamento estimado das obras atuais e futuras no ano vindouro, a taxa de administração central será sempre aplicada pelo orçamentista sobre o faturamento das obras que ele vier a orçar.

Da matemática básica depreende-se que, se a taxa for calculada sobre o custo, ela será percentualmente mais alta do que se aplicada sobre o faturamento, embora o valor absoluto seja o mesmo.

Resolvamos o exemplo supondo os dois cenários (não se fixem nos valores, mas na sistemática de cálculo – o importante é notar que *o valor absoluto é o mesmo*!):

a) *Sobre o custo*

◊ Custo das obras em 2016:

Contratos em andamento (parcela referente a 2016) R$ 12.000.000,00

Contratos a serem conquistados (parcela referente a 2016) R$ 9.000.000,00

Total custo 2016 R$ 21.000.000,00

◊ Taxa de administração central: 850.400,00/21.000.000,00 = 4,0%.

Então, em todo orçamento o custo total (direto + indireto) deverá ser acrescido de 4,0% a fim de dotar a obra de recursos para envio à matriz. Todas as obras remeterão o mesmo percentual de 4,0% sobre os custos.

b) *Sobre o faturamento*

◊ Faturamento das obras em 2016:

Faturamento em andamento (parcela referente a 2016) R$ 18.000.000,00

Faturamento a ser conquistado (parcela referente a 2016) R$ 13.500.000,00

Total faturamento 2016 R$ 31.500.000,00

◊ Taxa de administração central: 850.400,00/31.500.000,00 = 2,7%.

Então, em todo orçamento serão embutidos 2,7% sobre o faturamento a fim de dotar a obra de recursos para envio à matriz. Todas as obras remeterão o mesmo percentual de 2,7% sobre o faturamento.

3.7 Imposto de renda no orçamento

Durante o processo de orçar uma obra, o orçamentista se depara com toda sorte de tributos a considerar. Uns são fáceis de calcular, outros dão mais trabalho. Há aqueles que vêm embutidos no custo de aquisição de uma mercadoria – como o ISS –, outros que incidem sobre a folha de pagamento – como o FGTS – e outros ainda que incidem sobre o faturamento da obra, ou seja, sobre a nota fiscal emitida – como o PIS e a Cofins.

Uma dúvida comum que surge é se o *imposto de renda* deve ou não deve integrar o orçamento da obra. Essa é uma questão que suscita debates acirrados e encontra defensores das duas vertentes.

A seguir, apresento alguns argumentos, enfocando o mundo das obras públicas – pois em obras privadas os contratantes podem pactuar regras como bem entenderem, contanto que não firam a lei. Pelo termo genérico "imposto de renda", entenda-se tanto o *Imposto de Renda de Pessoa Jurídica* (IRPJ) como a *Contribuição Social sobre o Lucro Líquido* (CSLL), pois ambos têm essência similar e tratamento fiscal muito parecido.

Antes de avançarmos, vamos a uma breve aula de Direito Tributário:

* *Diferença entre imposto e tributo*. Tributo é um gênero que inclui cinco espécies: imposto, taxa, contribuição de melhoria, contribuição especial e empréstimo compulsório. A diferença fundamental é que o imposto não tem vinculação com a contraprestação de quem o cobra, ou seja, quem arrecada o imposto pode usar esse dinheiro para qualquer atividade pública. Já as taxas e as contribuições de melhoria são tributos vinculados, cuja cobrança se justifica pela execução de uma atividade pública determinada (por exemplo, coleta de lixo, fornecimento de água tratada, emissão de um passaporte etc.).
* *Diferença entre tributo direto e tributo indireto*. Tributo direto é aquele pago diretamente pela pessoa física ou jurídica ao governo, sem intermediário, geralmente incidindo sobre a renda. Tributo indireto é aquele que incide sobre o produto, e não sobre a renda. Sendo assim, o entendimento é que um imposto direto não pode ser transferido pelo contribuinte para outra pessoa, ao passo que um imposto indireto pode ser.

São basicamente três as razões que levam gestores públicos e auditores dos Tribunais de Contas a vedar a inclusão do imposto de renda no BDI da obra:

- *IRPJ e CSLL são tributos diretos*. Isso quer dizer que esses tributos, por sua natureza intrínseca, não podem ser transferidos para terceiros. Se eles forem embutidos no orçamento da obra, estarão sendo "repassados" para o contratante, o que é uma violação ao conceito desses tributos.
  Nos acórdãos do Tribunal de Contas da União (TCU), lemos sempre a expressão "personalíssimos" para designar esses dois tributos que oneram pessoalmente o contribuinte. Isso tem lógica. Quando você, que lê este texto, recebe seu salário, quem paga o imposto de renda é você, não seu empregador. A ideia por trás do IRPJ e da CSLL é justamente cobrar dos ganhos de cada pessoa uma "pequena" colaboração para custear as muitas atividades públicas essenciais do país.
- *IRPJ e CSLL são tributos da empresa, não da obra*. Como esses tributos são da pessoa jurídica, e não do serviço, seria um contrassenso incluí-los no orçamento da obra.
- *Não é garantido que a empresa pagará imposto de renda*. Se no período de apuração a empresa tiver prejuízo (terminar o ano "no vermelho", como se diz), o imposto de renda não será devido e, como decorrência disso, o imposto incluído no BDI não será pago e virará lucro indevidamente.
  Se a contratante concordar em pagar determinada taxa percentual do imposto de renda embutida no BDI, estará pagando um gasto que na verdade é imprevisível, podendo coincidir ou não com o valor pactuado como despesa indireta.

O que termina confundindo toda essa história é a figura do *lucro presumido*, regime de tributação pelo qual a empresa paga imposto de renda sobre seu faturamento, e não sobre o resultado contábil do período. Operando por lucro presumido, a empresa necessariamente pagará imposto de renda, seja qual for seu lucro (ou prejuízo).

Eu concordo com você, leitor: é um assunto complicado e controvertido. Meu conselho é que, numa licitação de obra pública, não inclua imposto de renda no BDI. Se, contudo, você quiser realmente incluí-lo, embuta-o no lucro. Nesse sentido, veja nosso livro *Como preparar orçamentos de obras*.

3.8 Fórmula do BDI

O roteiro da orçamentação de uma obra passa por várias etapas, cada uma requerendo do engenheiro de custos um tipo de trabalho diferente. Primeiro, faz-se a leitura atenta dos projetos e do edital. Depois, parte-se para o levantamento dos quantitativos e, enfim, para a montagem de uma composição de custos para cada serviço identificado. Isso totaliza o *custo direto* da obra.

Feito isso, o orçamentista compõe o *custo indireto* da obra, que é o custo relativo à administração, manutenção e suporte das equipes de campo. No indireto encaixam-se, portanto, todos os itens que não foram computados nas composições de custo direto.

Ainda como parte da técnica de formação do preço, é necessário computar aquelas parcelas que não são necessariamente serviços, mas que inevitavelmente ocorrem e precisam estar aprovisionadas no orçamento (batizei-as de *custos acessórios*): a *administração central* (rateio do custo da sede entre as obras da construtora), o *custo financeiro* (recomposição do dinheiro pelo fato de a medição ser paga após a realização do serviço) e *riscos/eventuais/imprevistos/contingências* (provisão para eventos imprevisíveis ou de difícil quantificação precisa).

Pois bem, até agora só se falou de custo. Porém, considerando-se que a obra em análise será feita para um cliente externo, mediante uma negociação econômica, o construtor terá que levar em conta também o lucro que espera auferir na execução da obra e os impostos que incidirão sobre as faturas (notas fiscais) que emitir. Essa é a maneira de se passar de *custo* para *preço* (de venda).

Vamos recorrer a um exemplo simples. Seja uma obra hipotética composta de apenas quatro serviços, aos quais o construtor terá que apresentar preços e participar de uma licitação (Tab. 3.6).

O engenheiro montou uma composição de custos para cada item e chegou ao *custo direto* total da obra mostrado na Tab. 3.7.

Tab. 3.6 Planilha de serviços

Serviço	Unidade	Quantidade
Escavação	m^3	10
Fôrma	m^2	70
Armação	kg	500
Concreto	m^3	5

Tab. 3.7 Custo direto

Serviço	Unidade	Quantidade	Custo unitário (R$)	Custo total (R$)
Escavação	m^3	10	10,00	100,00
Fôrma	m^2	70	20,00	1.400,00
Armação	kg	500	5,00	2.500,00
Concreto	m^3	5	200,00	1.000,00
Total				**5.000,00**

O montante de R$ 5.000,00 não é ainda o preço de venda; é apenas o custo direto. Falta somar a ele o custo indireto, os custos acessórios (administração central, custo financeiro, riscos/eventuais), o lucro e os impostos. Suponha que esses outros itens tenham os seguintes valores:

- *custo indireto*: R$ 500,00;
- *administração central*: R$ 50,00;
- *riscos e eventuais*: R$ 50,00;
- *impostos*: 10% sobre o faturamento;
- *lucro (bonificação)*: 10% sobre o faturamento.

Para chegar ao preço de venda, a conta é:

$$PV = \frac{\text{Custo}}{1 - \text{incidências sobre o faturamento}} = \frac{5.000 + 500 + 50 + 50}{1 - 0,10 - 0,10} = \frac{5.600}{0,80} = \text{R\$ } 7.000$$

A razão implícita nessa fórmula é que tudo aquilo que incide sobre o preço de venda deve estar no denominador, pois de outra forma a conta não fecha. Verifiquemos se nossa conta fecha:

- *custo direto*: R$ 5.000,00;
- *custo indireto*: R$ 500,00;
- *administração central*: R$ 50,00;
- *riscos e eventuais*: R$ 50,00;
- *impostos*: 10% × R$ 7.000 = R$ 700;
- *lucro (bonificação)*: 10% × R$ 7.000 = R$ 700;
- *total*: R$ 7.000,00 (fecha!).

Primeira pergunta: por que não fazer primeiro a aplicação do lucro e depois dos impostos, ou vice-versa? A resposta é: a conta não vai fechar. Se o construtor quer, por premissa, computar os impostos e o lucro *sobre o preço de venda*, esses dois percentuais devem seguir juntos, somados.

Bom, voltando ao exemplo, se desejamos participar da licitação com uma proposta de R$ 7.000,00 e só há espaço para informar o preço dos quatro serviços da obra, teremos que diluir sobre o custo direto da obra todas as outras rubricas do orçamento. Em outras palavras, temos que distribuir na planilha o custo dos itens que não figuram explicitamente nela.

Como fazer isso? É simples: se o custo direto é de R$ 5.000,00 e queremos chegar a um preço de venda de R$ 7.000,00, temos que aplicar um coeficiente majorador sobre o custo direto. O tal coeficiente é:

$$\frac{7.000}{5.000} = 1,40$$

O fator 1,40 corresponde a um acréscimo de 40% sobre cada custo direto para se ter o preço unitário de venda de cada serviço.

Ao referido percentual dá-se o nome de *Bonificação e Despesas Indiretas* (BDI), que também aparece na literatura como *Lucro e Despesas Indiretas* (LDI). Alguns autores referem-se ao B como "benefícios", mas é tudo uma questão de semântica. O importante é que você já entendeu do que se trata.

Então, chega-se à planilha de venda da obra indicada na Tab. 3.8.

Tab. 3.8 Preço de venda

Serviço	Unidade	Quantidade	Preço unitário = custo unitário × 1,40 (R$)	Custo total (R$)
Escavação	m^3	10	14,00	140,00
Fôrma	m^2	70	28,00	1.960,00
Armação	kg	500	7,00	3.500,00
Concreto	m^3	5	280,00	1.400,00
Total				**7.000,00**

Sintetizando o aprendizado,

$$PV = CD \times \left(1 + \frac{BDI}{100}\right)$$

Entendido o conceito, vejamos a fórmula paramétrica do BDI segundo algumas fontes bastante consultadas.

3.8.1 BDI segundo o Instituto de Engenharia

Em um louvável trabalho do ilustre Eng. Maçahico Tisaka (2009), ex-presidente do Instituto de Engenharia de São Paulo, são apresentadas as seguintes expressões (eu mudei algumas letrinhas apenas para facilitar a comparação com a fórmula do TCU, mostrada mais adiante):

$$BDI = \left\{\left[\frac{\left(1+\frac{I}{100}\right)\left(1+\frac{R}{100}\right)\left(1+\frac{CF}{100}\right)}{1-\left(\frac{TF}{100}+\frac{TM}{100}+\frac{C}{100}+\frac{L}{100}\right)}\right]-1\right\}\times 100$$

ou

$$BDI = \left\{\left[\frac{(1+i)(1+r)(1+cf)}{1-(tf+tm+c+l)}\right]-1\right\}\times 100$$

em que:

I = taxa de administração central (inclui o indireto);

R = taxa de risco do empreendimento;
CF = taxa de custo financeiro do capital de giro;
TF = taxa de tributos federais;
TM = taxa de tributo municipal – ISS;
C = taxa de despesas de comercialização;
L = lucro ou remuneração líquida da empresa.

A taxa de despesas de comercialização engloba compra de editais de licitação, preparação de propostas de habilitação e técnicas, custos de caução e seguros de participação, reconhecimento de firmas e autenticações, cópias, emolumentos, despesas cartoriais, despesas com acervos técnicos, anuidades/mensalidades de Crea, Sinduscon e associações de classe, despesas com visitas técnicas, viagens comerciais, assessorias técnicas e jurídicas especializadas, almoços e jantares com clientes potenciais, propaganda institucional, brindes, cartões e folhetos de propaganda, comissão de representantes comerciais, placas de obra não apropriadas como custos etc.

No numerador estão as taxas de despesas indiretas, que são *função do custo direto* (CD).
No denominador estão as taxas que são *função do preço de venda* (PV).

3.8.2 BDI segundo Dias (2012)

A visão desse livro é a defendida pelo Instituto Brasileiro de Engenharia de Custos (Ibec):

$$BDI = \left[\frac{1 + AC + CF + S + G + MI}{1 - (TM + TE + TF + MBC)} - 1 \right] \times 100$$

em que:
AC = administração central;
CF = custo financeiro;
S = seguros;
G = garantias;
MI = margem de incerteza;
TM = tributos municipais;
TE = tributos estaduais;
TF = tributos federais;
MBC = margem bruta de contribuição.

3.8.3 BDI segundo Mattos (2019)

Em nosso livro, a maneira que preconizamos o cálculo do BDI é:

$$BDI = \left\{ \left[\frac{(1 + CI\%)\left[1 + (AC\% + CF\% + IC\%)\right]}{1 - (LO\% + I\%)} \right] - 1 \right\} \times 100$$

em que:

$CI\%$ = custo indireto (em % sobre o custo direto);

$AC\%$ = administração central (em % sobre custo direto mais indireto);

$CF\%$ = custo financeiro (em % sobre custo direto mais indireto);

$IC\%$ = imprevistos e contingências (em % sobre custo direto mais indireto);

$LO\%$ = lucro operacional (em % sobre o preço de venda);

$I\%$ = impostos (em % sobre o preço de venda).

3.8.4 BDI segundo o Tribunal de Contas da União

O Tribunal de Contas da União (TCU, 2013) propõe uma metodologia própria de cálculo do BDI no Acórdão nº 2.622.

$$BDI = \left[\frac{\left[1 + (AC + R + S + G)\right](1 + DF)(1 + L)}{1 - T} - 1 \right] \times 100$$

em que:

AC = taxa representativa das despesas de rateio da administração central;

R = taxa representativa de riscos;

S = taxa representativa de seguros;

G = taxa representativa de garantias;

DF = taxa representativa das despesas financeiras;

L = taxa representativa do lucro/remuneração;

T = taxa representativa da incidência de tributos.

Algumas considerações:

- Todas as fórmulas incluem os impostos no denominador, pois eles incidem sobre o preço de venda, e não sobre o custo da obra.
- Nas fórmulas que não contêm explicitamente *seguros* e *garantias*, presume-se que eles estejam incluídos no custo indireto da obra.
- O método do Instituto de Engenharia assume uma aplicação sucessiva de administração central, riscos e custo financeiro. Particularmente acho minha fórmula e a do Ibec mais realistas, pois adotam percentuais sobre CD

+ CI, devendo os percentuais ser somados (é assim que funciona a cabeça de quem faz orçamento).

- O TCU é o único a incluir o lucro no numerador, ou seja, definido sobre custo, e não sobre venda. As demais fontes usam um percentual de lucro aplicado sobre o valor do contrato (preço de venda). Considero a maneira advogada pelo TCU ilógica, porém não incorreta. Ilógica porque na totalidade das construtoras que conheço o percentual de lucro é determinado pela diretoria da empresa como um percentual sobre o valor contratado, e não sobre o custo (o empresário costuma fazer um raciocínio do tipo "espero 10% de lucro numa obra de R$ 1 milhão, ou seja, R$ 100 mil"). Contudo, a forma do TCU não é *errada* porque é tudo uma questão de conta: um lucro de 8% sobre a venda corresponderá, por exemplo, a 10% sobre o custo – o problema aí passa a ser as faixas de aceitabilidade do lucro, mas isso é assunto para outra discussão.

3.9 DIMENSIONAMENTO DA CENTRAL DE ARMAÇÃO

Ao se orçar uma obra, especial atenção deve ser dada ao dimensionamento do canteiro de obras. Quando o volume de concreto armado é considerável, é comum que se instale no canteiro uma *central de armação*, que se compõe de baias de armazenamento de aço, bancadas de corte e bancadas de dobra, além de um pátio onde colocar as barras beneficiadas.

O projeto do engenheiro calculista traz o quadro de ferragem, de onde o orçamentista pode extrair a quantidade de aço a ser instalada na obra. É preciso ter em mente que uma barra de 12 m entregue na obra pode ter três destinos, conforme indicado na Fig. 3.2.

De posse do quantitativo total de armação, o orçamentista calcula o peso de cada uma das três categorias mencionadas. Passarão pela *máquina de corte* de ferro todas as barras enquadradas na primeira e segunda categorias (corte e dobra; somente corte), e passarão pela *bancada de dobra* apenas as da primeira categoria (corte e dobra).

O passo seguinte é calcular a *produção mensal requerida*, que é dada pelo peso de aço dividido pelo prazo de execução do serviço de armação. A central a ser mobilizada no canteiro tem que ser tal que atenda a essa necessidade.

Por fim, conhecendo a especificação e a produtividade mensal esperada das máquinas de corte e dobra, calcula-se a quantidade de cada uma delas.

Ilustremos o método com um exemplo. Vamos supor que não conhecemos em profundidade o projeto estrutural e dispomos apenas da área total construída do edifício: 30.000 m². Utilizamos o parâmetro *espessura média de concreto* (0,20 m por metro quadrado de área) para inferir o volume total de concreto da estrutura e, apli-

Corte e dobra	Somente corte	Nem corte, nem dobra
A barra é *cortada* no comprimento especificado em projeto e em seguida *dobrada*. É o caso típico do estribo de uma viga.	A barra é *cortada* no comprimento especificado em projeto e permanece *reta*, sem dobras. É o caso típico da armação de lajes.	A barra é aplicada *reta* sem corte ou dobra. Ocorre quando o vergalhão de 12 metros é aplicado inteiro na fôrma, sem qualquer beneficiamento. É o caso da armação de uma grande laje.

Fig. 3.2 *Destinos da barra de aço na obra*

cando a taxa de aço de 100 kg por metro cúbico de concreto, chegamos ao peso de aço aproximado (Tab. 3.9).

Vamos agora separar essas 600 t nos três destinos que as barras podem tomar (Fig. 3.3).

Tab. 3.9 Estimativa do peso de aço da obra

Área construída	30.000 m²
Espessura média	0,20 m
Volume de concreto	6.000 m³
Taxa de aço	100 kg/m³
Peso de aço	*600.000 kg*

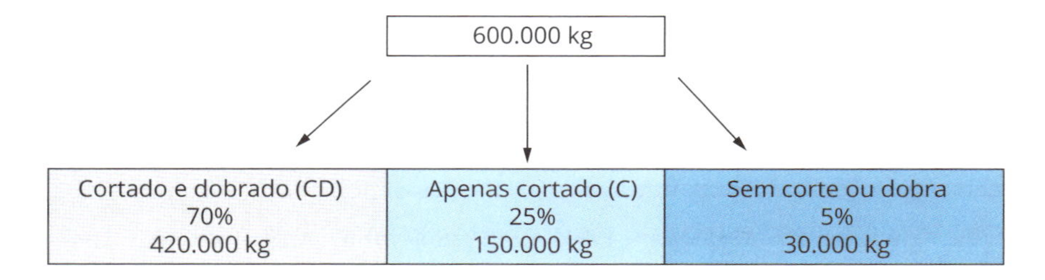

Fig. 3.3 *Quantidade de aço a ser cortada e dobrada*

Do planejamento e da experiência de obras similares, estimamos que a estrutura terá um prazo de execução de oito meses. A partir das categorias mencionadas, calculamos a quantidade total mensal a ser cortada [(420.000 + 150.000)/8 = 71.250 kg] e dobrada (420.000/8 = 52.500 kg).

Supondo que o fabricante indique que a máquina de corte (Fig. 3.4) tem produtividade nominal de 200 kg/h e a bancada de dobra, de 100 kg/h, calculamos a produtividade mensal de cada uma multiplicando a produtividade nominal pela quantidade de horas no mês (8 h/dia × 25 dias/mês = 200 h/mês), chegando a 40.000 kg/h e 20.000 kg/h, respectivamente. Como essa produtividade é nominal, deve-se aplicar o fator de eficiência para refletir o fato de que a central não trabalha sem parar – há pausas para colocação das barras, interrupções dos armadores (para beber água, ir ao banheiro, receber instruções), falta de material (não deveria ocorrer, mas ocorre...) etc. Adotemos 60% de eficiência.

Fig. 3.4 *Máquina de corte de aço*
Fonte: cortesia da Pini.

A quantidade de máquinas de corte será dada pelo quociente entre o total requerido no mês e a produtividade efetiva do equipamento: 71.250 kg/(40.000 × 0,60) = 2,97 ou três unidades (Tab. 3.10).

Analogamente, como calculado na Tab. 3.11, chega-se a um total de cinco bancadas de dobra (Fig. 3.5).

Fazer uma memória de cálculo e obedecer a uma linha de raciocínio é fundamental. O resto é chute.

Tab. 3.10 Dimensionamento da quantidade de máquinas de corte

Dados do planejamento		
Prazo de execução (t)	8 meses	
Regime de trabalho		
Jornada diária (hpd)	8 h	
Jornada mensal (dpm)	25 dias	
Dimensionamento da máquina de corte		
Quantidade total a cortar (QTC) = CD + C	570.000 kg	
Quantidade mensal a cortar (QMC) = QTC/T	71.250 kg	
Produtividade horária da máquina de corte (PC)	200 kg/h	
Produtividade mensal teórica (PCT) = PC × hpd × dpm	40.000	
Fator de eficiência (F)	60%	
Produtividade mensal efetiva (PCE) = PCT × F	24.000	
Quantidade de máquinas = QMC/PCE	*2,97*	*3 arred.*

Tab. 3.11 Dimensionamento da quantidade de bancadas de dobra

Quantidade total a dobrar (QTD) = CD	420.000 kg	
Quantidade mensal a dobrar (QMD) = QTD/T	52.500 kg	
Produtividade horária da bancada de dobra (PD)	100 kg/h	
Produtividade mensal teórica (PDT) = PD × hpd × dpm	20.000	
Fator de eficiência (F)	60%	
Produtividade mensal efetiva (PDE)	12.000	
Quantidade de máquinas	*4,38*	*5 arred.*

Fig. 3.5 *Bancada de dobra de aço*
Fonte: cortesia da Pini.

3.10 Como calcular o consumo de energia e água

Conversando com orçamentistas e engenheiros de obra, percebo que há certa dificuldade em como dimensionar a energia e a água a serem consumidas por uma obra. A seguir é mostrada uma maneira criteriosa de estimar esses consumos, partindo da lista de equipamentos, do prazo da obra e do volume de serviços. O exemplo adotado é de uma obra de terra, mas para uma construção predial o método é o mesmo.

3.10.1 Consumo de energia

Uma obra utiliza eletricidade nos escritórios, nas instalações de apoio (laboratório, refeitório etc.) e nos equipamentos elétricos de produção, como centrais industriais e elevadores de carga. Para o correto dimensionamento da demanda de energia da obra, é preciso listar esses equipamentos, com o respectivo período de permanência na obra e a quantidade média de horas de utilização por dia.

Antes de explicar o dimensionamento, vale a pena relembrar um pouco de Física do ensino fundamental. *Potência* não se confunde com *energia*. Quando se diz que uma usina hidrelétrica tem 200 MW, essa é sua capacidade de geração, ou seja, sua potência. A energia será a geração realizada durante um certo intervalo de tempo: *energia = potência × tempo* (Quadro 3.2). O mesmo conceito vale para um motor, uma lâmpada etc.

Quadro 3.2 Diferença entre potência e energia

Grandeza	Definição	Unidade
Potência (P)	Quantidade de energia concedida por uma fonte a cada unidade de tempo. É um *potencial*.	Watt (W) e seus múltiplos (kW, MW etc.)
Energia (E)	Quantidade despendida pelo equipamento em dado período de tempo. É algo *consumido*.	Potência × tempo (joule, kWh etc.)

A Tab. 3.12 mostra uma obra hipotética. Para os equipamentos que consomem energia, devemos multiplicar a potência de cada um pelo tempo de utilização. Para escritórios, a estimativa é idêntica, por aparelho elétrico. Por fim, consideramos um custo (alto, por sinal) da iluminação noturna da praça de trabalho. Isso é comum em obras que têm turno da noite. Computada a energia total consumida, basta multiplicá-la pela tarifa de energia da concessionária local.

Tab. 3.12 Cálculo do consumo de energia

Item	Quantidade (un)	Potência (kW)	Tempo de utilização			Energia (kWh)
			Diário (h)	Mensal (dias)	Prazo (mês)	
Industrial						
Grua fixa 50 m/2 t	1	110,0	6	25	17	280.500
Central de concreto 60 m³/h	1	200,0	6	20	12	288.000
Máquina de solda	3	10,0	3	25	15	33.750
Cremalheira	1	30,0	4	25	16	48.000
Geral - central carpintaria/armação	1	20,0	5	25	15	37.500
Bombas, betoneiras, balança etc.	1	20,0	6	25	23	69.000
Escritório						
Computador	30	0,3	10	25	23	51.750
Ar-condicionado	10	1,0	10	25	23	57.500
Plotter/impressoras	4	0,6	4	14	23	3.091
Lâmpada fluorescente	80	0,009	10	25	23	4.140
Diversos: geladeira, telefone etc.	1	5,0	24	30	23	82.800
Apoio						
Laboratório	1	2,0	8	25	23	9.200
Treinamento	1	1,0	4	22	23	2.024
Ambulatório	1	1,5	8	25	23	6.900
Guarita	1	0,5	24	30	23	8.280
Refeitório	1	2,0	4	25	23	4.600
Iluminação noturna						
Lâmpada HQI 2 kW	40	2,0	10	30	23	552.000
Diversos						
Diversos	1	40,0	8	23	20	147.200
Total						*1.686.235*
Custo da energia (R$/kWh)	0,2442					
Custo total (R$)	*411.778,64*					

3.10.2 Consumo de água

O cálculo da quantidade de água a ser usada pela obra requer a identificação das instalações que consomem água. Uma central de concreto, por exemplo, é um equipamento que exige grandes volumes de água. Basta perceber que 1 m³ de concreto consome em média 200 L de água. Também há consumo na oficina mecânica para lavagem de equipamentos e na cura de elementos de concreto recém-lançados.

Serviços de terraplenagem também requerem muita água: o consumo médio é de 230 L/m^3 para aterros e filtros de aterro (por terem granulometria baixa, eles "puxam" muita água) e 80 L/m^3 para enrocamentos e camadas de brita graduada.

A Tab. 3.13 ilustra o processo de cálculo. Não é difícil adaptá-la para outros tipos de obra.

Tab. 3.13 Cálculo do consumo de água

Equipamento	Quantidade (un)	Consumo (L/h)	Tempo de utilização			Água (m^3)
			Diário (h)	Mensal (dias)	Prazo (mês)	
Industrial						
Central de concreto 60 m^3/h	1	12.000	6	20	12	17.280
Água industrial e cura de concreto	1	10.000	8	26	23	47.840
Serviço	**Quantidade (m^3)**	**Consumo (L/m^3)**				**Água (m^3)**
Terraplenagem						
Aterro	600.000	230				138.000
Revestimento primário	20.000	230				4.600
Brita graduada	1.000	80				80
Bica corrida	20.000	80				1.600
Enrocamento compactado	300.000	80				24.000
Enrocamento de proteção	25.000	80				2.000
Transição compactada	15.000	80				1.200
Sub-base estabilizada	6.000	230				1.380
Enrocamento/transição	1.000	80				80
Filtro de areia	30.000	230				6.900
Local	**Quantidade (un)**	**Consumo (m^3/dia)**		**Tempo de utilização**		**Água (m^3)**
				Mensal (dias)	**Prazo (mês)**	
Escritório						
Pessoas	60	0,05		26	23	1.794
Apoio						
Laboratório	1	2,0		26	23	1.196
Refeitório	1	5,0		30	23	3.450
Demais áreas	1	5,000		26	23	2.990
Total						*254.390*
Custo da água (R$/$m^3$)			10,00			
Custo total			*2.543.900,00*			

Para o dimensionamento diário do consumo em edificações e outras áreas, recomendamos usar a Tab. 3.14.

Tab. 3.14 Consumo médio de água por tipo de construção

Tipo de construção	Consumo médio (L/dia)
Alojamentos provisórios	80 por pessoa
Casas populares ou rurais	120 por pessoa
Residências	150 por pessoa
Apartamentos	200 por pessoa
Hotéis (sem cozinha e sem lavanderia)	120 por hóspede
Escolas – internatos	150 por pessoa
Escolas – semi-internatos	100 por pessoa
Escolas – externatos	50 por pessoa
Quartéis	150 por pessoa
Edifícios públicos ou comerciais	50 por pessoa
Escritórios	50 por pessoa
Cinemas e teatros	2 por lugar
Templos	2 por lugar
Restaurantes e similares	25 por refeição
Garagens	50 por automóvel
Lavanderias	30 por kg de roupa seca
Mercados	5 por m^2 de área
Matadouros – animais de grande porte	300 por cabeça abatida
Matadouros – animais de pequeno porte	150 por cabeça abatida
Postos de serviço para automóveis	150 por veículo
Cavalariças	100 por cavalo
Jardins	1,5 por m^2
Orfanato, asilo, berçário	150 por pessoa
Ambulatório	25 por pessoa
Creche	50 por pessoa
Oficina de costura	50 por pessoa

Fonte: Tigre (s.d.).

O dimensionamento da água a ser consumida é fundamental para quem deseja obter água de poços. É preciso consultar a legislação local para conseguir autorização. Atente para a correta utilização da expressão *poço artesiano*. Só é artesiano o poço em que as águas fluem naturalmente do solo, num aquífero confinado, *sem a necessidade de bombeamento*. Se precisar de bomba, o poço já não é artesiano (essa palavra deriva da cidade de Artois, na França, onde foi furado o primeiro poço com essa característica).

quatro

Mão de obra, material e equipamento

4.1 Quanto realmente custa o adicional noturno

Nem sempre as obras são feitas com trabalho apenas diurno. É comum haver obras que funcionam em dois turnos – às vezes até três turnos, como em plantas industriais de processamento de fluidos – e até obras que só operam à noite, como é o caso do recapeamento de avenidas importantes.

A legislação define que o trabalho noturno é mais caro. Isso está escrito com todas as letras no art. 73 da Consolidação das Leis do Trabalho (CLT – Brasil, 1943): "[...] o trabalho noturno terá remuneração superior à do diurno e, para esse efeito, sua remuneração terá um *acréscimo de 20%* (vinte por cento), pelo menos, sobre a hora diurna".

Ao se dar conta dessa previsão legal, um orçamentista afoito considera, então, que um pedreiro cuja hora diurna custe R$ 4,00 tenha um valor de R$ 4,80 no período noturno. Estará isto certo? Não! Por quê? Porque é preciso ler o § 1° desse artigo: "A hora do trabalho noturno será computada como de 52 *minutos e 30 segundos*".

Ora, o que a lei quer dizer é que, diferentemente do que acontece no trabalho diurno, *no trabalho noturno o operário faz jus a 1 h de pagamento a cada 52,5 min de trabalho.*

Por que essa consideração aparentemente absurda? É que a lei considera que um turno de 8 h de dia equivale a um de 7 h à noite, pois supostamente o operário se desgastará mais no trabalho às escuras, com menor visibilidade, maior dificuldade de comunicação e com mais esforço (será que isso acontece mesmo hoje em dia?).

Com essas duas regras combinadas, é fácil perceber que a hora noturna custa mais do que os 20% mencionados. A conta do adicional noturno real é:

$$60/52{,}5 \times 1{,}20 = 1{,}3714$$

Cada hora "de relógio" trabalhada à noite custa 37,14% a mais do que de dia! Se, por exemplo, um pedreiro tem hora-base de R$ 4,00, a hora noturna valerá R$ 4,00 × 1,3714 = R$ 6,49. É esse valor que o orçamentista utilizará em seus cálculos.

Mas a partir de que hora é que se paga o adicional noturno? A resposta está no mesmo artigo da CLT, no § 2º: "Considera-se noturno, para os efeitos deste artigo, o trabalho executado entre as 22 horas de um dia e as 5 horas do dia seguinte".

Com isso, temos todos os elementos. Se uma construtora definir um turno de trabalho das 20h às 4h da manhã, ela só pagará hora noturna no período entre as 22h e as 4h. Entre 20h e 22h será a boa e velha hora diurna.

Já vi vários orçamentistas errarem o cálculo do custo dos serviços quando a obra trabalha em dois turnos.

E você? Já tinha se dado conta dessa "pegadinha" dos 37,14%?

4.2 O impacto da rotatividade da mão de obra no custo total

Os orçamentistas precisam atribuir um determinado percentual de *encargos sociais* ao custo da mão de obra nas composições de custos unitários da obra que estão orçando. Na maioria das vezes, esses orçamentistas já têm o percentual pronto, oriundo de uma tabela que geralmente agrupa os muitos itens do custo da mão de obra em famílias.

As tradicionais tabelas de composição de encargos sociais contêm uma série de itens que oneram o custo da mão de obra e que precisam ser levados em consideração quando da orçamentação de uma obra.

A Tab. 4.1 mostra a composição dos encargos sociais (com a recente desoneração da folha de pagamentos, daí o INSS estar zerado).

Tab. 4.1 Encargos sociais – horistas (com desoneração da folha)

A.	**Encargos sociais básicos**	
A.1	INSS	0,00%
A.2	FGTS	8,00%
A.3	Salário-educação	2,50%
A.4	Sesi	1,50%
A.5	Senai	1,00%
A.6	Sebrae	0,60%
A.7	Incra	0,20%
A.8	Seguro contra acidente	3,00%
	Total A	*16,80%*
B.	**Encargos trabalhistas**	
B.1	Férias (+ 1/3)	14,86%
B.2	Repouso semanal remunerado	17,83%
B.3	Feriados	4,09%
B.4	Auxílio-enfermidade	0,98%
B.5	Acidente do trabalho	0,74%
B.6	Licença-paternidade	0,05%
B.7	Faltas justificadas	0,74%
B.8	13º salário	11,14%
	Total B	*50,43%*

Tab. 4.1 (continuação)

C.	**Encargos indenizatórios**	
C.1	Aviso prévio (adotado)	13,83%
C.2	Multa por rescisão	5,72%
C.3	Indenização adicional	0,69%
	Total C	*20,24%*
D.	**Incidências cumulativas**	
D.1	Incidência de A sobre B	8,47%
D.2	Incidência de férias sobre o aviso	2,06%
D.3	Incidência do 13° sobre o aviso	1,54%
D.4	Incidência do FGTS sobre o aviso	1,11%
	Total D	*13,18%*
	Subtotal A + B + C + D	*100,65%*

Alguns dos itens da tabela são fixos, por se tratar de alíquotas de impostos – é o caso dos itens do grupo A. Como o orçamentista e a empresa não têm como alterar a alíquota, não há o que se melhorar. Essas parcelas fixas são as mesmas para qualquer empresa. Elas independem de considerações como porte da companhia ou capacidade gerencial.

Há, contudo, parcelas variáveis, que se abrigam nos grupos B e C e que dependem da realidade da empresa e das premissas de cálculo adotadas. Elas variam de empresa para empresa, normalmente apresentando valores diferentes. É justamente nessas parcelas que uma construtora pode chegar a um total de encargos menor e consequentemente se tornar mais competitiva do que suas concorrentes.

Uma olhada mais atenta à tabela nos permite notar que, entre os itens sobre os quais o construtor *pode agir*, o mais pesado é o *aviso prévio*. É imperioso monitorar esse parâmetro, pois é ele que realmente "mexe o ponteiro" dos encargos sociais, como veremos a seguir.

O aviso prévio constitui-se na obrigação que o empregador tem de avisar ao trabalhador, com antecedência mínima de 30 dias, que irá rescindir seu salário unilateralmente. Ele comporta duas situações: (i) aviso prévio *indenizado* – o trabalhador se desliga da empresa e recebe um salário adicional (ou proporcional ao período, se inferior a um ano); (ii) aviso prévio *trabalhado* – o trabalhador continua trabalhando durante o período referente ao aviso, com direito a ter sua jornada diária reduzida em 2 h.

Quem já trabalhou em construção deve saber que o aviso trabalhado não traz nenhuma vantagem para a obra, porque um funcionário "em aviso" não é lá um exemplo de motivação e ânimo. Portanto, para fins de análise, assumimos que a construtora pratica o aviso prévio indenizado em 100% dos casos.

O percentual de aviso prévio é calculado através da seguinte conta:

$$\frac{30}{\text{dias trabalhados por ano}} \times \frac{12}{\text{permanência média do operário (em meses)}}$$

onde 30 é o número de dias pagos no aviso prévio e 12 é a quantidade de meses do ano.

Supondo que a permanência média de um operário seja de 9,67 meses, segundo pesquisa de 2001 do Ministério do Trabalho, e que se trabalhe durante 269,21 dias por ano, tem-se que o percentual de aviso prévio será dado por:

$$(30/269{,}21) \times (12/9{,}67) = 13{,}83\%$$

Vejamos o que acontece quando a permanência média do funcionário aumenta para 12 e 15 meses:

$$(30/269{,}21) \times (12/12) = 11{,}14\%$$
$$(30/269{,}21) \times (12/15) = 8{,}91\%$$

A composição de encargos sociais pode então ser atualizada com as informações da Tab. 4.2.

Tab. 4.2 Influência da permanência média nos encargos sociais

Permanência média (meses)	Aviso prévio	Encargos sociais
6	22,29%	109,11%
9,67	13,83%	100,65%
12	11,14%	97,97%
15	8,91%	95,74%
18	7,43%	94,25%

Um resultado maiúsculo: uma construtora que trabalha com alta rotatividade, digamos que com uma permanência média de seis meses, terá encargos de 109,11%, isto é, a hora do operário custará 2,0911 vezes a hora-base.

Em contrapartida, uma construtora que consiga espichar essa duração média do emprego para 12 meses terá encargos na faixa de 97,97%, isto é, a hora do operário custará 1,9797 vezes a hora-base.

Isso dá uma diferença de 5,6% no custo da obra. É muito dinheiro!

A conclusão a que se chega é que a rotatividade da mão de obra é lesiva aos cofres da empresa. E não é só por causa do pagamento do aviso prévio. Há também o custo de recrutamento, seleção, treinamento, exame admissional/demissional, contencioso trabalhista etc. Além disso, cada novo operário que se incorpora à obra leva um tempo para se habituar à empresa e à equipe e nem sempre atinge produtividade elevada nos primeiros dias.

A rotatividade (ou *turnover*) pode ser expressa numericamente pela fórmula:

$$\frac{\dfrac{\text{N}^\circ \text{ de demissões} + \text{N}^\circ \text{ de admissões}}{2}}{\text{N}^\circ \text{de funcionários ativos (no último dia do mês anterior)}}$$

E você? Já mediu o entra e sai de sua obra? Eu trabalhei numa obra em que fazíamos sorteios periódicos de brindes. Cada funcionário participava com tantos papeizinhos na urna quantos fossem os meses que ele tivesse de empresa. Pergunte se alguém queria pedir as contas...

4.3 Como incluir o reajuste da mão de obra em obras públicas

A Lei das Licitações (Lei nº 8.666) estabelece claramente que é vedado reajuste de preços antes do decurso de 12 meses, contados a partir da data de *apresentação da proposta* (e não da data do contrato). Em outras palavras, tendo uma proposta data-base de maio de 2020, seus preços só poderão ser reajustados pelo índice contratual após maio de 2021.

Sendo assim, o construtor terá que embutir no orçamento da obra todo o custo de mão de obra que estiver abrangido pelo período de 12 meses. Isso parece fácil, mas não é, porque nesse período ocorre o dissídio coletivo dos trabalhadores, ocasião a partir da qual o custo da mão de obra aumenta devido às negociações laborais. Como os preços da obra só podem ser reajustados "no aniversário", o orçamentista precisa embutir no custo da obra esse custo adicional advindo do dissídio.

Como fazer isso de forma correta? A resposta envolve a análise do custo no tempo, ou seja, requer um cronograma. Só com um cronograma é que o orçamentista pode ter noção da quantidade de serviço que há após o dissídio e então calcular o respectivo custo adicional.

Um exemplo ilustrará o método passo a passo.

1. *Cronologia de eventos*:
   - ◊ data-base da proposta: maio de 2020;
   - ◊ data-base do dissídio: outubro de cada ano;
   - ◊ época do reajuste: maio de cada ano;
   - ◊ fim da obra: dezembro de 2021.

   Então:
   - ◊ entre maio de 2020 e outubro de 2020, o orçamento estará preciso, pois o custo da mão de obra da época da proposta se mantém inalterado;
   - ◊ entre novembro de 2020 e abril de 2021, o orçamento precisará levar em consideração o primeiro dissídio, pois nesses meses a mão de obra estará mais cara;
   - ◊ entre maio de 2021 e outubro de 2021, o orçamento estará preciso, pois terá havido o reajuste contratual (supostamente aumentando os preços na mesma proporção do aumento do custo da mão de obra);
   - ◊ em novembro de 2021 e dezembro de 2021, o orçamento precisará levar em consideração o segundo dissídio, pois a mão de obra estará mais cara.
2. *Cronograma da obra* (mesmo que simples), com o total de homem-hora (hh) por serviço distribuído ao longo do tempo – o objetivo é saber o total de hh em cada período mencionado (Figs. 4.1 e 4.2).

Cronograma		Mês																			
Serviço	hh	mai/11	jun/11	jul/11	ago/11	set/11	out/11	nov/11	dez/11	jan/12	fev/12	mar/12	abr/12	mai/12	jun/12	jul/12	ago/12	set/12	out/12	nov/12	dez/12
1	300	100	100	100																	
2	1.000			100	100	100	100	100	100	100	100	100	100								
3	2.800				200	200	200	200	200	200	200	200	200	200	200	200	200	200			
4	2.700				300	300	300	300	300	300	300	300	300								
5	4.000						500	500	500	500	500	500	500	500							
6	7.000							700	700	700	700	700	700	700	700	700	700				
7	3.100								500	500	500	500	500	500	100						
8	3.000									300	300	300	300	300	300	300	300	300	300		
9	2.100														300	300	300	300	300	300	300
10	2.000	100	100	100	100	100	100	100	100	100	100	100	100	100	100	100	100	100	100	100	100
Total	28.000	200	200	300	700	700	1.200	1.900	2.400	2.700	2.700	2.700	2.700	2.300	1.700	1.600	1.600	900	700	400	400

FIG. 4.1 *Cronograma da obra com distribuição de homem-hora*

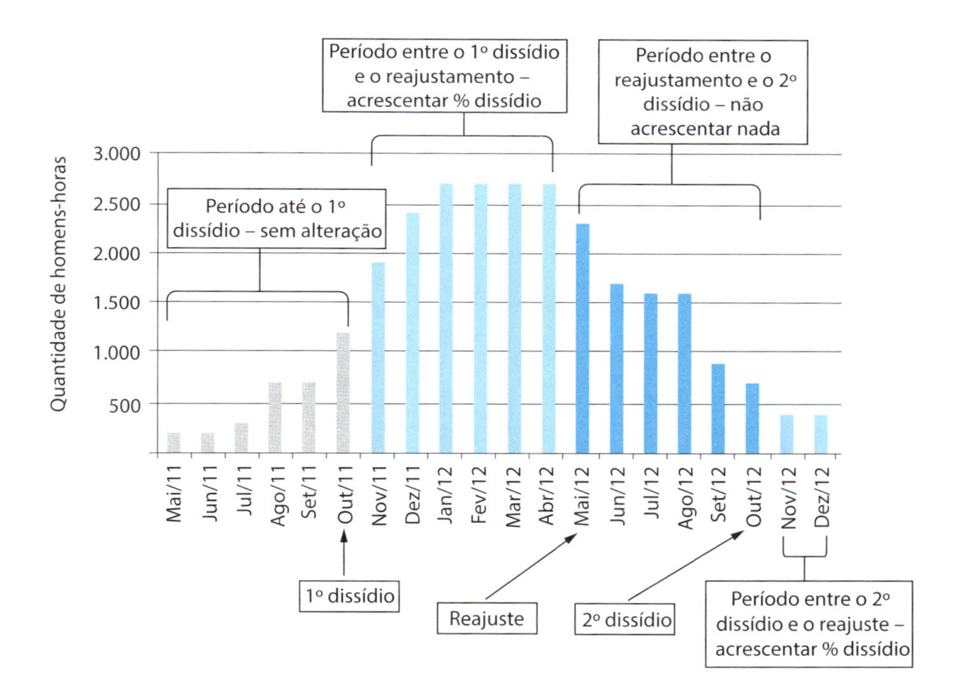

FIG. 4.2 *Quantidade de homens-horas*

3. *Cálculo do custo adicional a ser incorporado ao orçamento* – incluímos o conceito de *hh equivalente*, que é o hh orçado (o do cronograma) majorado do percentual de aumento do dissídio (consideramos 6%) (Tab. 4.3).

Tab. 4.3 Homens-horas equivalentes por mês

Mês	hh	hh equivalente	Observação
Maio 11	200	200	Período antes do primeiro dissídio – não há alteração, pois o custo da mão de obra estará inalterado
Jun. 11	200	200	
Jul. 11	300	300	
Ago. 11	700	700	
Set. 11	700	700	
Out. 11	1.200	1.200	
Nov. 11	1.900	2.014	Período entre o primeiro dissídio e o reajustamento – há que se acrescentar o percentual do dissídio (consideramos 6%)
Dez. 11	2.400	2.544	
Jan. 12	2.700	2.862	
Fev. 12	2.700	2.862	
Mar. 12	2.700	2.862	
Abr. 12	2.700	2.862	
Maio 12	2.300	2.300	Período entre o reajustamento e o segundo dissídio – não há que se considerar nenhum acréscimo, pois o reajuste absorveu os aumentos passados
Jun. 12	1.700	1.700	
Jul. 12	1.600	1.600	
Ago. 12	1.600	1.600	
Set. 12	900	900	
Out. 12	700	700	
Nov. 12	400	424	Período entre o segundo dissídio e o fim da obra – há que se acrescentar o percentual do dissídio
Dez. 12	400	424	
Total	*28.000*	*28.954*	
		3,41%	

Conclusão: *o orçamentista terá que acrescentar 3,41% ao custo orçado de mão de obra.* Mas de onde ele tira o custo orçado da mão da obra? Da poderosa curva ABC de insumos.

Viu como a curva ABC é de suma importância para o orçamento? *Quem faz orçamento em planilha Excel me deixa com frio na espinha...*

4.4 Depreciação de equipamentos

Quando o construtor utiliza um equipamento próprio para realizar um serviço em sua obra, o custo envolvido com aquele equipamento não é apenas o de combustível, lubrificação e operador. Com o passar do tempo, o equipamento vai se desvalorizando, tendo seu valor de mercado diminuído. Esses custos ligados à propriedade são inevitáveis, ocorrem independentemente da atividade do equipamento. São custos provenientes da perda do valor daquele ativo com o decurso do tempo. Como refletir isso no orçamento de uma obra?

Para recuperar o dinheiro investido e poder repor o equipamento no futuro, o proprietário precisa *amortizar* o investimento através dos serviços que o equipamento realiza. Pensemos numa escavadeira. Sendo *escavação* o serviço que ela realiza, é preciso computar na escavação de cada metro cúbico um "dinheirinho" para pagar essa amortização – que aqui chamaremos de *depreciação*. Faremos isso diluindo a depreciação como uma das parcelas do custo horário da escavadeira.

Suponhamos que essa escavadeira custe R$ 300.000,00 e que tenha uma vida útil estimada de 10.000 h. Se admitirmos que ao final da vida útil a escavadeira esteja valendo apenas 10% de seu valor de aquisição, a depreciação a ser computada é de R$ 270.000,00 em 10.000 h, ou seja, R$ 27,00/h. Essa é a *depreciação horária*. Quando orçarmos a escavação, o custo horário da escavadeira será composto das parcelas de operação e manutenção (facilmente visíveis) e da depreciação (despesa que não se "vê", mas que existe).

Além disso, se o dinheiro não tivesse sido investido na aquisição do equipamento, poderia estar tendo rentabilidade através de aplicação financeira em um banco. Essa segunda parcela, que também precisa ser computada, é a de *juros horários*. Os juros representam a remuneração do capital investido no equipamento. Não se confundem com lucro.

4.4.1 Métodos de depreciação

A Engenharia de Custos e a teoria da contabilidade preveem dois tipos básicos de métodos de depreciação: a depreciação *linear* e a *acelerada* (Fig. 4.3).

O que muda entre eles é, como o nome diz, a rapidez com que a depreciação é feita ao longo dos anos.

A depreciação acelerada divide-se, por sua vez, em dois métodos: *saldo decrescente* (ou *saldo devedor*) e *soma dos anos*.

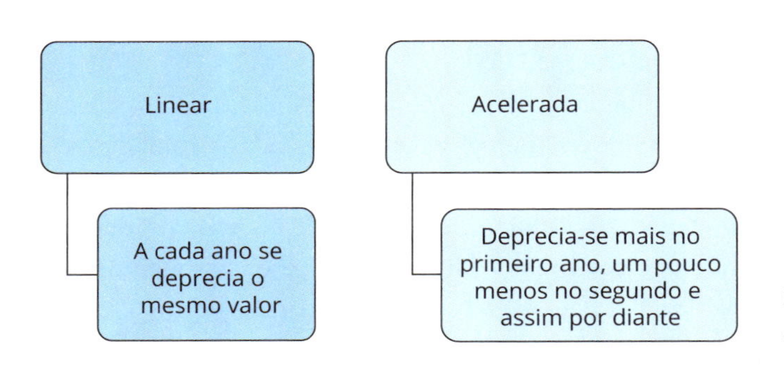

Fig. 4.3 *Depreciação linear e acelerada*

Método linear

O mais simples desses métodos é o método linear, onde o custo horário é simplesmente o quociente entre o valor a ser depreciado e a vida útil estimada, lembrando que o total a ser depreciado é a diferença entre o valor de aquisição (V_0) e o residual (V_r).

Exemplo 4.1

Uma escavadeira com vida útil estimada de 10.000 h (= 5 anos × 2.000 h/ano) foi adquirida pelo valor de R$ 200.000,00, com valor residual estimado de 10%. Qual será a depreciação?

$$\text{Depreciação} = (V_0 - V_r)/\text{vida útil}$$
$$\text{Depreciação} = (\text{R\\$ } 200.000 - \text{R\\$ } 20.000)/5 \text{ anos}$$
$$\text{Depreciação} = \text{R\\$ } 36.000{,}00/\text{ano ou R\\$ } 36{,}00/\text{h}$$

A escavadeira então valerá contabilmente R$ 200.000,00 – R$ 36.000,00 = R$ 164.000,00 ao final do primeiro ano, R$ 128.000,00 ao final do segundo ano e assim sucessivamente.

Em termos contábeis, a depreciação é a mesma ano a ano, conforme Tab. 4.4.

Tab. 4.4 Método linear

Ano	Depreciação (%)	Depreciação anual	Valor contábil
0	–	–	200.000,00
1	20%	36.000,00	164.000,00
2	20%	36.000,00	128.000,00
3	20%	36.000,00	92.000,00
4	20%	36.000,00	56.000,00
5	20%	36.000,00	20.000,00 = V_r
Total depreciado		Σ = 180.000,00	

Note que, se ao final do quarto ano o proprietário vender a escavadeira por mais de R$ 56.000,00, ele terá lucro. Pelo mesmo raciocínio, ele também terá um ganho extra se a máquina estiver em boas condições e for vendida por mais de R$ 20.000,00 ao final da vida útil.

E a *vida útil*, de onde se tira essa informação? Geralmente do catálogo do fabricante ou de experiências passadas da construtora. A vida útil depende do tipo de equipamento, das condições de trabalho e da qualidade da manutenção.

A Receita Federal estabelece limites para a vida útil de cada tipo de equipamento. Pode-se depreciar em *menos* tempo, porém não em *mais* tempo.

Método acelerado – saldo devedor

A essência do método do saldo devedor (ou saldo decrescente) é tornar a depreciação proporcional ao estado do equipamento, ou seja, depreciá-lo mais nos primeiros anos – quando ele está em melhor estado – e menos nos últimos anos da vida útil.

Esse método tenta remediar as críticas feitas ao método linear, pelo qual se paga por um trator com 5.000 h de uso a mesma depreciação anual que se paga por um trator idêntico com 200 h. Uma grande vantagem que tem o método do saldo devedor é permitir uma depreciação mais rápida, importante para o construtor, que em pouco tempo fica com o equipamento já quase todo contabilmente pago, fato que reduz o custo de propriedade dos equipamentos em idade avançada.

O percentual cobrado ano a ano é o dobro daquele da depreciação linear, porém aplicado sobre o saldo ainda a depreciar. O valor residual não é levado em conta na fórmula, somente no cálculo da última parcela, quando então o saldo final deve ser igual ao valor residual.

Exemplo 4.2

Considere-se a mesma escavadeira do exemplo anterior.

$$\text{Taxa de depreciação anual} = 2 \times 100\%/5 = 40\%$$

Pelo método do saldo devedor, obtêm-se os valores apresentados na Tab. 4.5.

Tab. 4.5 Método do saldo devedor

Ano	Depreciação (%)	Depreciação anual	Valor contábil
0	-	-	200.000,00
1	40%	80.000,00	120.000,00
2	40%	48.000,00	72.000,00
3	40%	28.800,00	43.200,00
4	40%	17.280,00	25.920,00
5	40%	5.920,00	20.000,00 = V_r
Total depreciado		Σ = 180.000,00	

Método acelerado – soma dos anos

Nesse método a taxa de depreciação anual varia ano a ano. O primeiro passo é colocar os anos da vida útil em ordem crescente (1, 2, ...) e somá-los. Para uma vida útil de 5 anos, a soma é 1 + 2 + 3 + 4 + 5 = 15. O próximo passo é atribuir a cada ano uma taxa igual à razão entre os números em ordem decrescente e a soma dos números, ou seja, no primeiro ano a taxa de depreciação é 5/15; no segundo ano, 4/15 etc. Cada fração é aplicada sobre o valor de aquisição deduzido do valor residual.

Exemplo 4.3

Considere-se a mesma escavadeira do exemplo anterior.

$$\text{Vida útil} = 5 \text{ anos} \Rightarrow 1 + 2 + 3 + 4 + 5 = 15$$

Coeficientes são aplicados sobre $V_0 - V_r = 180.000,00$.

Pelo método da soma dos anos, chega-se aos valores mostrados na Tab. 4.6.

Tab. 4.6 Método da soma dos anos

Ano	Depreciação (%)	Depreciação anual	Valor contábil
0	-	-	200.000,00
1	5/15	60.000,00	140.000,00
2	4/15	48.000,00	92.000,00
3	3/15	36.000,00	56.000,00
4	2/15	24.000,00	32.000,00
5	1/15	12.000,00	20.000,00 = V_r
Σ = 15			
Total depreciado		Σ = 180.000,00	

Os métodos acelerados têm mais interesse para os contadores, enquanto *o método linear é o preferido pelos orçamentistas*. Por quê? Por uma razão simples: como o orçamentista não sabe de antemão qual é o equipamento que será utilizado, ele jamais saberá a idade daquela máquina específica.

Portanto, é mais prático e conveniente para o orçamentista calcular a tarifa horária pelo método linear, mesmo que a contabilidade da construtora proceda de outra forma. No final das contas, dá tudo no mesmo – no método acelerado, à medida que o custo de propriedade cai, o custo de manutenção sobe (a máquina vai ficando velha).

Na Fig. 4.4 mostramos a equivalência das abordagens.

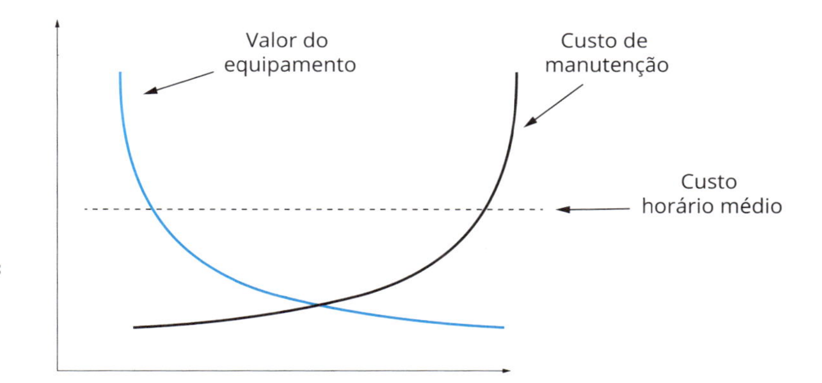

Fig. 4.4 *Parcelas do custo do equipamento ao longo do tempo*

4.5 Custo horário de equipamento no TCPO

Entre todos os capítulos do TCPO, o relativo a equipamentos é o menos consultado. Não por falta de importância, mas porque quem recorre ao livro está geralmente em busca de composições de custos unitários de *serviços*. Além disso, a composição do custo horário dos equipamentos pouco é feita nas empresas, seja porque usam apenas máquinas alugadas, seja porque os orçamentistas usam tabelas predefinidas por alguém em alguma época e em alguma circunstância.

Os custos envolvidos na hora do equipamento são:

Depreciação + Juros + Pneus + Combustível + Lubrificação + Operador + Manutenção

Pode-se definir *depreciação* como a diminuição do valor contábil do ativo. Quando o construtor adquire um equipamento, ele não está *gastando* seu dinheiro, mas *investindo*, trocando uma quantia em dinheiro por um bem de valor equivalente. Matematicamente, o cálculo da depreciação *horária* pode ser feito de forma linear, dividindo-se a diferença entre o valor de aquisição e o valor residual pela vida útil do equipamento expressa em horas:

$$D_h = \frac{V_0 - V_r}{n}$$

Quando o construtor investe na aquisição de equipamento, ele está dispondo de uma quantia de dinheiro que poderia estar aplicada no mercado financeiro, rendendo juros. Por isso, o custo de propriedade de um equipamento deve levar em consideração também os *juros* correspondentes ao rendimento que o investimento auferiria ao longo de sua vida útil. O cálculo dos juros baseia-se no conceito de investimento médio e na taxa de juros do mercado.

O cálculo do custo horário dos *pneus* é similar ao da depreciação – basta dividir o custo pela vida útil dos pneus. Já o consumo de *combustível* e *lubrificantes* é variável, dependendo das condições de trabalho da máquina. O TCPO traz consumos médios aferidos em obras. São, portanto, índices empíricos.

Os custos de manutenção envolvem a *manutenção* propriamente dita – atividades de limpeza, lavagem, inspeção, ajuste, calibração, regulagem, retoque, reaperto e troca rotineira de peças – e os *reparos* – conserto ou substituição de peças e partes danificadas, defeituosas ou quebradas. Geralmente, calcula-se o custo horário de manutenção através da multiplicação de um coeficiente pelo valor de aquisição da máquina.

No TCPO, o custo horário dos equipamentos vem parametrizado sob a forma de uma composição de custos e com a subdivisão em hora produtiva e hora improdutiva.

Exemplo 4.4

Interpretar a composição de custo horário da Tab. 4.7 e calcular seu valor.

Tab. 4.7 Composição de custo de retroescavadeira sobre pneus, a diesel, com potência de 85 HP (63 kW), capacidade 0,24 e 0,88 m³ – vida útil 10.000 h (código 22700.9.8)

Componentes	Unidade	Consumo	
		Hora produtiva	Hora improdutiva[c]
Operador de terraplenagem	h	1,00	1,00
Pneu 14 × 24 × 10 sem câmara	un	0,0008[a]	–
Pneu 10,5/65 × 16 × 10 sem câmara	un	0,0008[a]	–
Graxa	kg	0,02	–
Óleo diesel	L	12,50	–
Depreciação de equipamentos de terraplenagem	–	$9{,}00 \times 10^{-5}$[b]	$9{,}00 \times 10^{-5}$
Juros do capital de equipamentos de terraplenagem	–	$3{,}84 \times 10^{-5}$[b]	$3{,}84 \times 10^{-5}$
Manutenção de equipamentos de terraplenagem	–	$6{,}00 \times 10^{-5}$[b]	–

[a]Esses índices devem ser multiplicados pelo preço do pneu novo.

[b]Esses índices devem ser multiplicados pelo preço de aquisição do equipamento.

[c]A hora improdutiva só leva em conta o operador, a depreciação e os juros.

A Tab. 4.8 apresenta o custo horário da retroescavadeira para V_0 = R$ 200.000,00.

Tab. 4.8 Custo horário da retroescavadeira (V_0 = R$ 200.000,00)

Componentes	Unidade	Consumo	Custo	
			Unitário	Total
Operador de terraplenagem	h	1,00	6,90	6,90
Pneu 14 × 24 × 10 sem câmara	un	0,0008	600,00	0,48
Pneu 10,5/65 × 16 × 10 sem câmara	un	0,0008	400,00	0,32
Graxa	kg	0,02	20,00	0,40
Óleo diesel	L	12,50	1,80	22,50
Depreciação de equipamentos de terraplenagem	–	$9{,}00 \times 10^{-5}$	200.000,00 (= V_o)	18,00

Tab. 4.8 (continuação)

Componentes	Unidade	Consumo	Custo	
			Unitário	Total
Juros do capital de equipamentos de terraplenagem	-	3,84 × 10^{-5}	200.000,00 (= V_o)	7,68
Manutenção de equipamentos de terraplenagem	-	6,00 × 10^{-5}	200.000,00 (= V_o)	12,00
Total				R$ 68,28

Custo horário produtivo = R$ 68,28

Custo horário improdutivo = R$ 32,58 (somente operador, depreciação e juros)

Para uma explicação pormenorizada sobre custo horário de equipamentos e outros exemplos, o leitor deverá consultar *Como preparar orçamentos de obras* (Mattos, 2019).

4.6 Como trabalhar com empolamento e contração

Sempre que solo (ou rocha) é removido de sua posição original, que é o terreno natural inalterado, ocorre um rearranjo na posição relativa das partículas (grãos), acarretando um acréscimo no volume de vazios da massa. Em outras palavras, uma vez escavado, o material fica mais solto e, consequentemente, sua densidade cai.

A esse fenômeno físico pelo qual o material escavado experimenta uma expansão volumétrica dá-se o nome de *empolamento*, expresso em percentagem do volume original. O empolamento varia com o tipo de solo ou rocha, o grau de coesão do material original e a umidade do solo.

Para o orçamentista, o empolamento é um fenômeno físico muito importante. Se, por exemplo, o volume de corte é de 100.000 m^3 e o empolamento é de 30%, o total a ser transportado em caminhões não é 100.000 m^3, mas 130.000 m^3. Se o orçamentista não tiver o cuidado de considerar o empolamento, terá errado em 30% o custo de transporte.

A Tab. 4.9 mostra alguns valores comuns de empolamento.

Tab. 4.9 Empolamento por tipo de material

Material	Empolamento (%)
Rocha detonada	50
Solo argiloso	40
Terra comum	25
Solo arenoso seco	12

Analogamente, quando uma quantidade de terra é lançada em um aterro e compactada mecanicamente, o volume final é diferente daquele que a mesma massa ocupava no corte. A essa diminuição volumétrica dá-se o nome de *contração*. Se 1 m^3 de solo (no corte) contrai-se para 0,8 m^3 (aterro) após compactado, a contração é de 80%.

O fenômeno varia com o tipo e a umidade do material, o tipo de equipamento de compactação, a espessura das camadas do aterro etc.

Em grandes obras de terra, o cálculo do empolamento é feito através de *ensaios de densidade* (*massa específica*) em laboratório. Vejamos um exemplo.

As massas específicas no corte, solta e compactada são respectivamente $\gamma_C = 2{,}10$ t/m^3, $\gamma_S = 1{,}50$ t/m^3 e $\gamma_A = 2{,}36$ t/m^3.

Com esses valores, podem-se calcular os fatores de empolamento (*E*) e de contração (*C*) e montar o quadro de volumes:

$$E = 2{,}10/1{,}50 - 1 = 40\%$$
$$C = (2{,}10/2{,}36) = 89\%$$

Note que, com esses dois parâmetros, conseguimos deduzir todos os demais fatores de correlação volumétrica.

O quadro da Fig. 4.5 ajuda o orçamentista a calcular o custo correto de transporte e também o engenheiro de produção. Se, por exemplo, a obra precisa compactar 500 m³ por dia para cumprir o cronograma, o volume a ser escavado no corte (jazida) é 500 × 1,12 = 560 m³ (isso é o que a escavadeira deverá produzir), que corresponde a 500 × 1,57 = 785 m³ soltos (isso é o que os caminhões deverão transportar). Sabendo que cada caminhão carrega 10 m³ soltos, são necessárias 79 viagens por dia.

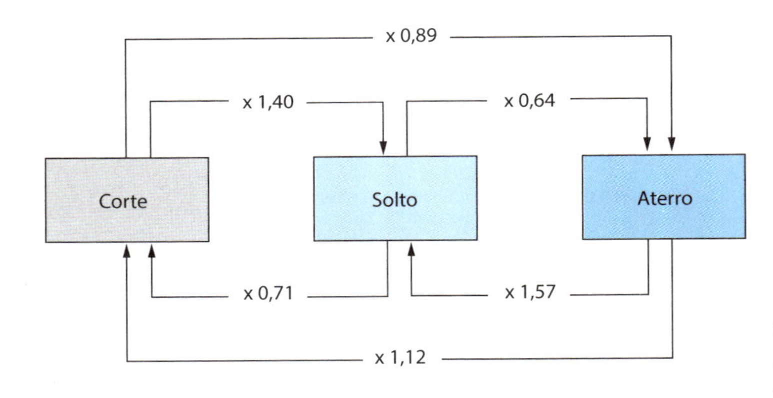

Fig. 4.5 *Quadro de equivalência de volumes*

Vou lhes contar uma história que aconteceu comigo quando eu trabalhava nos Estados Unidos. Precisávamos orçar uma obra, mas não tínhamos qualquer noção do empolamento de um determinado solo. Um engenheiro americano apanhou um galão de tinta vazio e me chamou para acompanhá-lo ao campo. No local da futura escavação, ele enfiou a lata no solo (com a boca aberta para baixo, obviamente) e a cravou com os pés. Após retirá-la, "passou a régua" para o solo ocupar exatamente o volume da lata. Em seguida emborcou-a do alto da picape, fazendo cair no chão o volume solto. Ele então empurrou o volume solto para dentro da lata vazia e percebeu que conseguia encher 1,25 lata. Estava ali o empolamento: 25%. Dias depois o laboratório deu o resultado "científico": 27%!

Está vendo? Não há nada mais prático do que uma boa teoria.

4.7 O que é preço FOB e preço CIF?

No processo de elaboração do orçamento de uma obra, o orçamentista se depara com uma grande quantidade de insumos e serviços que precisam ter seu custo cotado. Para isso, devem ser solicitadas cotações no mercado.

Quando se trata de fornecimento de material para a obra, é preciso verificar se o preço do fornecedor envolve o transporte até o local da obra ou, caso contrário, a que ponto de entrega se refere o preço ofertado.

Na construção, utilizam-se com maior frequência as siglas FOB e CIF. Especial atenção deve ser dada ao que significam na prática essas siglas, pois qualquer confusão entre os termos pode acarretar um "furo" no orçamento:

* *Preço FOB (free on board* – livre a bordo): refere-se à mercadoria disponibilizada no local de fabricação ou armazenamento (é o popular preço "posto na fábrica" ou "a retirar"). O orçamentista deverá então somar as despesas adicionais de carga, transporte, seguro, descarga, diferença de ICMS (se comprado em outro Estado) etc.
* *Preço CIF (cost, insurance and freight* – custo, seguro e frete): inclui a mercadoria e os custos de seguro e frete. Essa é a modalidade tradicionalmente conhecida como preço "posto na obra". O orçamentista não terá que adicionar nenhuma parcela ao preço dado pelo vendedor.

Na construção civil, é também usada a sigla *FOT*. Ela quer dizer *free on truck*, ou seja, o fornecedor coloca a mercadoria no caminhão, mas não paga o frete (Fig. 4.6).

Preço

O valor da presente proposta comercial, considerando todos os itens de nossa proposta técnica

Item	Qtd.	Descrição	Preço unit.	Preço total
01	01	Decanter centrífugo modelo FP 500/2, mangote de alimentação de lodo, misturador estático e painel elétrico, conforme proposta técnica acima.	R$ 110.456,00	R$ 110.456,00
02	01	Sistema de preparo e dosagem de polímero FP-1700br	R$ 33.059,00	R$ 33.059,00
03	01	Bomba de dosagem de polímero	R$ 5.517,00	R$ 5.517,00
		Total		R$ 149.032,00

Notas:
Os preços acima são considerados FOT – Louveira – SP
Impostos: conforme abaixo.

Fig. 4.6 *Cotação de preços mencionando preço FOT*

Dica: sempre procure saber o que o fornecedor entende como FOB e CIF, porque um ponto de atrito é a descarga na obra (quem a faz?).

4.8 Material de 1ª, 2ª e 3ª categorias

Quando se vai orçar uma escavação, é necessário saber que tipo de material será escavado. O custo do metro cúbico de escavação depende diretamente do grau de compacidade do material, pois, quanto mais fácil for a atividade de remoção, mais barato será o custo da escavação.

É intuitivo perceber que escavar solo é mais fácil – e barato – do que escavar material rochoso, e ainda mais fácil do que escavar rocha sã.

Para evitar trabalhar com conceitos muito subjetivos, convenciona-se classificar o material escavado em 1ª, 2ª ou 3ª categoria.

As planilhas das obras geralmente subdividem a escavação nessas categorias, separando seus volumes e contendo preços distintos para cada uma delas separadamente.

4.8.1 Material de 1ª categoria

Compreende os solos em geral, residuais ou sedimentares, seixos rolados ou não, com diâmetro máximo inferior a 0,15 m, qualquer que seja o teor de umidade apresentado. O processo de extração é compatível com a utilização de *dozer* (trator de esteira) e *scraper* rebocado ou motorizado.

Em geral, o material de 1ª categoria é escavado por tratores escavotransportadores de pneus, empurrados por tratores esteiras de peso compatível ou por escavadeiras hidráulicas. Sua escavação não exige o emprego de explosivo.

4.8.2 Material de 2ª categoria

Compreende os de resistência ao desmonte mecânico inferior à da rocha não alterada, cuja extração se processe por combinação de métodos que obriguem a utilização do maior equipamento de escarificação exigido contratualmente; a extração eventualmente poderá envolver o uso de explosivos ou processo manual adequado.

Estão incluídos nessa categoria os blocos de rocha de volume inferior a 2 m^3 e os matacões ou pedras de diâmetro médio compreendido entre 0,15 m e 1,00 m.

São de 2ª categoria os solos sedimentares em processo adiantado de rochificação e as rochas em processo adiantado de deterioração.

4.8.3 Material de 3ª categoria

Compreende os materiais com resistência ao desmonte mecânico equivalente à da rocha não alterada e blocos de rocha com diâmetro médio superior a 1,00 m ou volume igual ou superior a 2 m^3, cuja extração e redução, a fim de possibilitar o carregamento, se processem com o emprego contínuo de explosivos.

Simplificadamente, os materiais são classificados conforme o Quadro 4.1.

Quadro 4.1 Tipo de material e processo de escavação das categorias

Categoria	Material	Processo
1ª	Solo	Escavação simples
2ª	Solo resistente	Escarificação
3ª	Rocha	Desmonte com explosivo

Embora seja fácil teorizar as categorias, a classificação do material de escavação não é tarefa das mais fáceis no campo, pois frequentemente ocorrem duas ou até três categorias num mesmo corte, com horizontes que não são muito bem definidos.

O material de 2ª categoria, por ter um caráter intermediário, é o de classificação mais difícil e o que mais suscita conflito entre construtor e fiscal na obra. A controvérsia surge quando o construtor quer medir um volume de 2ª categoria maior do que de 1ª, enquanto o fiscal quer justamente o oposto.

Das definições que demos, nota-se que nem sempre a utilização de explosivo caracteriza um material de 3ª categoria. É preciso que haja um emprego *contínuo* de explosivos.

Da mesma forma, a ocorrência de matacões requer a aferição, ainda que visual, de sua dimensão para fins de classificação em 1ª ou 2ª categoria.

Minha dica para quem vai trabalhar em obra com muita escavação é convencionar o que se entende por 1ª, 2ª e 3ª categorias por meio de fotos tiradas na própria obra. Fotos de valas abertas e grandes cortes verticais ajudam construtor e fiscal a definir critérios de separação de horizontes e facilitam a classificação e a medição.

Uma piadinha (bem infame, por sinal). Pedro Álvares Cabral era empreiteiro e estava a caminho das Índias para fazer negócios quando descobriu o Brasil. Ao ouvir lá do alto do mastro o grito de "terra à vista", ele logo rebateu: "Não é terra, não; é material de 2ª!"

4.9 Como dimensionar a mão de obra indireta

Sabemos como dimensionar a mão de obra de segurança do trabalho. Agora veremos como dimensionar o efetivo restante da equipe do indireto da obra, listado na Fig. 4.7.

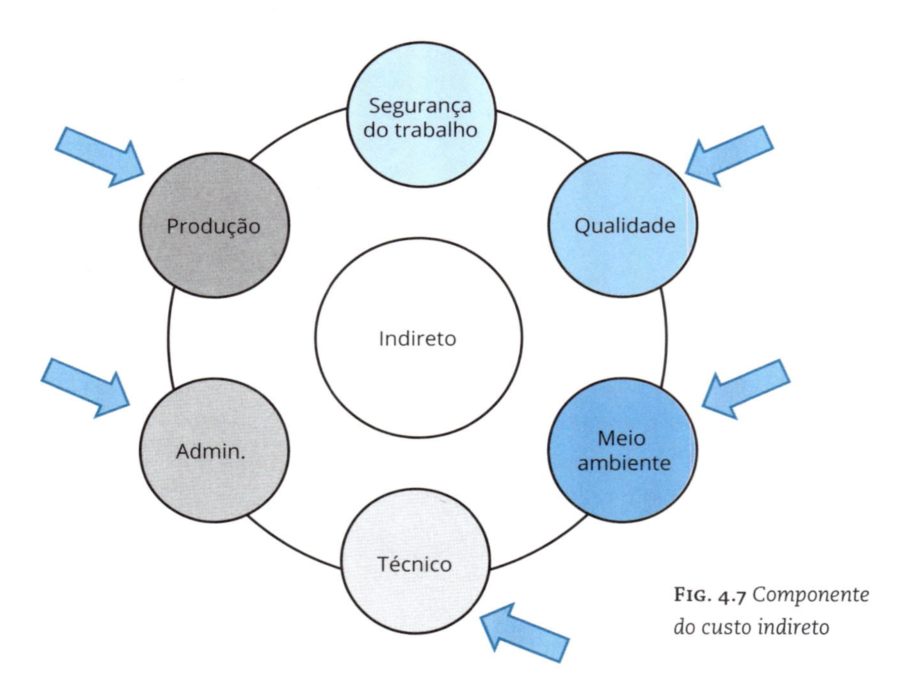

Fig. 4.7 *Componente do custo indireto*

4.9.1 Qualidade

Hoje em dia as construtoras se preocupam muito com qualidade. Diferentemente do que se costuma pensar, mais do que controlar o *produto*, deve-se controlar o *processo*. É por essa razão que o sistema da qualidade envolve duas vertentes:

- *Controle da qualidade*: comparação de resultados com um padrão de referência, para aprovação do produto ou identificação de não conformidade. Destina-se a aferir se o produto atende aos requisitos de aceitabilidade.
- *Garantia da qualidade*: conjunto sistematizado de ações para determinar se as *atividades* estão de acordo com a política da empresa. Destina-se a aferir se a empresa (no caso, a obra) executa suas operações seguindo um processo previamente definido.

O efetivo que a obra deve ter para o setor da qualidade não está estipulado em documentos como as Normas Regulamentadoras. Ele é definido geralmente em função dos volumes de serviço e do número de frentes de serviço. A Tab. 4.10 dá uma orientação sobre o efetivo.

Tab. 4.10 Dimensionamento da equipe de garantia e controle da qualidade

Profissional	Trabalhadores						
	51 a 100	101 a 200	201 a 300	301 a 500	501 a 1.000	1.001 a 2.000	2.001 a 3.500
Encarregado da qualidade/ técnico	1	2	3	5	5	5	6
Engenheiro da qualidade/ coordenador	–	0,33	0,33	0,5	0,5	1	1
Auxiliar técnico da qualidade	–	1	1	1	1	2	3
Estagiário	1	1	1	1	1	1	1

4.9.2 Meio ambiente

A equipe de meio ambiente encarrega-se de monitorar ações de campo e também é responsável pela elaboração e implementação, por parte de todos os empregadores e instituições que admitam trabalhadores como empregados, do Programa de Prevenção de Riscos Ambientais (PPRA), visando à preservação da saúde e da integridade dos trabalhadores, através da antecipação, reconhecimento, avaliação e controle da ocorrência de riscos ambientais existentes ou que venham a existir no ambiente de trabalho, tendo também em consideração a proteção do meio ambiente e dos recursos naturais.

O dimensionamento mostrado na Tab. 4.11 é fruto de observações de obras de infraestrutura passadas.

Tab. 4.11 Dimensionamento da equipe de meio ambiente

Profissional	Trabalhadores						
	51 a 100	101 a 200	201 a 300	301 a 500	501 a 1.000	1.001 a 2.000	2.001 a 3.500
Encarregado do meio ambiente/ coordenador	–	–	0,33	0,5	1	1	1
Encarregado do meio ambiente/ técnico	–	1	1	2	2	2	3
Auxiliar técnico do meio ambiente	–	–	1	1	1	2	2
Comunicador social	–	–	–	1	1	1	1
Assistente social	–	1	1	1	1	2	2
Estagiário	1	1	1	1	1	1	1

4.9.3 Técnica

A equipe técnica engloba o pessoal de planejamento e controle, medição e apropriação de campo.

O dimensionamento mostrado na Tab. 4.12 é fruto de observações de obras de infraestrutura passadas.

Tab. 4.12 Dimensionamento da equipe técnica

Profissional	Trabalhadores						
	51 a 100	101 a 200	201 a 300	301 a 500	501 a 1.000	1.001 a 2.000	2.001 a 3.500
Encarregado geral (seção técnica)	–	–	1	1	1	1	1
Encarregado de medição	1	1	1	1	1	1	1
Técnico de obras	1	2	3	4	6	8	8
Técnico de edificações	1	2	3	4	5	6	7
Auxiliar técnico	2	4	6	7	8	10	16
Apropriador	1	2	3	4	5	7	9
Apontador	2	4	6	8	10	14	18
Estagiário	1	1	1	1	1	1	1
Técnico de documentação	–	–	–	–	1	2	3
Desenhista/cadista		1	1	1	2	2	2

4.9.4 Administrativo

A equipe administrativa engloba basicamente o pessoal de apoio às equipes de campo.

O dimensionamento mostrado na Tab. 4.13 é fruto de observações de obras de infraestrutura passadas.

Tab. 4.13 Dimensionamento da equipe administrativa

Profissional	Trabalhadores						
	51 a 100	101 a 200	201 a 300	301 a 500	501 a 1.000	1.001 a 2.000	2.001 a 3.500
Gerente administrativo	–	–	–	1	1	1	1
Encarregado administrativo – chefe de escritório	1	1	1	1	1	1	1
Encarregado de pessoal	–	1	1	1	1	1	1
Assistente/auxiliar administrativo	1	1	2	2	2	2	4
Assistente/auxiliar de pessoal	2	2	2	3	4	5	6

Tab. 4.13 (continuação)

Profissional	**Trabalhadores**						
	51 a 100	**101 a 200**	**201 a 300**	**301 a 500**	**501 a 1.000**	**1.001 a 2.000**	**2.001 a 3.500**
Encarregado de almoxarifado			1	1	1	1	1
Almoxarife	1	1	1	1	2	2	2
Comprador		1	1	1	2	2	2
Auxiliar de almoxarifado	2	2	2	2	4	4	4
Ferramenteiro/ajudante	1	1	1	1	2	2	2
Recepcionista ajudante	1	1	1	1	1	1	1
Secretária				1	1	1	1
Motorista	1	1	1	2	2	2	3
Faxineira/copeira/servente	1	1	2	2	2	3	4
Mensageiro/ajudante	1	1	1	2	2	3	3
Vigia	3	6	9	15	18	18	21
Bombeiro de apoio	–	1	1	1	1	1	1
Eletricista de apoio	–	1	1	1	1	1	1
Ajudante de apoio	1	2	2	2	2	2	2

4.9.5 Produção

A equipe de produção engloba basicamente o pessoal de supervisão geral.

O dimensionamento mostrado na Tab. 4.14 é fruto de observações de obras de infraestrutura passadas.

Tab. 4.14 Dimensionamento da equipe de produção

Profissional	**Trabalhadores**						
	51 a 100	**101 a 200**	**201 a 300**	**301 a 500**	**501 a 1.000**	**1.001 a 2.000**	**2.001 a 3.500**
Gerente de contrato	–	–	–	1	1	1	1
Gerente de produção	1	1	1	1	1	2	4
Gerente de planejamento	–	–	–	1	1	1	1
Gerente de suprimentos	–		–	–	1	1	1
Engenheiro de produção	1	1	1	2	3	4	8
Engenheiro de planejamento	–	–	1	1	1	2	2
Engenheiro de medições e custos	–	–	1	1	2	2	4
Engenheiro de *trainee*	–	–	1	2	2	4	4
Mestre de obras A	–	–	1	1	1	2	4

Tab. 4.14 (continuação)

Profissional	**Trabalhadores**						
	51 a 100	**101 a 200**	**201 a 300**	**301 a 500**	**501 a 1.000**	**1.001 a 2.000**	**2.001 a 3.500**
Mestre de obras B	1	1	1	2	2	4	8
Encarregado de turma de serventes	2	3	4	7	14	27	47
Encarregado de obras	4	8	12	20	40	80	140
Topógrafo	1	1	1	1	2	4	7
Nivelador	1	1	1	1	2	4	7
Laboratorista	1	1	1	1	2	4	7

Obviamente o efetivo varia de obra para obra, em função da extensão geográfica, número de turnos, quantidade de frentes de serviço e particularidades da técnica construtiva. Mas você há de convir comigo que é bom ter uma tabela à mão.

Agradeço à Engª Luciana Reis, da Carioca Engenharia, por me fornecer valiosos dados.

cinco

Licitação e contrato

5.1 Mecânica do Regime Diferenciado de Contratações

Instituído em 2011 pela Lei nº 12.462 para agilizar as contratações necessárias à realização da Copa do Mundo de 2014 e das Olimpíadas de 2016, o *Regime Diferenciado de Contratações* (RDC) vem sendo estendido a muitas outras áreas de atuação da Administração Pública, o que o tem tornado cada vez mais frequente em licitações nas esferas municipal, estadual e federal. A seguir, faço um balanço do que é o RDC, suas características, vantagens, desvantagens e seu impacto na Engenharia de Custos.

Basicamente, o RDC prevê a contratação da obra apenas com um anteprojeto, cabendo ao vencedor da licitação desenvolver o projeto executivo e executar a obra. Além disso, o rito da licitação é mais simples, com inversão das fases (abrem-se primeiro os envelopes de preço e depois se analisa a documentação apenas do vencedor).

5.1.1 Objeto e inovações

A adoção do RDC é opcional pelo órgão licitante e é aplicável exclusivamente às licitações e aos contratos necessários à realização dos objetos indicados na Fig. 5.1. A lista vem sendo continuamente ampliada, razão pela qual é sempre bom consultar a legislação atualizada.

A utilização do RDC se contrapõe à utilização da Lei das Licitações (Lei nº 8.666). Ou se usa uma, ou se usa a outra. As principais inovações trazidas pelo RDC são sumarizadas na Fig. 5.2.

No RDC, durante o processo licitatório, *o órgão não divulga o orçamento referencial* da obra (aquele feito pelo próprio órgão). Dessa maneira, a empresa proponente não pode simplesmente preencher a planilha para chegar a um “preço bem próximo ao referencial”, como muitas vezes se vê em licitações.

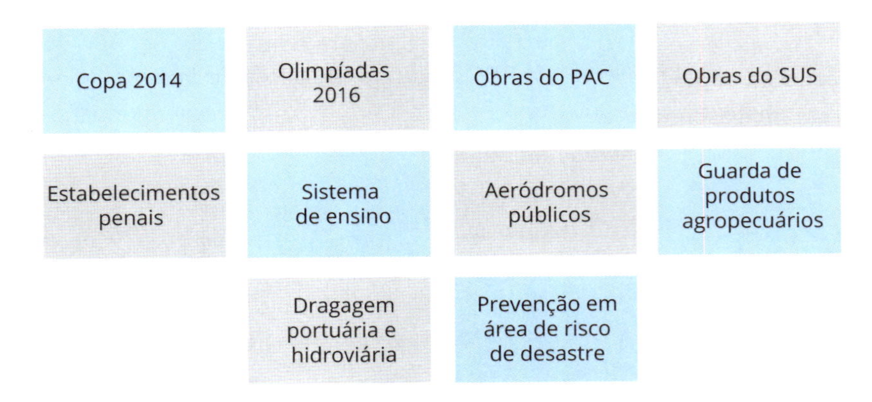

FIG. 5.1 *Licitações em que o RDC pode ser utilizado*

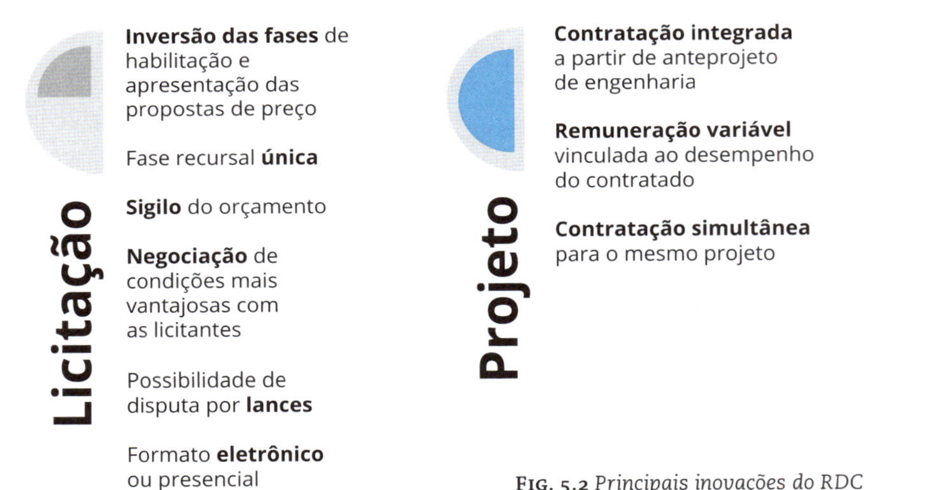

FIG. 5.2 *Principais inovações do RDC*

O orçamento previamente estimado para a contratação será tornado público apenas e imediatamente após o encerramento da licitação, sem prejuízo da divulgação do detalhamento dos quantitativos e outras informações necessárias para a elaboração das propostas. Se, contudo, for adotado o critério de julgamento por maior desconto, aí sim o orçamento será público e constará do edital.

A regra geral do RDC dispõe que *a habilitação será realizada depois da abertura e julgamento das propostas de preço* e da realização da fase de lances (se houver). Isso representa uma rapidez muito maior no processamento das propostas, poupando muito tempo e reduzindo bastante a burocracia administrativa. Basta imaginar que será analisado apenas um envelope, e não 10 ou 15.

5.1.2 Contratação integrada

Sem dúvida, a maior inovação do RDC é a figura da *contratação integrada* (que é opcional). A contratação integrada compreende a elaboração e o desenvolvimento dos projetos básico e executivo, a *execução de obras e serviços* de engenharia, a montagem, a realização de testes, a pré-operação e todas as demais operações necessárias e suficientes para a entrega final do objeto. Trata-se, portanto, de um "pacotão" (Fig. 5.3).

A lei que disciplina o RDC estabelece textualmente que é vedada a celebração de aditivos aos contratos firmados, exceto nas situações de caso fortuito ou força maior e por necessidade de alteração do projeto ou das especificações para melhor adequação técnica aos objetivos da contratação, a pedido da Administração Pública, desde que não decorrentes de erros ou omissões por parte do contratado.

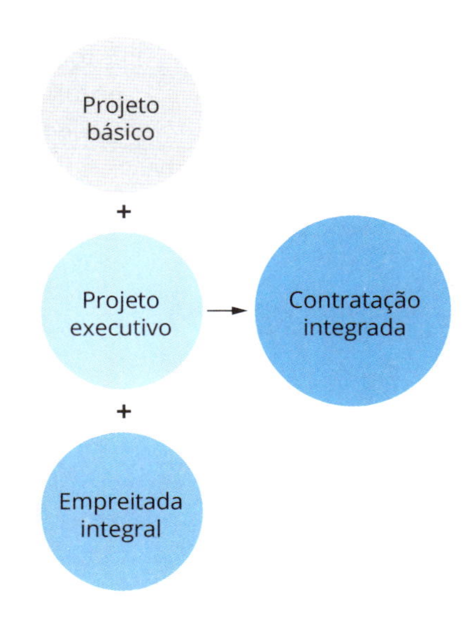

Fig. 5.3 *Contratação integrada*

Pelo fato de ser possível contratar a obra a partir de um anteprojeto de engenharia, a empresa que participa do RDC é levada a orçar a obra com mais apuro, precisando contar com projetistas eficientes e orçamentistas qualificados.

Na contratação integrada será adotado o critério de *técnica e preço*, em cujo julgamento deverão ser avaliadas e ponderadas as propostas técnicas e de preço apresentadas pelos licitantes, mediante a utilização de parâmetros objetivos obrigatoriamente inseridos no edital (por exemplo, 70% preço, 30% técnica).

5.1.3 Matriz de riscos

É fato notório que, se todos os riscos da obra ficarem por conta da empresa contratada, ela terá que embutir uma margem de segurança muito alta em seu orçamento, resultando numa proposta elevada e pouco interessante para a Administração Pública.

Por essa razão, o RDC admite que na elaboração do orçamento poderá ser considerada uma taxa de risco compatível com o objeto da licitação. Uma forma de identificar os riscos e alocá-los judiciosamente entre contratante e contratado é a *matriz de riscos*. O Quadro 5.1 reproduz parte da matriz de riscos de uma obra do Departamento Nacional de Infraestrutura de Transportes (DNIT) contratada via RDC.

Um livro completo sobre o assunto é o de Baeta (2013).

Quadro 5.1 Matriz de riscos 1A

Tipo de risco	Descrições	Materialização	Mitigação	Alocação
Projeto	Inadequação para provimento dos serviços na qualidade, quantidade e custo.	Aumento dos custos de implantação e inadequação dos serviços.	Contratação integrada – responsabilidade da solução de engenharia do contratado. Não pagamento se os níveis de serviço não forem atingidos. Contratação de seguro *performance*. Fornecimento dos elementos de projeto. Remuneração de risco.	Contratado Seguradora
Construção/ montagem/ implantação	Risco de ocorrerem eventos na construção que impeçam o cumprimento do prazo ou que aumentem os custos.	Atraso no cronograma. Aumento nos custos.	Contratação integrada. Seguro de risco de engenharia. Condições de habitação.	Contratado Seguradora
Risco geológico	Risco de haver acréscimos nos volumes de escavação; necessidade de tratamentos especiais com maior consumo de aço ou concreto, ou ainda mudança na técnica de construção prevista.	Atraso no cronograma. Aumento dos custos.	Contratação integrada. Remuneração do risco baseada na avaliação quantitativa. Seguro de risco de engenharia.	Contratado Seguradora
Risco geotécnico	Acréscimos de serviços necessários à estabilização de taludes (maior abatimento, por exemplo). Aumento do comprimento ou volume nas fundações.	Atraso na construção. Aumento do custo.	Contratação integrada. Remuneração do risco baseada na avaliação quantitativa. Seguro de risco de engenharia.	Contratado Seguradora
Licença ambiental/ riscos ambientais	Risco de não obtenção das licenças. Necessidade de complementação de estudos.	Atraso no início das obras. Atraso no cronograma. Aumento dos custos.	Administração, por meio do gerenciamento ambiental, deve prover todos os estudos. Supervisora deve ter o poder de notificar construtora e paralisar serviços.	Administração arca com licenças e custos das medidas ambientais. Passivo físico por conta da construtora. Custos com autuações de responsabilidade da construtora serão [...]

Fonte: DNIT (2013).

5.2 Alguns aspectos do Sinapi

O Sistema Nacional de Pesquisa de Custos e Índices da Construção Civil (Sinapi) é um amplo banco de dados de insumos e composições de custos unitários mantido pela Caixa Econômica Federal em gestão compartilhada com o Instituto Brasileiro de Geografia e Estatística (IBGE). A Caixa é responsável pela base técnica de engenharia (especificação de insumos, composições de serviços e projetos referenciais) e pelo processamento de dados, enquanto o IBGE responde pela pesquisa mensal de preço, metodologia e formação dos índices.

Em 2013, a Caixa disparou o processo de aferição das composições do banco referencial do Sinapi, contratando para esse enorme e valoroso trabalho a Fundação para o Desenvolvimento Tecnológico da Engenharia (FDTE). Esse trabalho gerou a revisão de composições existentes e a criação de novas composições para serviços não contemplados originalmente.

Porém, embora a Caixa divulgue periodicamente essas novas composições, que seguem uma nova metodologia de apropriação de índices em canteiros de obras espalhados pelo Brasil, muitos orçamentistas e gestores públicos ainda não estão totalmente a par do que vem sendo gerado pelo Sinapi, motivo que me leva a explicar sinteticamente os principais pontos da versão mais recente do sistema. Merece leitura detida o manual *Sinapi: metodologias e conceitos*, disponível no site da Caixa (CEF, 2020).

5.2.1 Árvore de fatores

O leitor há de concordar comigo que a produtividade da mão de obra – e por consequência o custo do serviço – é função de vários fatores. Um deles é a geometria do produto a ser construído. Imagine, por exemplo, o serviço *alvenaria*. A produtividade da equipe executora ao fazer um longo muro retilíneo de seção constante será distinta da produtividade dessa mesma equipe fazendo panos de parede curtos, com vãos e intenso trabalho de arestamento.

Para refletir melhor essas variações, o Sinapi introduziu o conceito de *árvore de fatores*. A metodologia de aferição prevê a identificação dos fatores que impactam na produtividade (mão de obra e equipamentos) e no consumo (materiais) de cada grupo de serviços, que são observados e mensurados durante a coleta de dados em obra.

A Fig. 5.4 mostra a árvore de fatores para o serviço *emboço em fachada*. Os fatores de variação entre as composições são a existência de tela metálica, o método de aplicação (manual × projetada), a existência de vãos, a espessura da camada e a forma de preparo (manual × betoneira).

A composição de custo unitário mostrada na Tab. 5.1 refere-se à combinação dos fatores destacados na árvore.

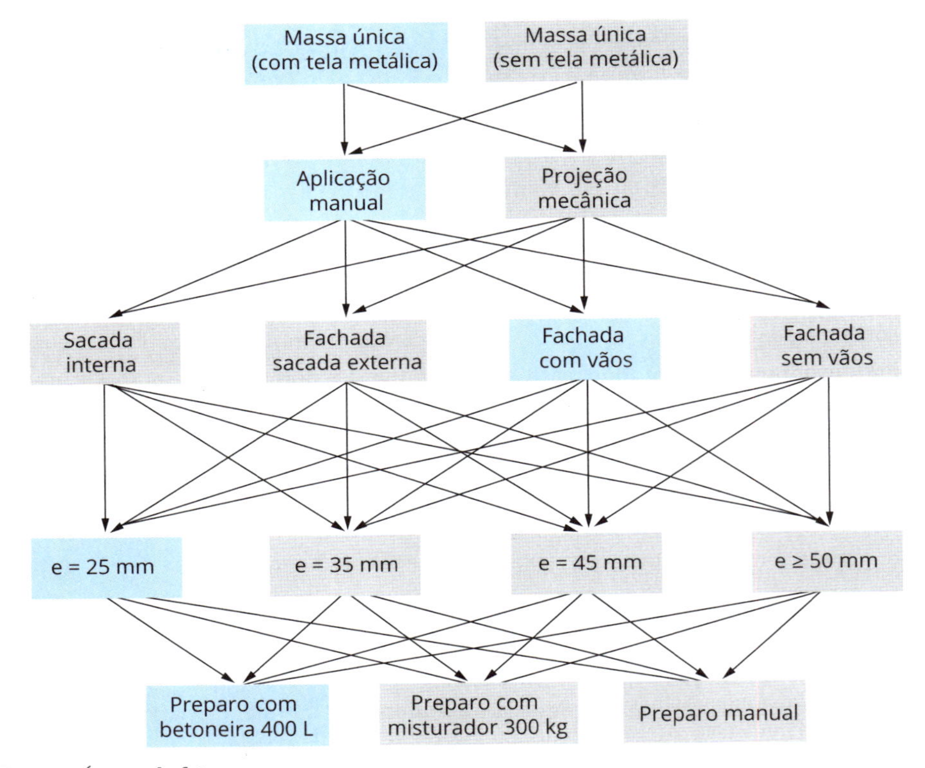

Fig. 5.4 *Árvore de fatores*

Tab. 5.1 Composição de custo unitário do emboço em fachada

Código/Seq.	Descrição da composição	Unidade
01.REVE. EMBO.001/01 **Código SIPCI** 87775	Emboço ou massa única em argamassa traço 1:2:8, preparo mecânico com betoneira 400 L, aplicada manualmente em panos de fachada com presença de vãos, espessura de 25 mm. AF_06/2014	m²

Composição				
Item	**Código**	**Descrição**	**Unidade**	**Coeficiente**
C	88309	Pedreiro com encargos complementares	h	0,7800
C	88316	Servente com encargos complementares	h	0,7800
C	87292	Argamassa traço 1:2:8 (cimento, cal e areia média) para emboço/massa única/ assentamento de alvenaria de vedação, preparo mecânico com betoneira 400 L. AF_06/2014	m³	0,0314
I	37411	Tela de aço soldada galvanizada/zincada para alvenaria, fio D = *1,24 mm, malha 25 × 25 mm	m²	0,1388

Fonte: CEF (2020).

A árvore de fatores é um grande salto de qualidade do Sinapi. Ela dá uma noção de como um serviço que anteriormente tinha uma única composição passa a ter agora várias combinações, o que facilita a tarefa do orçamentista de melhor refletir as condições de execução do serviço.

5.2.2 Composições representativas

Com o intuito de racionalizar a utilização das referências do Sinapi, foram criadas *composições representativas*, que são originadas do agrupamento ponderado de composições mais específicas, a fim de representar as tipologias de projetos mais recorrentes. Considerando que o Sinapi é a base de referência para orçamentos feitos com recursos da Caixa, entre eles os do programa Minha Casa, Minha Vida, são muitas as repetições do mesmo projeto-padrão.

A Fig. 5.5 e a Tab. 5.2 mostram a composição representativa do serviço *alvenaria de vedação* de uma edificação habitacional unifamiliar padrão. Cada composição individual de alvenaria (segundo a respectiva árvore de fatores) é devidamente ponderada. Dessa forma, vários serviços "menores" são unificados em apenas um serviço "maior" representado em uma composição de referência. É como se fosse uma cesta de composições para um projeto específico. No exemplo, os coeficientes utilizados foram obtidos a partir da ponderação das composições unitárias empregadas para projetos de casas e edificações públicas. Para orçar a alvenaria de um prédio com essas características físicas, basta multiplicar a área total de alvenaria pelo custo da composição representativa.

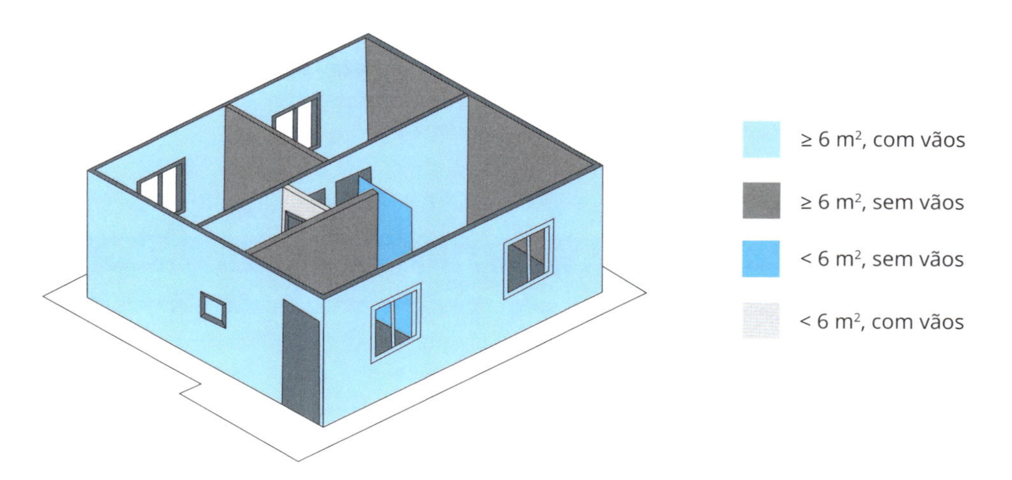

FIG. 5.5 *Alvenaria de vedação de uma edificação habitacional unifamiliar*

Tab. 5.2 Composição representativa de alvenaria de vedação

Código/Seq.	Descrição da composição	Unidade
01.PARE. ALVE.043/01 **Código SIPCI** 89168	(Composição representativa) do serviço de alvenaria de vedação de blocos vazados de cerâmica de 9 × 19 × 19 cm (espessura 9 cm), para edificação habitacional unifamiliar (casa) e edificação pública padrão. AF_11/2014	m²

Composição				
Item	**Código**	**Descrição**	**Unidade**	**Coeficiente**
C	87495	Alvenaria de vedação de blocos cerâmicos furados na horizontal de 9 × 19 × 19 cm (espessura 9 cm) de paredes com área líquida menor que 6 m² sem vãos e argamassa de assentamento com preparo em betoneira. AF_06/2014	m²	0,2334
C	87503	Alvenaria de vedação de blocos cerâmicos furados na horizontal de 9 × 19 × 19 cm (espessura 9 cm) de paredes com área líquida maior ou igual a 6 m² sem vãos e argamassa de assentamento com preparo em betoneira. AF_06/2014	m²	0,2028
C	87511	Alvenaria de vedação de blocos cerâmicos furados na horizontal de 9 × 19 × 19 cm (espessura 9 cm) de paredes com área líquida menor que 6 m² com vãos e argamassa de assentamento com preparo em betoneira. AF_06/2014	m²	0,2470
C	87519	Alvenaria de vedação de blocos cerâmicos furados na horizontal de 9 × 19 × 19 cm (espessura 9 cm) de paredes com área líquida maior ou igual a 6 m² com vãos e argamassa de assentamento com preparo em betoneira. AF_06/2014	m²	0,3168

Fonte: CEF (2020).

As composições representativas são práticas quando se tem um projeto-padrão repetido muitas vezes. Para outra tipologia, a proporção entre cada tipo de alvenaria mudará. Portanto, cautela na hora de usá-las.

5.2.3 Coleta de preço de insumos

Outra grande novidade é a indicação da forma de coleta do insumo nos relatórios de insumos e composições. Os insumos do Sinapi são organizados em famílias homogêneas (por exemplo, família de tubos em PVC para esgoto predial), para as quais é selecionado o insumo mais recorrente (por exemplo, 9863 – tubo PVC série normal – esgoto predial DN 100 mm – NBR 5688) como insumo representativo, sendo os demais da mesma família denominados representados.

O preço dos insumos representativos é coletado mensalmente, enquanto os preços dos demais insumos são obtidos por meio da utilização de coeficientes de representatividade, os quais indicam a proporção entre o preço do chefe de família (insumo representativo) e os preços de cada um dos demais insumos da família.

A partir dos preços de referência de 11/2014 divulgados na página da Caixa, o usuário do Sinapi passou a contar com a informação da origem de preços para cada insumo por localidade, sendo necessário observar a seguinte marcação no relatório de insumos:

* C: para preço coletado pelo IBGE no mês de referência do relatório;
* CR: para preço obtido por meio do coeficiente de representatividade do insumo (metodologia da família homogênea de insumos);
* AS: para preço atribuído com base no preço do insumo para a localidade específica de São Paulo (por causa da impossibilidade de definição de preço para localidade em razão da insuficiência de dados coletados).

Em decorrência da indicação da origem de preço para os insumos, passou a ser necessário também identificar se a composição é ou não formada por insumos com uma ou mais origem de preço, sendo adotada a seguinte marcação no relatório de composições:

* C: quando todos os itens utilizados na composição têm preço coletado pelo IBGE no mês de referência do relatório;
* CR: quando existe ao menos um item da composição com preço obtido por meio do coeficiente de representatividade do insumo, desde que não haja nenhum item com preço atribuído;
* AS: quando existe ao menos um item da composição com preço atribuído com base no preço de insumo para a localidade de São Paulo.

5.2.4 Encargos complementares

Uma inovação importante do Sinapi é a utilização de *encargos complementares* no custo da mão de obra.

Por encargos complementares entendem-se aqueles custos associados à mão de obra que não são tradicionalmente incluídos no rol dos encargos sociais. São eles: alimentação, transporte, equipamentos de proteção individual, ferramentas, exames médicos obrigatórios e seguros de vida, cuja obrigação de pagamento decorre das Convenções Coletivas de Trabalho e de normas que regulamentam a prática profissional na construção civil. Esses encargos não variam proporcionalmente aos salários.

O Sinapi opta por embutir o custo dos encargos complementares na tarifa horária dos operários, isto é, adota uma hora "cheia" que inclui o salário, os encargos sociais tradicionais e os encargos complementares.

A Tab. 5.3 exemplifica o custo dos encargos complementares do servente.

Tab. 5.3 Composição de encargos complementares do servente

Código	Descrição básica	Unidade	Coeficiente	Custo unitário	Total
88236	Ferramentas (encargos complementares)	h	1,0000000	0,46	0,46
88237	EPI (encargos complementares)	h	1,0000000	0,90	0,90
6111	Servente	h	1,0000000	11,37	11,37
37370	Alimentação (encargos complementares) "coletado Caixa"	h	1,0000000	1,64	1,64
37371	Transporte (encargos complementares) "coletado Caixa"	h	1,0000000	0,45	0,45
37372	Exames (encargos complementares) "coletado Caixa"	h	1,0000000	0,09	0,09
37373	Seguro (encargos complementares) "coletado Caixa"	h	1,0000000	0,04	0,04

Fonte: CEF (2015).

Esse é o conceito de trabalhador remunerado, alimentado, vestido e equipado. Dessa forma, o orçamentista não tem que se preocupar em orçar essas parcelas separadamente. O que é importante mesmo é ficar de olho se os consumos adotados pelo Sinapi na formação dos encargos complementares são realistas.

Se o orçamentista gerar a curva ABC de insumos da obra a partir do orçamento feito com encargos complementares, notará um peso de mão de obra um pouco maior, pois itens como alimentação, transporte e EPI saíram do custo indireto para entrar no custo direto. No entanto, acho melhor orçar assim do que ficar "dando bico" no orçamento desses itens.

5.3 O que é uma proposta inexequível?

Algumas pessoas acham difícil interpretar o art. 48 da Lei das Licitações (Lei nº 8.666), que trata da desclassificação de propostas. Além de determinar aos órgãos públicos que desclassifiquem as propostas que não atendam às exigências do ato convocatório da licitação, o artigo impõe também a rejeição a toda e qualquer proposta com valor global superior ao limite estabelecido ou com preços *manifestamente inexequíveis*:

> Art. 48. Serão desclassificadas:
>
> I – as propostas que não atendam às exigências do ato convocatório da licitação;
>
> II – propostas com valor global superior ao limite estabelecido ou com preços *manifestamente inexequíveis*, assim considerados aqueles que não venham a ter demonstrada sua viabilidade através de documentação que comprove que os custos dos insumos são coerentes com os de mercado e que os coeficientes de produtividade são compatíveis com a execução do objeto do contrato, condições estas necessariamente especificadas no ato convocatório da licitação.
>
> § 1º Para os efeitos do disposto no inciso II deste artigo consideram-se manifestamente inexeqüíveis, no caso de licitações de menor preço para obras e serviços de engenharia, as propostas cujos valores sejam inferiores a 70% (setenta por cento) do menor dos seguintes valores:
>
> a) média aritmética dos valores das propostas superiores a 50% (cinqüenta por cento) do valor orçado pela administração, ou
>
> b) valor orçado pela administração. (Brasil, 1993).

Analisemos o inciso II. A questão do preço manifestamente inexequível é de interpretação mais complicada, pois o texto da lei é confuso e enseja muito erro no julgamento das propostas pelas comissões de licitação pelo país afora.

O que a lei realmente faz é criar dois critérios: um relativo – que leva em conta o universo de propostas apresentadas – e um absoluto – que leva em conta apenas o orçamento referencial do órgão. Explicamos: cada uma das duas alíneas do § 1º define uma linha de corte para o preço da obra, devendo prevalecer a *menor* das duas; as propostas de valor inferior serão então desclassificadas, não podendo vencer a disputa. O que se busca aqui é eliminar do certame licitatório as propostas com preço supostamente muito baixo. O primeiro critério coloca a linha de corte em 70% da média das propostas superiores a 50% do valor orçado pela administração, enquanto o segundo critério coloca a linha em 70% do valor orçado pela administração. O menor dos dois valores determina quem "não passa adiante".

Exemplo 5.1

Um exemplo torna tudo mais claro (*eu me pergunto por que as leis não vêm com gráficos e exemplos!*). Sejam duas licitações com propostas quase idênticas e orçamento referencial de 100 unidades monetárias (Tabs. 5.4 e 5.5).

Tab. 5.4 Licitação 1

Proposta	Valor
A	98
B	96
C	95
D	65
E	60
Orçamento referencial	100
1º critério = 70% da média aritmética das propostas superiores a 50% do orçamento do órgão	$0{,}70 \times \frac{98+96+95+65+60}{5} = 57{,}96$
2º critério = 70% do orçamento do órgão	0,70 × 100 = 70
Patamar de inexequibilidade = menor dos dois critérios	57,96 → não há proposta manifestamente inexequível!
Vencedor	Proposta E = 60

Tab. 5.5 Licitação 2

Proposta	Valor
A	98
B	96
C	95
D	88
E	60
Orçamento referencial	100
1º critério = 70% da média aritmética das propostas superiores a 50% do orçamento do órgão	$0{,}70 \times \frac{98+96+95+88+60}{5} = 61{,}18$
2º critério = 70% do orçamento do órgão	0,70 × 100 = 70
Patamar de inexequibilidade = menor dos dois critérios	61,18 → a proposta E é manifestamente inexequível!
Vencedor	Proposta D = 88

Do exemplo, tira-se uma primeira conclusão: nem sempre ganha o menor preço apresentado, pois pode haver proposta declarada inexequível – *quem ganha, portanto, é o menor preço entre os declarados exequíveis*.

Outra conclusão é que *o patamar de inexequibilidade depende da distribuição relativa das propostas entre si* – nas licitações apresentadas, quase idênticas, a proposta de 60 foi vencedora em uma, mas declarada inexequível na outra.

5.4 Construção a preço de custo vale a pena?

A construção a preço de custo é a aplicação pura do bom e velho *regime de administração*. Aparentemente é uma modalidade barata, justa e transparente, mas têm-se verificado mazelas aqui e ali que terminam por causar desgaste e descrédito a alguns incorporadores, ainda que muitas sejam as vantagens da modalidade.

Uma construção a preço de custo é aquela na qual os adquirentes do prédio constituem logo de saída um condomínio e fazem aportes mensais para uma empresa construtora erguer o prédio. Todo o recurso da obra é aportado diretamente pelos condôminos, nada sendo requerido de contribuição financeira da construtora ou da incorporadora.

A título de remuneração, a construtora faz aplicar sobre os custos incorridos uma taxa de administração que em geral fica na faixa de 10% a 15%, a depender do porte da obra, do prazo de construção e do risco envolvido. A construção por administração encontra respaldo na Lei das Incorporações Imobiliárias (Lei nº 4.591 – Brasil, 1964).

5.4.1 Vantagens

O grande mérito da construção a preço de custo, do ponto de vista do comprador, reside no fato de que *os custos da obra podem ser plenamente conhecidos* dos adquirentes reunidos em condomínio, pois eles normalmente só fazem a liberação de recursos para a construtora mediante a apresentação de cotações de insumos, propostas de fornecedores, programações financeiras e prestação periódica de contas. Todas as contribuições financeiras dos condôminos para qualquer fim relacionado com a construção são depositadas em uma conta bancária aberta em nome do condomínio.

Sendo assim, a construção presumivelmente *custa o preço justo*, sem "gorduras" embutidas, sem coeficientes de segurança que majoram o preço do imóvel e sem a inserção de contingências pela construtora, já que qualquer eventualidade será arcada pelo condomínio como mais um custo inerente à própria obra.

O oposto ocorre quando o apartamento é vendido a um preço fixo previamente estabelecido, através do qual o adquirente já sabe *a priori* quanto irá custar seu imóvel e fica restrito a esse valor. Nessa modalidade, o incorporador precisa inserir contingência no preço de venda do imóvel.

Do ponto de vista da construtora, imóveis vendidos a preço de custo apresentam a literalmente valiosa vantagem de *jamais darem prejuízo*, pelo simples fato de que a construtora faz a obra com o dinheiro dos condôminos e garante sua remuneração em cima do que o empreendimento consome. Aliás, como claramente dispõe a referida lei, todas as faturas, duplicatas, recibos e quaisquer documentos referentes às transações ou aquisições para construção serão emitidos em nome do condomínio dos contratantes da construção. *Não há necessidade de a construtora contrair empréstimos, nem exigência de capital de giro, nem mesmo o desconforto de utilizar seus ativos bancários.* Não há riscos de erro de avaliação em parâmetros como produtividade das equipes, flutuação de preços de insumos, paralisações por chuvas etc. O apelo mercadológico da construção por administração é enorme. Segundo estudos, a modalidade permite atingir preços até 30% abaixo do regime de construção a preço fixo. Além disso, pelo fato de os condôminos já saberem de antemão a remuneração que tocará à construtora, dissipa-se a ideia recorrente de que há um "superlucro" embutido e minimiza-se a desconfiança que sempre paira sobre a rentabilidade do negócio – pois sempre se crê que construtor ganha "rios" de dinheiro.

5.4.2 Desvantagens

A maior desvantagem dos imóveis no regime de administração é que *o preço final nunca é conhecido com exatidão antes do final da construção*. Por não ser um valor fixo, e sim influenciado pelas vicissitudes dos preços dos insumos e da mão de obra, ele é sempre uma previsão, um valor estimado – e ninguém garante que essa estimativa vá ser 100% correta.

Outro demérito é que o ritmo da obra *depende bastante da regularidade de aporte dos condôminos*. Basta que uns poucos se atrasem no pagamento das parcelas e o prazo da obra já não será o previsto. Isso acarreta aumento dos custos indiretos e, consequentemente, do montante pago a título de taxa de administração. Se não houver maneira rápida e concreta de se resgatar a inadimplência, às vezes a data de conclusão da obra passa a ser até mesmo indeterminada, trazendo enorme descontentamento aos condôminos adimplentes e desejosos de fruir do imóvel. A solução plausível é o condomínio tentar resgatar a unidade devedora e repassá-la a terceiros, ou leiloá-la (a legislação permite), mas essas medidas invariavelmente demandam tempo e consomem muita energia.

Esse inconveniente não ocorre na obra a preço fixo, devido ao fato de que a inadimplência de um adquirente afeta tão somente sua relação jurídica de comprador perante o incorporador, não tendo qualquer relação com os demais adquirentes, nem sendo justificativa alegável para atraso da obra. O resgate da inadimplência, portanto, será uma tarefa do incorporador, que arcará com o risco da cobrança e de eventuais querelas judiciais. O incorporador, nesse caso, tomará as providências para tocar a obra normalmente.

Nos trabalhos de consultoria que prestamos na qualidade de gerenciadores de obras a preço de custo em nome dos condôminos, deparamo-nos com vários casos distintos. Há empreendimentos em que o valor estimado da obra apresentado aos condôminos está preciso e termina sendo obedecido pela construtora, enquanto há outros em que se nota discrepância entre o valor estimado e o que efetivamente a obra custa. Este último caso enseja muita discussão e acusações, pois os condôminos invariavelmente culpam a construtora e a incorporadora de imperícia no orçamento, ou de terem sido incautas na aplicação dos recursos, ou de terem deliberadamente inflado os custos para ganharem mais pela taxa de administração, ou ainda de que o valor contratual era meramente um preço "para desovar logo as unidades imobiliárias".

A construtora e a incorporadora geralmente alegam ter sido o valor contratual um parâmetro referencial, não tendo a obrigação de obedecê-lo rigorosamente, por se tratar de uma obra a preço de custo, e não de preço fechado. Alegam ainda que estes ou aqueles insumos sofreram uma escalada de preço acima do percentual do índice de reajuste do contrato, e coisas do gênero. Essa controvérsia não ajuda ninguém. Os condôminos sentem-se lesados e os incorporadores ficam com a imagem chamuscada.

Um exemplo eloquente é um edifício de alto padrão em Salvador cuja obra registrou um *aumento real* de 48% sobre o valor constante do contrato de compra. A partir de uma extensa análise que nos foi encomendada pelo condomínio, separamos o estouro em duas categorias:

- *aumento normal de custo da obra*: volume maior de concreto nas fundações (por causa do alto grau de fraturamento da rocha), variação de preços de insumos além do índice de correção adotado, alteração posterior de especificações pelos condôminos, variação de alíquotas de impostos, flutuação do dólar em alguns artigos importados etc.;
- *custos adicionais decorrentes de orçamento malfeito*: omissões grosseiras no orçamento original, extensão de prazo por culpa da construtora (sem que tivesse sido causada por falta de recursos financeiros) etc.

Uma recomendação aos compradores: adquiram seus imóveis a preço de custo somente junto a incorporadoras e construtoras idôneas e com tradição em construção no gênero.
Uma recomendação aos construtores: recomendamos que orcem a obra com o mesmo critério e grau de detalhe que usariam se a obra fosse vendida por preço fechado.

5.4.3 Cuidados requeridos nas obras a preço de custo

A seguir serão enfocados os cuidados requeridos para que uma boa intenção não se transforme num grande pesadelo para os adquirentes.

Cuidado nº 1 – Valide o orçamento da construtora

Numa obra a preço de custo, o sistema é muito simples e funciona de acordo com as seguintes regras básicas: um grupo de pessoas constitui um condomínio e se cotiza para bancar a construção de um prédio ou um conjunto de casas, pagando parcelas mensais e contratando uma construtora em regime de administração (remuneração por percentual sobre os custos). Tudo claro e aparentemente à prova de erro.

Acontece que, para esse esquema todo funcionar bem, é necessário que o orçamento da edificação seja preciso, pois os condôminos têm que fazer sua programação financeira, avaliar capacidade de pagamento e assumir compromissos às vezes bastante onerosos.

Quando uma incorporadora lança um prédio por preço fixo, o adquirente já sabe de antemão quanto irá pagar. Se for financiar, o valor é conhecido. Se houver algum furo de orçamento, o incorporador é quem arca com a diferença (e por isso sempre embute alguma contingência no preço do imóvel).

No sistema de preço de custo, o desembolso total caberá aos adquirentes. Como não se sabe de antemão o custo total da obra, o rateio será tão mais preciso quanto mais preciso for o orçamento inicial do empreendimento. Aí é que entra em jogo a questão da alocação do risco. O orçamento da obra feito pela construtora não é fixo ou vinculante, mas meramente referencial, pois a essência da modalidade é que os condôminos ratearão o custo que a obra vier a ter, independentemente do orçamento inicial.

As duas únicas maneiras de responsabilizar a construtora no caso de estouro do custo da obra é provar que o orçamento foi deliberadamente malfeito para ludibriar os condôminos (com omissões propositais, por exemplo) ou que houve uma manifesta ineficiência na alocação dos recursos aportados. Em ambos os casos, o ônus da prova cabe a quem acusa – os condôminos. E, convenhamos, não é tarefa das mais fáceis.

Ante o exposto, nossa primeira recomendação é *validar o orçamento da obra*. Como se faz isso? Encomendando dois orçamentos independentes – a duas construtoras ou à construtora e a um profissional do mercado – ou, o que talvez seja mais prático, pedir a um orçamentista experimentado para aferir o orçamento da construtora. O orçamentista validador irá checar (por amostragem ou integralmente) o levantamento dos quantitativos, o escopo dos serviços orçados, o custo dos insumos, as produtividades etc.

Embora seja um trabalho muito útil, a validação do orçamento quase nunca é feita, o que é um erro.

Cuidado nº 2 – Comece a arrecadar cedo

Na maior parte dos casos, os condôminos rateiam o custo da obra em parcelas mensais fixas, corrigindo-as periodicamente por meio de algum indexador (IGP-M, INCC etc.). A razão para isso é óbvia: todo mundo se programa melhor para pagar parcelas iguais do que variáveis ao longo do tempo.

Ocorre que uma obra não tem desembolsos lineares. O comportamento do custo ao longo dos meses é uma curva em formato de sino. Sendo assim, no começo as parcelas mensais pagas pelos condôminos são suficientes para bancar a obra, e ainda sobra um excedente que *supostamente* compensa o custo mais alto do meio do período de construção. Essa conta, contudo, só fecha se o fluxo de caixa da obra for feito com cuidado, pois o que vemos é que muitas vezes falta dinheiro no meio da obra justamente porque o excedente inicial não é suficiente para suprir a necessidade de dinheiro do pico da obra.

Exemplo 5.2

Vejamos o exemplo a seguir, que mostra uma obra de R$ 1.000 a ser feita em 18 meses (Tab. 5.6 e Fig. 5.6). O gráfico mostra aportes mensais e iguais de R$ 55 (= R$ 1.000/18) e a respectiva arrecadação acumulada, bem como o custo hipotético da obra mês a mês e o respectivo custo acumulado. Nota-se que, embora a arrecadação total seja de R$ 1.000 e o custo total também seja de R$ 1.000, há *deficit* de caixa a partir do nono mês. Nessas condições, será impossível fazer a obra pelo valor orçado, pois quem irá pagar a diferença? A saída será dilatar o prazo e incorrer em mais custo indireto da construtora...

Tab. 5.6 Aporte e custo da obra mês a mês

Mês	Aporte (R$)	Aporte acumulado (R$)	Custo (R$)	Custo acumulado (R$)	Diferença (R$)
1	55,56	55,56	14,68	14,68	41
2	55,56	111,11	32,59	42,27	64
3	55,56	166,67	45,74	93,00	74
4	55,56	222,22	56,29	149,29	73
5	55,56	277,78	64,76	214,05	64
6	55,56	333,33	71,35	285,40	48
7	55,56	388,89	76,14	361,55	27

Tab. 5.6 (continuação)

Mês	Aporte (R$)	Aporte acumulado (R$)	Custo (R$)	Custo acumulado (R$)	Diferença (R$)
8	55,56	444,44	79,17	440,71	4
9	55,56	500,00	80,43	521,14	*-21*
10	55,56	555,56	79,92	601,06	*-46*
11	55,56	611,11	77,61	678,67	*-68*
12	55,56	666,67	73,47	752,14	*-85*
13	55,56	722,22	67,48	819,62	*-97*
14	55,56	777,78	59,61	879,23	*-101*
15	55,56	833,33	49,81	929,04	*-96*
16	55,56	888,89	38,07	967,11	*-78*
17	55,56	944,44	24,33	991,44	*-47*
18	55,56	1.000,00	8,56	1.000,00	0
Total	*1.000,00*		*1.000,00*		

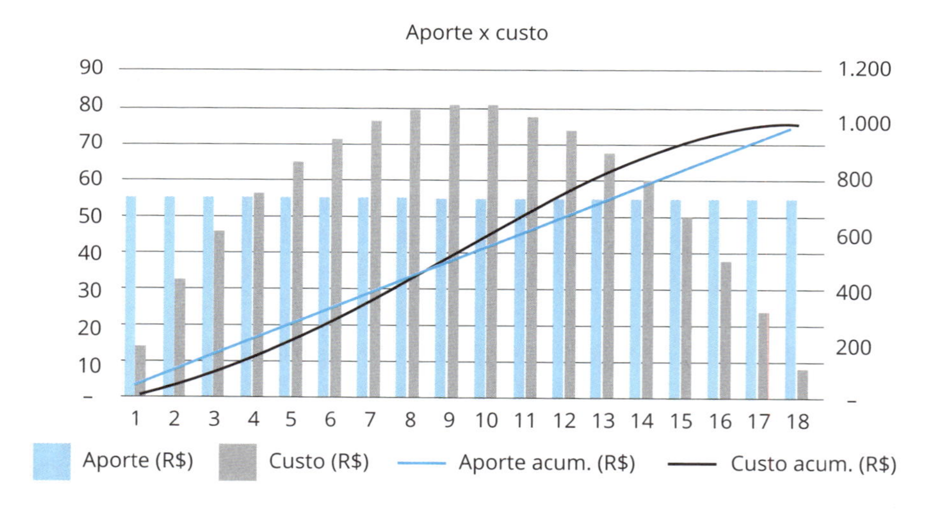

Fig. 5.6 *Aporte e custo da obra mês a mês*

A mesma obra, com as mesmas parcelas e o mesmo custo mensal, apresenta uma situação bem diferente se a arrecadação começar três meses antes (Tab. 5.7 e Fig. 5.7). A obra sempre terá dinheiro em caixa.

Tab. 5.7 Aporte e custo mês a mês, com arrecadação antecipada

Mês	Aporte (R$)	Aporte acumulado (R$)	Custo (R$)	Custo acumulado (R$)	Diferença (R$)
1	55,56	55,56	0	0	55,56
2	55,56	111,11	0	0	111,11
3	55,56	166,67	0	0	166,67
4	55,56	222,22	14,68	14,68	207,54
5	55,56	277,78	32,59	47,27	230,51
6	55,56	333,33	45,74	93,00	240,33
7	55,56	388,89	56,29	149,29	239,60
8	55,56	444,44	64,76	214,05	230,39
9	55,56	500,00	71,35	285,40	214,60
10	55,56	555,56	76,14	361,55	194,01
11	55,56	611,11	79,17	440,71	170,40
12	55,56	666,67	80,43	521,14	145,52
13	55,56	722,22	79,92	601,06	121,16
14	55,56	777,78	77,61	678,67	99,11
15	55,56	833,33	73,47	752,14	81,20
16	55,56	888,89	67,48	819,62	69,27
17	55,56	944,44	59,61	879,23	65,21
18	55,56	1.000,00	49,81	929,04	70,96
19	–	1.000,00	38,07	967,11	32,89
20	–	1.000,00	24,33	991,44	8,56
21	–	1.000,00	8,56	1.000,00	–
Total	*1.000,00*		*1.000,00*		

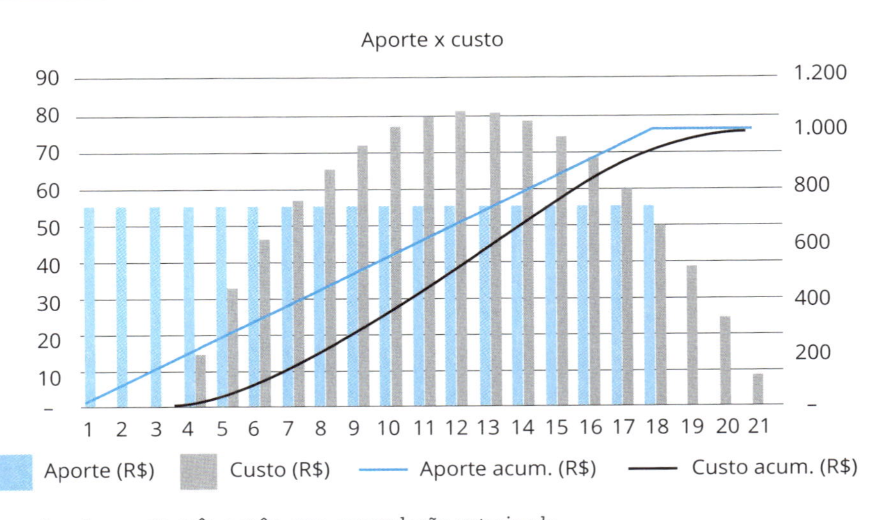

Fig. 5.7 *Aporte e custo mês a mês, com arrecadação antecipada*

> Embora seja um trabalho muito útil, a análise de fluxo de caixa raramente é feita, pois no afã de começar a obra só se pensa no orçamento, e não no planejamento.

Cuidado nº 3 – Crie regras para alterações de projeto

Um problema que também surge e, via de regra, causa alvoroço entre os condôminos e a construtora são as alterações de projeto. Essas mudanças, que podem ser simples ou complexas, têm origens diversas:

- *alteração de especificações técnicas*: substituição de um piso barato por outro caro para valorizar o prédio, inclusão de esquadrias em paredes originalmente cegas, inclusão de sistemas inteligentes, *upgrade* disso e daquilo etc.;
- *imposições técnicas*: aumento de dimensões de elementos estruturais, necessidade de muro de arrimo, substituição de solo etc.

No caso das imposições de ordem técnica, é difícil não incorporar esse custo extra à obra. O montante final da obra terá que ser rateado de qualquer maneira. Entretanto, se as mudanças de especificações técnicas não tiverem regras previamente estabelecidas e cumpridas, o orçamento tende a se deteriorar.

Uma boa prática é estabelecer quórum para aprovação de mudanças de projeto que tenham impacto no orçamento; outra é somente admitir mudanças depois que a construtora orçar o custo adicional. E outra regra bastante importante é criar um rito para a solicitação de mudanças de projeto. Em muitos prédios, aparece um condômino que, depois de feita a alvenaria do andar, quer rever a planta, derrubar parede, incluir portas etc. Embora esse custo seja sempre pago pelo futuro morador daquela unidade, o que não se mede é o atraso que essas mudanças podem causar!

Cuidado nº 4 – Defina quem é o dono de cada unidade

No início, uma obra a preço de custo é um sonho. Os condôminos são amigos, o orçamento é factível, o prazo será cumprido e a construtora é competente. Quando a obra começa, os problemas começam a surgir.

Um problema que eu já vi tomar proporções alarmantes é definir no início que os integrantes do condomínio são donos do empreendimento por igual e que mais à frente será decidido quem ficará com qual unidade. Isso é um erro. A família a quem couber a unidade do primeiro andar, de fundos, com vista para o prédio vizinho, certamente esperneará quando souber que outra família, que pagou o mesmo, foi contemplada com o apartamento do décimo andar com vista para o mar ou para o parque.

Faço questão de ressaltar esta recomendação: sorteie logo de saída quem ficará com o quê. Se for o caso, estipule parcelas diferentes de acordo com a localização da unidade. O que se tem que evitar são condôminos descontentes, que deixam de pagar a parcela e atrapalham a saúde do empreendimento.

5.5 Critérios de medição e pagamento

Uma importante tarefa do engenheiro de custos ao preparar orçamentos consiste na identificação correta dos *critérios de medição e pagamento* utilizados pela empresa contratante. Esses critérios definem as regras de como um serviço será quantificado e pago durante a execução da obra e precisam ser levados em consideração durante o levantamento dos quantitativos, a formação do preço do serviço e o fechamento das medições mensais.

O mais interessante é que órgãos e empresas contratantes não utilizam os mesmos critérios de medição e pagamento. Basta um cochilo e o orçamentista pode compor um custo errado.

Suponha, por exemplo, que um dos serviços da obra seja alvenaria e que exista uma parede de 5 m × 3 m, com uma janela de 1,20 m × 2 m e uma porta de 0,80 m × 2,10 m. Qual a área de alvenaria a ser medida: 15 m² ou menos? Descontam-se os vãos? Todos eles?

A resposta depende da empresa e do sistema de custos:

- TCPO: o critério é *descontar apenas a área que exceder a 2 m² em cada vão*. Calcula-se a área da parede inteira, depois se descontam esses excedentes. Por exemplo, numa janela de 5 m², descontam-se 3 m². A razão por trás desse critério é que o trabalho que o pedreiro tem para requadrar e arestar um vão de 2 m² é o mesmo que teria se fosse preencher esse furo com alvenaria.

> *Código: 06.001.000005.SER – Serviço composto – Unidade: m³*
>
> Descrição: Alvenaria estrutural com blocos cerâmicos, 14 × 19 × 39 cm, espessura da parede 14 cm, juntas de 10 mm com argamassa industrializada.
>
> *Conteúdo do serviço*
>
> Consideram-se material e mão de obra para preparo da argamassa e execução da alvenaria. Considerou-se perda de 5% dos blocos e 20% da argamassa.
>
> *Critério de medição*
>
> Pela área executada, considerando cheios os vãos com área inferior ou igual a 2 m³; vãos com área superior a 2 m³, descontar apenas o que exceder a essa área.

> *Normas técnicas*
> NR-18 – Condições e meio ambiente de trabalho na indústria de construção – 18.13 – Medidas de proteção contra quedas de altura (mês/ano: 01/1950)
> NBR 14321 – Paredes de alvenaria estrutural – Determinação da resistência ao cisalhamento (mês/ano: 05/1999)
> NBR 14322 – Paredes de alvenaria estrutural – Verificação da resistência à flexão simples ou à flexo-compressão (mês/ano: 05/1999)

* *Orse*: nesse sistema, mantido pela Companhia Estadual de Habitação e Obras Públicas (Cehop) de Sergipe (banco de dados muito bom, por sinal), o critério é *descontar todo e qualquer vão*:

> 04. *Critérios de medição e pagamento*
> Os serviços serão medidos pela área de alvenaria executada, em metros quadrados, obtida em apenas uma das faces do plano da parede (inclusive para alvenaria aparente).
> *Serão descontados todos os vãos, quaisquer que sejam as suas dimensões.*
> No caso de alvenarias de Bloco de Vidro, a limpeza dos blocos, assim como o rejuntamento com cimento branco estão incluídos no custo, não sendo objeto de medição em separado.
> O pagamento será efetuado por preço unitário contratual e conforme medição aprovada pela Fiscalização.

* *Práticas Seap*: o *Manual de obras públicas de edificações* da extinta Secretaria de Estado da Administração e Patrimônio vai na mesma direção do Orse, mandando *descontar* os *vãos*:

> 04.00.000 *Arquitetura e elementos de urbanismo*
> 04.01.000 *Arquitetura*
> 04.01.100 *Paredes*
> 04.01.101 *de alvenaria de tijolos maciços de barro*
> Este preço deverá compreender todas as despesas decorrentes do fornecimento de materiais, ferramentas, equipamentos e mão-de-obra necessários à perfeita execução da alvenaria, inclusive argamassa de assentamento, cintas, vergas, encunhamento, pilaretes, arremates, andaimes, limpeza, perdas e demais serviços auxiliares necessários.
> *A medição será efetuada por m², apurando-se a área conforme as dimensões indica-*

das no projeto e descontando-se integralmente todos os vãos, áreas de vazios ou de elementos estruturais que interfiram nas alvenarias.

* *Sinapi*: esse banco de dados, mantido pela Caixa Econômica Federal, está em aprimoramento, com muitas composições sendo revisadas. Com relação à alvenaria, o Sinapi está divulgando composições para área de parede maior do que 6 m² e menor do que 6 m², porém em ambos os casos manda-se *descontar os vãos*:

Critérios para quantificação dos serviços

• *Utilizar a área líquida das paredes de alvenaria de vedação, incluindo a primeira fiada. Todos os vãos (portas e janelas) deverão ser descontados.*

Essa diferença de critérios complica bastante a vida do orçamentista. Vejamos um exemplo didático.

Exemplo 5.3

Suponhamos que a obra que vamos orçar contenha uma parede de 5 m × 3 m = 15 m², com uma janela de 1,20 m × 2 m e uma porta de 0,80 m × 2,10 m. Que área será paga? Depende do critério de medição a ser adotado no contrato. A Tab. 5.8 resume a questão.

Tab. 5.8 Área da parede de acordo com o critério de medição

Órgão	Critério	Área de medição e pagamento
TCPO	Desconta-se o que exceder a 2 m² por vão	15 – [(1,20 × 2) – 2] – 0 = 14,60 m²
Orse, Seap, Sinapi	Descontam-se todos os vãos	15 – (1,20 × 2) – (0,80 × 2,10) = 10,92 m²

Nota-se que há uma *variação de 25%* na área de medição e pagamento entre os dois critérios! Em outras palavras, se o construtor fizer essa parede numa obra regida por critérios do TCPO, será remunerado por 14,60 m²; porém, se o critério do contratante for o do Sinapi, ele receberá apenas 10,92 m² por essa mesma parede! Como resolver esse conflito de critérios? A resposta é: *ajustando os índices*.

Portanto, se o orçamentista for buscar no rol do Sinapi uma composição de custos unitários para o orçamento da alvenaria, mas a obra for regida por critérios do TCPO, ele terá que ajustar os índices da composição do Sinapi multiplicando-os por

10,92/14,60 = 0,748, como mostra a Fig. 5.8. O resultado é o mesmo, o que fizemos foi apenas uma "mudança de base".

Composição custos unitários

Critério Seap/Sinapi	*01. Pare. alve. 023/02*			
Insumo	Unid.	Índice	Custo unit.	Custo total
Pedreiro	h	0,8600	9,00	7,74
Servente	h	0,4300	5,00	2,15
Bloco concreto 9 x 19 x 39 cm	un	13,6000	2,00	27,20
Argamassa 1:2:8	m^3	0,0118	0,34	0,00
Tela de aço soldado	un	0,8400	3,00	2,52
Pino de aço zincado	un	1,0000	2,00	2,00
				41,61
	Área alvenaria		m^2	10,92
	Custo alvenaria			R$ 454,43

X 0,748

Critério TCPO				
Insumo	Unid.	Índice	Custo unit.	Custo total
Pedreiro	h	0,6432	9,00	5,79
Servente	h	0,3216	5,00	1,61
Bloco concreto 9 x 19 x 39 cm	un	10,1721	2,00	20,34
Argamassa 1:2:8	m^3	0,0088	0,34	0,00
Tela de aço soldado	un	0,6283	3,00	1,88
Pino de aço zincado	un	0,7479	2,00	1,50
				31,13
	Área alvenaria		m^2	14,60
	Custo alvenaria			R$ 454,43

FIG. 5.8 *Composições de custo unitário de acordo com o critério de medição e pagamento*

Cuidado: já vi muita empresa que utiliza um critério de medição e pagamento com seu cliente, mas pratica outro com o subempreiteiro. Na hora da medição é um "deus nos acuda", porque os totais são diferentes devido à diferença de base dos critérios!

Cuidado: ao usar uma composição de custos do banco de dados da construtora, proveniente de observações de campo, é preciso saber se a apropriação gerou índices computando-se os vãos ou não! *Aposto que você não obterá uma resposta conclusiva em sua empresa...*

5.6 Concessão, PPP e PMI

De uns tempos para cá, temos visto com cada vez maior frequência licitações de concessões e parcerias público-privadas (PPP). No atual cenário de retração da economia e indisponibilidade de recursos públicos em quantidade suficiente para arcar com todos os investimentos requeridos para a infraestrutura do país, essas modalidades de contratação passam a ser mais atraentes, porque envolvem recursos do setor privado. Manter os investimentos em infraestrutura é crucial para se manter a economia aquecida e fomentar o crescimento do Produto Interno Bruto (PIB). Mas o que são concessão e PPP? E onde entra a Engenharia de Custos?

5.6.1 Concessão

Uma *concessão pública* é um contrato entre a Administração Pública (o Governo) e uma empresa particular, pelo qual o governo transfere à empresa a execução de um serviço público, para que o exerça em seu próprio nome e por sua conta e risco, mediante tarifa paga pelo usuário, em regime de monopólio ou não. O regime das concessões está regulado pela Lei nº 8.987 (Brasil, 1995).

Trata-se da gestão indireta de um serviço público onde o concessionário, desempenhando uma função pública, deve respeitar as instruções da Administração, para que o serviço público concessionado mantenha sua natureza, ainda que gerido por uma entidade privada. Há uma delegação de poderes da Administração Pública (chamada de poder concedente, nesse caso) para uma empresa privada. Os exemplos mais comuns são estradas (pedagiadas), aeroportos e sistemas de tratamento de água/esgoto.

O mecanismo é o seguinte: mediante leilão, o Governo seleciona o concessionário que se encarregará da prestação do serviço ao usuário final, arcando com todo o custo do investimento e sendo remunerado através da cobrança de uma *tarifa*. Ao final do período de concessão (geralmente entre 15 e 30 anos), os bens são todos transferidos ao poder concedente. No caso de uma rodovia, por exemplo, o concessionário recebe do governo uma rodovia existente – geralmente em estado lastimável de conservação – e se compromete a fazer todas as melhorias (recapeamento, duplicação, reforço de viadutos etc.) segundo o plano de investimentos estabelecido no contrato, operando-a e mantendo-a durante todo o período da concessão.

Na Fig. 5.9, mostramos os principais deveres do poder concedente e os do concessionário.

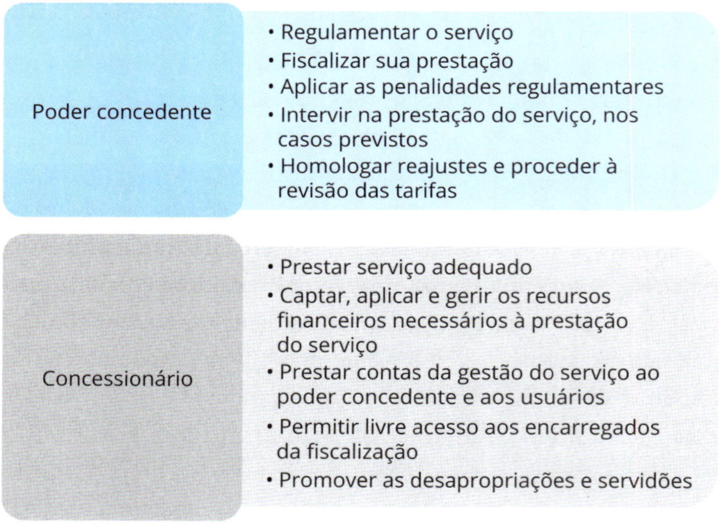

Poder concedente

- Regulamentar o serviço
- Fiscalizar sua prestação
- Aplicar as penalidades regulamentares
- Intervir na prestação do serviço, nos casos previstos
- Homologar reajustes e proceder à revisão das tarifas

Concessionário

- Prestar serviço adequado
- Captar, aplicar e gerir os recursos financeiros necessários à prestação do serviço
- Prestar contas da gestão do serviço ao poder concedente e aos usuários
- Permitir livre acesso aos encarregados da fiscalização
- Promover as desapropriações e servidões

Fig. 5.9 *Principais deveres do poder concedente e do concessionário*

5.6.2 PPP

Imaginemos que o Governo pretenda conceder à iniciativa privada um certo serviço público. O cálculo da tarifa leva a valores muito altos, devido ao fato de o custo de construção, operação e manutenção ser elevado em relação à receita que aquele serviço gerará. Como a conta não fecha, a concessão pura e simples do serviço não é autossustentável. Como resolver isso? Através de uma *parceria público-privada* (PPP), em que a Administração Pública complementa a tarifa, efetuando o pagamento de uma contraprestação ao titular do contrato.

Uma PPP é um contrato de prestação de serviços de médio e longo prazo (de 5 a 35 anos) firmado pela Administração Pública, cujo valor seja superior a R$ 20 milhões, sendo vedada a celebração de contratos que tenham por objeto único o fornecimento de mão de obra, equipamentos ou execução de obra pública. O regime das PPPs está regulado pela Lei nº 11.079 (Brasil, 2004b).

Em outras palavras, as PPPs destinam-se àqueles serviços e/ou obras públicas cuja exploração pelo contratado não é suficiente para remunerá-lo (por exemplo, estádios de futebol ou ferrovias de baixo movimento) ou que não envolvem o pagamento de tarifa por seus usuários (por exemplo, construção e operação de hospitais e presídios). Sendo assim, pela incapacidade de o empreendimento se pagar por si só, o governo completa a remuneração do investidor privado, surgindo então uma verdadeira *parceria público-privada*.

As PPPs dividem-se em concessão patrocinada e concessão administrativa (Fig. 5.10).

Concessão patrocinada

- Serviços ou obras públicas que envolvem, adicionalmente à tarifa cobrada dos usuários, contraprestação pecuniária do parceiro público ao parceiro privado.

Concessão administrativa

- Serviços de que a Administração Pública seja a usuária direta ou indireta, ainda que envolva execução de obra ou fornecimento e instalação de bens.

FIG. 5.10 *Concessão administrativa e concessão patrocinada*

5.6.3 PMI

Quando falo sobre concessões e PPPs, verifico que muita gente desconhece um interessante dispositivo que a Lei das PPPs criou e que foi posteriormente regulamentado pelo Decreto nº 8.428 (Brasil, 2015): o *procedimento de manifestação de interesse* (PMI).

O PMI é uma prática internacionalmente difundida para agilizar a estruturação da PPP e garantir maior transparência e competitividade no processo de seleção, modelagem, licitação e contratação de projetos de infraestrutura.

Basicamente é uma convocação da Administração Pública para que apareçam candidatos dispostos a desenvolver projetos, estudos, levantamentos e investigações.

Pelo PMI, a autoridade pública manifesta seu interesse em receber da iniciativa privada estudos de viabilidade, levantamentos, investigações, dados, informações técnicas, projetos ou pareceres de interessados a serem utilizados em modelagens de PPPs ou concessões já definidas como prioritárias no âmbito da Administração Pública.

A empresa que apresentar o melhor projeto ganha a disputa. Se a PPP ou concessão for efetivada, o vencedor do leilão paga ao autor do PMI o que foi pré-estipulado pelo governo no edital. PMIs já foram usados em leilões de rodovias, aeroportos e portos.

A justificativa do PMI é que a iniciativa privada é capaz de gerar as informações sobre os projetos de infraestrutura de modo mais ágil do que o Poder Público, pois tem condições de realizar contratações mais rápidas de projetistas, sondagens, topografia, estudos ambientais e sociais etc.

Atenção!
Veja que, numa proposta de concessão e PPP, um engenheiro de custos tem uma atuação destacada, pois é preciso orçar as obras e também a operação e a manutenção da estrada, aeroporto etc. Além disso, é preciso ter noção sólida de matemática financeira para lidar com fluxo de caixa e rentabilidade.

5.7 Como são as licitações nos Estados Unidos

O volume de recursos movimentados anualmente pela construção civil nos Estados Unidos é de muitos milhões de dólares, chegando a superar o PIB de muitos países grandes. As obras, tanto públicas como privadas, têm uma dinâmica própria, que prima pela simplicidade, pela agilidade e pela acessibilidade que o mercado proporciona às empresas.

Nas obras públicas, em especial, as licitações, em todas as esferas de poder, são regidas por uma legislação que prioriza a competitividade como meio de garantir condições justas de contratação com o dinheiro do contribuinte.

Apresento a seguir algumas particularidades interessantes.

5.7.1 Empresas de minorias

Os órgãos licitantes estabelecem nos editais de licitação o percentual do valor do contrato que a empresa vencedora obrigatoriamente deverá subcontratar de *disadvantaged business enterprises* (DBEs), que são empresas cuja gestão e capital majoritário pertencem a grupos minoritários – afrodescendentes, hispânicos (nestes incluídos impropriamente os brasileiros), indígenas, nativos (esquimós, havaianos), asiáticos, mulheres e até veteranos de guerra. Esse foi o mecanismo encontrado para garantir alguma reserva de mercado e dar maior competitividade a pequenas empresas supostamente em condições inferiores de disputa com as demais. É uma espécie de "sistema de cotas", como o das universidades brasileiras.

O percentual de participação das DBEs varia de obra para obra, conforme o tipo de serviço e o Estado da Federação. Uma obra predial, por exemplo, tem patamar superior a uma obra de terraplenagem; Estados com grande contingente de minorias, como a Califórnia e a Flórida, praticam patamares mais altos. Em geral, o percentual fica na faixa de 10% a 25% do preço da obra. No dia da licitação, cada construtora indica num formulário próprio quais serviços serão subcontratados às DBEs, com o respectivo montante e número de registro. Ganhar a obra e não contratar a DBE é contravenção seriíssima, passível de punição.

O curioso é que muitas vezes as construtoras, no afã de atingir o percentual de DBE requerido, terminam por descartar uma cotação vantajosa de um subempreiteiro não DBE em favor da de uma DBE. É por isso que as DBEs seguram suas cotações até momentos antes do fechamento das propostas. Quando sentem que uma construtora está com dificuldades de atingir o percentual, elevam suas cotações sem qualquer ressentimento.

5.7.2 *Performance bond*

O destaque no aspecto das garantias contratuais está na figura do *performance bond*, que é um seguro que a construtora contratada tem que apresentar no início da obra. O detalhe é que esse seguro deve cobrir *100% do valor do contrato.* O *performance bond* garante que, no caso de falência da construtora ou de manifesta incapacidade para desempenhar os serviços, o órgão público possa acionar a entidade seguradora. Caberá então à seguradora terminar a obra dentro dos termos contratuais do segurado – se ela irá terceirizar a obra com outra empresa, fazer licitação ou assumir pessoalmente a condução dos serviços, o problema é interno da seguradora. Se o término dos serviços vier a custar à seguradora mais do que o saldo do contrato, esse é o risco de ter emitido apólice a quem não merecia.

Para dar um *performance bond* a uma construtora, a companhia seguradora vasculha o histórico da empresa. Consulta clientes antigos, inspeciona obras concluídas e em andamento, analisa balanços contábeis, avalia a capacidade de crédito etc. Enfim, procura se municiar de todas as informações para calcular o risco e fixar o prêmio do seguro. As seguradoras tornam-se, dessa forma, o fiel da balança na questão das garantias contratuais.

O sistema americano é eficaz. Ele simplesmente elimina o fantasma das obras inacabadas. No Brasil, a Lei nº 8.666 faculta aos órgãos cobrarem caução de tímidos 5% do contrato. Convenhamos: não peneira nada e não garante coisa alguma.

5.7.3 Mão de obra: incentivo à produtividade

O operário da construção civil é muito privilegiado nos Estados Unidos. Fruto da negociação das diversas *unions*, que são os sindicatos de trabalhadores por categoria, os salários-base são bastante elevados. Não é raro um servente faturar US$ 3.000 por mês. Acontece que, para o operário ser sindicalizado, a tarefa não é das mais simples. É preciso passar por provas de conhecimento teórico e prático, quase um vestibular.

Os encargos sociais ficam na faixa de 70-80%. Basicamente, englobam impostos federais, estaduais e municipais, a contribuição das *unions* e o *workers' compensation*, que é um fundo para cobrir as despesas de tratamento e afastamento de operários por acidente de trabalho. A rigor, sendo os salários altos, o paternalismo cai. O empregador não tem que dar ao empregado alimentação, transporte, 13º salário ou aviso prévio.

5.7.4 Engenharia de Valor

Entre todos os pontos destacados, o que mais me chamou a atenção foi certamente a filosofia do *Value Engineering*. A Engenharia de Valor consiste no seguinte: se a construtora propuser uma alteração de projeto que barateie a obra, haverá uma partilha dos ganhos entre a construtora e o órgão contratante.

A Engenharia de Valor cristaliza o espírito de parceria entre a Administração Pública e a empresa privada contratada. É um estímulo à inventividade. Com a vantagem de gerar um ganho extra para a construtora, induz-se a engenhosidade. Faz-se engenharia nas obras. E cidadania.

5.8 Utilidade de *dispute boards* na construção

Todo mundo que já trabalhou em obra sabe que controvérsias entre contratante e contratado inevitavelmente ocorrerão durante a execução do contrato. Essas controvérsias geralmente advêm de várias causas: mudanças de projeto, terreno diferente do previsto, atrasos, liberação de áreas, medição etc.

Na maior parte das vezes, essas controvérsias não são negociadas em tempo hábil e terminam se transformando em conflitos que opõem contratante e contratado, muitas vezes indo parar em processos judiciais que duram anos e geralmente terminam sem beneficiar nenhuma das partes.

Outras vezes, quando o contrato prevê, contratante e contratado apelam para a arbitragem, que é uma alternativa extrajudicial de resolução de disputas, mediante a qual um tribunal arbitral geralmente composto de três pessoas emite uma sentença que deverá ser acatada e cumprida pelas partes.

Nessa linha de buscar alternativas extrajudiciais de resolução de disputas, sem que se recorra à Justiça ou à arbitragem, vem sendo cada vez mais comum no cenário internacional a utilização de *dispute boards* (DBs).

O DB é um comitê formado por profissionais experientes e imparciais, contratado antes do início de um projeto de construção para acompanhar o progresso da execução da obra, encorajando as partes a evitar disputas e assistindo-as na solução daquelas que não puderem ser evitadas, visando à sua solução definitiva.

Bastante comuns nos Estados Unidos e na Europa, os DBs apresentam algumas vantagens:

- são compostos de profissionais experientes e conhecedores do tipo de obra em questão;
- esses profissionais visitam a obra periodicamente (a cada 90 ou 120 dias) e, portanto, têm mais chance de agir preventivamente do que consultores e advogados, que são chamados para remediar um conflito já deflagrado;

* seus membros interagem continuamente com as equipes do contratante e do contratado, criando um ambiente positivo de colaboração;
* seu custo é baixíssimo quando comparado ao de uma arbitragem ou de um processo judicial;
* as soluções alcançadas são geralmente mais justas do que as emanadas de outras formas de julgamento.

Sua composição mais comum é um advogado e dois engenheiros. A razão para essa composição mista é dotar o comitê de capacidade técnica e jurídica, o que facilita o entendimento das questões de campo e as particularidades contratuais.

O tempo médio entre a propositura de um conflito e a manifestação final do DB é de 145 dias, respeitados todos os prazos regulamentares. Esse tempo pode ser demasiadamente longo em muitas situações, embora seja muito mais breve que o caminho arbitral ou judicial.

É essa eficácia que justifica sua adoção por vários organismos de financiamento. O Banco Mundial, para liberar financiamento superior a US$ 50 milhões, impõe como regra a constituição de um DB. A Linha Amarela do Metrô de São Paulo é um modelo de sucesso desse tipo de atuação.

Na prática, esse comitê pode assumir modalidades distintas, dependendo da força da recomendação dos membros. As modalidades mais comuns são o DRB e o DAB:

* *Dispute review board (DRB)*: as recomendações não são vinculantes, ou seja, o comitê assume um caráter de aconselhamento, e não de decisões impositivas. As partes podem acatar as recomendações ou não.
* *Dispute adjudication board (DAB)*: as recomendações são vinculantes, ou seja, o comitê assume um caráter de julgador, sendo suas decisões impositivas. Se uma das partes não concordar com a decisão, ela pode ir à Justiça e solicitar uma arbitragem, mas terá que cumprir a decisão até que a sentença judicial ou arbitral venha a modificá-la ou confirmá-la.

Por ser um modelo nascido da prática do dia a dia, o DB sofreu ajustes ao longo dos anos e ainda deve passar por mais modificações no futuro. No Brasil, a utilização dessa ferramenta deve aumentar consideravelmente nos próximos anos, por conta do sucesso da experiência internacional e sobretudo pela necessidade de financiamento de instituições estrangeiras.

Estatísticas mostram que mais de 90% dos assuntos trazidos à atenção do DB são resolvidos pacificamente, sem que as partes recorram a outra forma de resolução (Justiça, arbitragem).

Uma dica: fique atento aos DBs. Um dia você pode ser membro deles!

5.9 INFLUÊNCIA DA QUANTIDADE DE PROPONENTES NO RESULTADO DA LICITAÇÃO

Licitações acontecem diariamente, em todas as esferas da Administração Pública e para os mais diversos fins. Especificamente na construção civil, há algumas licitações com poucos participantes e outras com muitos. Os motivos para essa variação no número de proponentes são muitos: complexidade dos serviços contratados, prazo de divulgação do edital, localização da obra, dificuldade de conseguir os atestados exigidos e até a reputação do órgão que licita a obra.

O fato é que a quantidade de proponentes influi no resultado do certame licitatório, pois o desconto dado pela empresa vencedora da licitação é claramente função de quão acirrada a disputa é.

Um interessante estudo de Lima (2010) mostra que, no DNIT, quanto mais disputada é a licitação, maiores os descontos obtidos pelo órgão em relação ao preço referencial do edital. Na Fig. 5.11, IPCC é o índice preço-custo do contrato (ou seja, a relação entre o preço da proposta vencedora e o orçamento referencial do órgão).

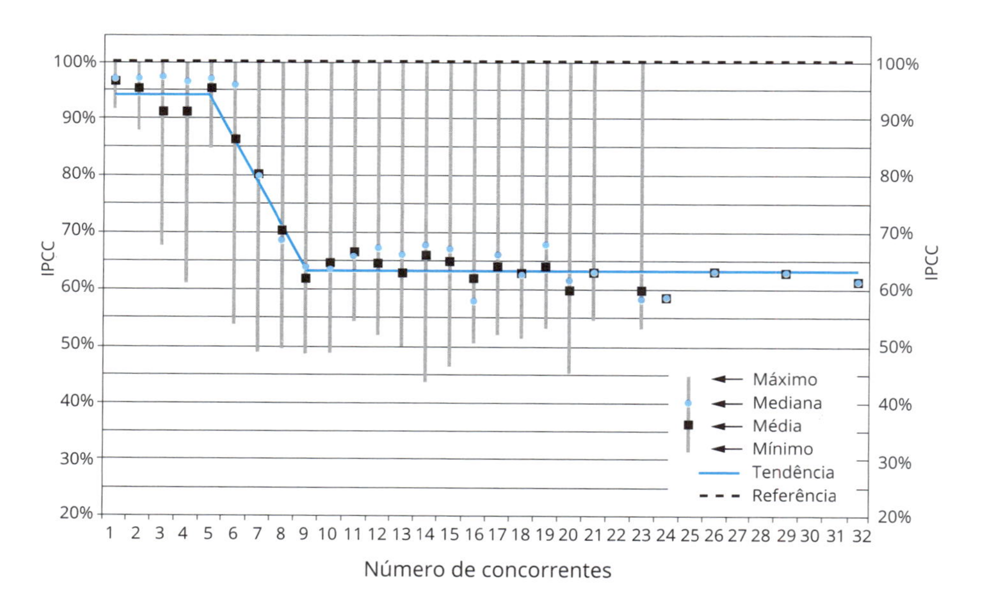

FIG. 5.11 *Relação entre o IPCC e o número de concorrentes*
Fonte: Lima (2010).

Não é difícil intuir o porquê desse comportamento – as empresas, ao sentirem um clima de alta competitividade, tendem a diminuir o lucro na formação do preço e a "apertar" os custos.

O curioso é que nos Estados Unidos o fenômeno é idêntico. A Fig. 5.12 exibe um estudo da Nasa, mostrando uma nítida correlação entre o preço vencedor e o número de participantes da licitação. A única diferença é que nos Estados Unidos os órgãos admitem preço superior ao orçamento referencial (daí IPCCs superiores a 1,00).

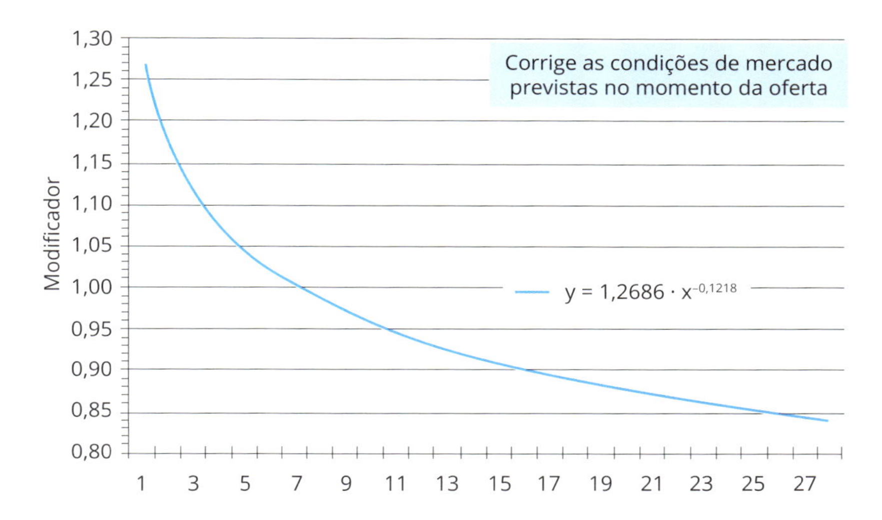

Fig. 5.12 *Relação entre o IPCC e o número de concorrentes no estudo da Nasa*
Fonte: Butts (2007).

Você procura saber quantos concorrentes estão no páreo ao fechar a proposta?

5.10 Seguro garantia de entrega de obra

Não se pode esconder o fato de que, ao comprar um imóvel ainda não pronto, esteja ele na planta ou já em construção, o comprador corre sempre o risco de não recebê-lo. Os fatores são muitos, indo de inadimplência generalizada por parte dos condôminos a falência da incorporadora.

Nos últimos anos ficou clara para o mercado imobiliário a necessidade da criação de alguma espécie de seguro que garantisse a entrega das unidades imobiliárias aos adquirentes no prazo pactuado no contrato de compra e venda. Esse seguro tranquiliza o comprador e solidifica a relação de consumo no setor imobiliário.

O *seguro garantia de entrega de obra* (SGEO) é uma apólice que condiciona juridicamente a entrega da obra no prazo firmado em contrato. Essa apólice pode ser concedida a qualquer incorporadora, desde que a viabilidade do empreendimento seja atestada pela seguradora.

Como condicionante para obtenção desse modelo de seguro, faz-se necessário que a incorporação esteja enquadrada no regime de Patrimônio de Afetação.

A diferença básica entre o SGEO e outros seguros existentes no mercado imobiliário é que ele garante a efetiva entrega da obra *num prazo certo*, enquanto os demais buscam garantir *financeiramente* a realização de um empreendimento, isto é, ressarcem os adquirentes (com valores via de regra insuficientes para a ação) para que eles troquem o incorporador, por exemplo, porém assumindo o risco da impossibilidade de concretizar a obra, ainda que com apólice de seguro de *performance* contratada no mercado.

Beneficiam-se com o SGEO todos os envolvidos na transação do imóvel: o comprador, o incorporador, o permutante (dono do terreno dado em permuta por unidades construídas) e os agentes financeiros da construção.

Em que pese ter um custo, a adoção do SGEO tem um apelo mercadológico enorme. Ele comunica ao adquirente transparência e segurança e tem como retorno maior velocidade de venda das unidades. Trata-se, sem dúvida, de uma ferramenta de marketing para o incorporador.

5.10.1 Elementos

O *tomador* do SGEO é sempre a incorporadora ou a construtora responsável pela entrega das unidades prontas e acabadas. O tomador, portanto, é quem vende a unidade através de um contrato de compra e venda.

O *segurado* é o conjunto dos adquirentes das unidades do empreendimento, organizados e representados na forma de condomínio nos termos da Lei nº 10.931 (Lei do Patrimônio de Afetação) (Brasil, 2004a).

A *seguradora* é a sociedade de seguros garantidora do cumprimento das obrigações assumidas pelo tomador no contrato de compra e venda (contrato principal).

O *objeto* do SGEO é a construção de edificações ou conjunto de edificações de unidades autônomas, alienadas na planta ou durante a execução da obra, em regime de Patrimônio de Afetação, quando ficar caracterizado o inadimplemento ou a ausência do tomador, entendendo-se por ausência a decretação de falência/insolvência ou requerimento de autofalência/insolvência, ou a dissolução regular ou irregular do tomador pessoa jurídica, ou qualquer outra situação que impeça o tomador de cumprir satisfatoriamente o contrato principal.

O *sinistro*, que é o fato gerador que dá início à pretensão do segurado ao pagamento da indenização pela seguradora, caracteriza-se quando ficar comprovado, alternativamente:

* inadimplemento substancial do tomador em relação às obrigações cobertas pela apólice, após o prazo conferido pelo segurado para a regularização de possível inadimplemento do contrato pelo tomador;
* ausência do tomador (conforme definido anteriormente).

A seguradora ficará *isenta* de responsabilidade apenas na ocorrência das seguintes hipóteses:

* casos fortuitos ou de força maior, nos termos do Código Civil;
* descumprimento das obrigações do tomador decorrente de atos ou fatos de responsabilidade do segurado;
* alteração das obrigações contratuais garantidas pela apólice, que tenham sido acordadas entre segurado e tomador, sem prévia anuência da seguradora; ou
* atos ilícitos dolosos praticados pelo segurado ou por seu representante legal.

Ocorrido o sinistro, a garantia prevista na apólice será prestada de uma das seguintes formas, *sempre de comum acordo entre segurado e seguradora*:

* a seguradora *assume a construção* e a conclui até o limite máximo de garantia, arcando com os custos adicionais razoavelmente incorridos para o término do cumprimento das referidas obrigações, depois de exaurido o saldo dos créditos de que disporia o tomador em face do segurado caso não houvesse ocorrido o sinistro;
* a seguradora paga *indenização* pelos prejuízos decorrentes do inadimplemento do tomador, mediante a *devolução ao segurado das importâncias pagas* ao tomador, observado o limite máximo da garantia constante na apólice.

A escolha entre essas opções será de comum acordo entre segurado e seguradora, mas prevalecerá a primeira alternativa sempre que o valor decorrente da segunda alternativa superar o valor da garantia da apólice. Na prática, a segunda alternativa terá aplicação muito remota. A força do SGEO está justamente no compromisso de a seguradora assumir a construção e terminar a obra no prazo pactuado.

As duas hipóteses se assemelham bastante ao que acontece no regime de Patrimônio de Afetação quando ocorre a falência do incorporador. A diferença é que, com o SGEO, a seguradora é quem se encarrega de assumir a obra ou devolver o dinheiro aos adquirentes, ao passo que no Patrimônio de Afetação puro (sem SGEO) caberá à comissão de representantes decidir os rumos do empreendimento e, se for o caso, proceder à negociação de uma construtora substituta para o término da obra. O fato de esse tipo de negociação nem sempre ser muito fácil já mostra uma das grandes vantagens do SGEO.

O *limite máximo de garantia* (LMG) refere-se ao máximo valor de indenização a ser feito pela seguradora, correspondendo ao custo adicional necessário à conclusão da construção, no que exceder o saldo dos créditos de que disporia o tomador em face do segurado caso não houvesse ocorrido o sinistro.

O valor atribuído a título de LMG é equivalente a 100% do custo de construção estipulado na proposta apresentada pelo tomador para a análise do risco realizada pela seguradora.

5.10.2 Contratação

Para se habilitar ao SGEO, o incorporador deve solicitar ao mercado segurador essa garantia. A maioria das seguradoras não se dispõe a garantir esse risco, mas é fundamental que o incorporador passe a exigir das seguradoras uma atuação mais efetiva na oferta desse produto, visto o mesmo ser homologado pela autarquia que representa o setor (Susep).

Para contratar o SGEO, além de ter a incorporação registrada no regime de Patrimônio de Afetação, a incorporadora precisa usar um *modelo padrão de clausulado pertinente à questão do seguro* no contrato de compra e venda ou o *aditivo ao contrato* de promessa de compra e venda com esse clausulado específico, de modo a ter ferramental jurídico para que a companhia de seguros possa prestar a garantia.

A ideia da padronização do clausulado é garantir que todos os contratos de compra e venda de imóveis em construção contenham a mesma cláusula, válida em todo o território nacional.

5.10.3 Atuação da seguradora

Firmado o SGEO, a seguradora passa a ter um papel de destaque no empreendimento, porque é grande seu interesse em que a obra avance com segurança e dentro do prazo avançado.

Uma das tarefas que fica a cargo da seguradora é o controle técnico da obra.

A seguradora nomeará um controlador técnico, a quem caberá o acompanhamento do projeto e da execução da construção, podendo, entretanto, a própria seguradora, se entender mais conveniente, executar tal acompanhamento por seus próprios meios.

O controlador técnico terá como objetivo acompanhar o andamento dos serviços, de modo a informar à seguradora se eles estão se desenvolvendo de acordo com o cronograma físico e financeiro, bem como se o memorial descritivo está sendo cumprido fielmente.

É facultado ao controlador técnico, observados os regulamentos de segurança da construtora, acesso a todos os sítios da obra, bem como a todos os documentos utilizados pelo tomador. Além de permitir o livre acesso, a construtora também deverá:

- entregar ao controlador técnico ou, na sua falta, à seguradora, até o dia 10 de cada mês, demonstrativo do estado da obra e sua correspondência com os prazos pactuados ou com os recursos financeiros que integrem o Patrimônio

de Afetação recebidos no período, firmados por profissionais habilitados;
- manter e movimentar os recursos financeiros do Patrimônio de Afetação em conta de depósito aberta especificamente para tal fim;
- entregar ao controlador técnico ou, na sua falta, à seguradora, até o dia 10 de cada mês, balancetes mensais relativos ao Patrimônio de Afetação;
- manter escrituração contábil completa, ainda que esteja desobrigada pela legislação tributária.

O que se nota é que a seguradora assume um papel consultivo e fiscalizador contínuo da obra. Ela deixa de ser uma entidade que só é chamada a atuar quando surge um sinistro para ser uma peça presente continuamente na vida da incorporação, acompanhando sua evolução e detectando possíveis focos de problemas futuros. A seguradora precisa, então, estar dotada (normalmente através de empresas terceirizadas) de um corpo de engenheiros, arquitetos e contadores que desempenhem esse trabalho, que não é nada simples.

Para exercer esse papel, a seguradora sub-roga-se os direitos do segurado (adquirentes) contra o tomador (incorporador), ou seja, adquire plenos poderes de atuação em nome dos adquirentes das unidades, não precisando solicitar permissão a cada vez que precisar agir.

Quanto ao prazo de entrega da obra pela seguradora, é preciso levar em consideração que o processo de substituição da construtora inevitavelmente demanda tempo para negociação com a construtora substituta, nova mobilização e retomada dos serviços. Por essa razão, o SGEO estabelece que a substituição do tomador pelo construtor substituto não poderá ultrapassar 180 dias.

O desenrolar da obra se dará então em consonância com as etapas de obra, memoriais descritivos, especificações técnicas e projetos inicialmente elaborados pelo tomador.

O Quadro 5.2 sintetiza as características do SGEO.

Quadro 5.2 Elementos do SGEO

Aspecto	Observação
Tomador	Qualquer incorporadora
Segurado	Conjunto de adquirentes
Objeto	Obrigação de "fazer" do incorporador perante os adquirentes
Sinistro	* Inadimplemento substancial do incorporador em relação às obrigações cobertas pela apólice * Falência do incorporador
Requisito	* Incorporação em regime de Patrimônio de Afetação * Contratos de compra e venda no modelo padrão * Preenchimento de formulário no site da CBIC

Quadro 5.2 (continuação)

Aspecto	Observação
Instrumentos contratuais	* Promessa de compra e venda (modelo padrão) ou aditivo à promessa de compra e venda (caso a incorporadora use contrato com modelo próprio) * Condições contratuais gerais * Condições contratuais específicas * Contrato de contragarantia
Custo	A partir de 0,25% do custo da obra ao ano (0,20% para o PMCMV)
Controlador técnico	Feito pela própria seguradora ou por alguém delegado por ela. Atribuições: * Fiscalizar o andamento dos serviços * Informar a seguradora sobre o cronograma físico-financeiro
Obrigações do tomador	* Entregar ao controlador técnico demonstrativo mensal do estado da obra e sua correspondência com os prazos pactuados ou com os recursos recebidos * Manter e movimentar os recursos financeiros do Patrimônio de Afetação em conta bancária específica * Entregar ao controlador técnico balancetes mensais * Manter escrituração contábil completa
Assunção da obra pela seguradora	* Seguradora designará construtora substituta * Prazo inicial de entrega das unidades pode ser dilatado em até 180 dias

Quer saber mais? Meu livro *Patrimônio de afetação na incorporação imobiliária* (Mattos, 2013) explora o assunto.

5.11 Papel do engenheiro numa arbitragem de Engenharia

Ao mesmo tempo que vejo cada vez mais a arbitragem sendo usada para resolver controvérsias em contratos de construção, percebo que o grande público de engenheiros ainda não sabe como funciona uma arbitragem.

A arbitragem é um método extrajudicial de resolução de conflitos, ou seja, uma forma de pacificação sem que as partes recorram ao Poder Judiciário, e está regulada na Lei nº 9.307 (Brasil, 1996).

Seus principais pontos são indicados no Quadro 5.3.

Onde entra o engenheiro numa arbitragem? Ele pode entrar em vários papéis:

* *Como árbitro*: embora um engenheiro possa ser árbitro, isso não é muito comum quando a arbitragem corre nas principais câmaras brasileiras. Os advogados dominaram as câmaras.
* *Como perito*: se os árbitros entenderem que a matéria em discussão é muito técnica e que precisam de um especialista que os assessore a interpretar os argumentos e tratar com os assistentes técnicos das partes, geralmente eles

Quadro 5.3 Principais aspectos de uma arbitragem

Aspecto	O que diz a lei	Comentários
Árbitro	Pode ser árbitro qualquer pessoa capaz e que tenha a confiança das partes. As partes nomearão um ou mais árbitros, sempre em número ímpar	Não é necessário ser juiz de direito ou advogado. Um engenheiro pode muito bem ser árbitro. Aliás, sua presença num conflito sobre engenharia é até bem-vinda
Instituição da arbitragem	Uma arbitragem pode ser instituída por cláusula compromissória (prevista no contrato) ou compromisso arbitral (convenção através da qual as partes submetem um litígio à arbitragem)	A estipulação em contrato impede que as partes recorram ao Judiciário em paralelo. Muitas vezes as partes já estabelecem que câmara arbitral irão utilizar
Procedimento	O procedimento se assemelha ao judicial: há depoimento das partes e das testemunhas	No caso de obras, é importante que engenheiros da obra sejam ouvidos
Sentença	A sentença arbitral produz os mesmos efeitos da sentença proferida pelos órgãos do Poder Judiciário e, sendo condenatória, constitui título executivo	A parte perdedora não pode se queixar e levar o mesmo caso ao Judiciário. Se o fizer, o juiz tem que homologar a decisão do tribunal arbitral

nomeiam um perito. O perito é obrigado a agir com isenção e parcialidade, devendo emitir um laudo fundamentado com seus achados e conclusões.

* *Como assistente técnico*: cada parte nomeia um assistente técnico. Esse profissional defende os interesses da parte, trazendo argumentos técnicos baseados em projetos, diário de obras, atas, cronogramas, diagramas, tabelas etc.

A Fig. 5.13 mostra onde um engenheiro pode atuar.

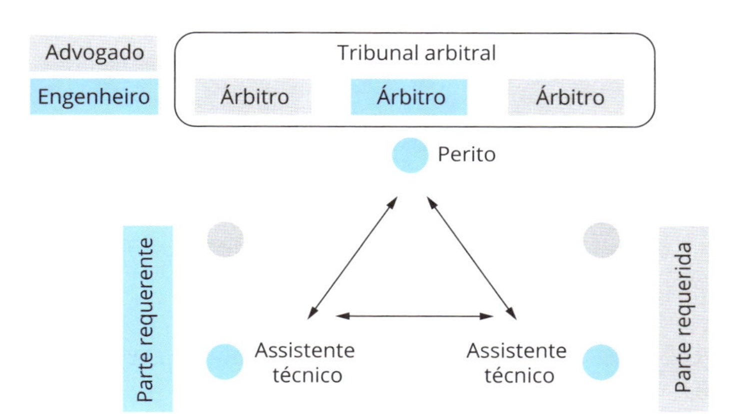

Fig. 5.13 *Possíveis atuações do engenheiro numa arbitragem*

Eu tenho atuado bastante em arbitragem. É um campo promissor. Fique alerta!

5.12 FAIXAS DE BDI DO TCU

A atividade de fiscalização do Tribunal de Contas da União (TCU) é denominada *controle externo*, em oposição ao controle interno feito pelo próprio órgão sobre seus próprios gastos. Seu objetivo é garantir que o dinheiro público seja utilizado de forma eficiente, atendendo aos interesses públicos. Apesar de o nome do tribunal sugerir tratar-se de um órgão do Poder Judiciário, o TCU está administrativamente enquadrado no Poder Legislativo.

Estabelecer faixas de aceitação de BDI em contratos de construção tem sido objeto de preocupação desse tribunal há alguns anos. No Acórdão nº 2.622 (TCU, 2013), foram definidos novos valores máximos, mínimos e medianos para taxas de BDI de obras públicas. Esses percentuais variam conforme o tipo de obra e as condições de execução/fornecimento, passando a servir de referência para a análise de orçamentos pelo tribunal, em substituição aos parâmetros expressos nos Acórdãos nº 325 (TCU, 2007) e nº 2.369 (TCU, 2011). Acórdão (a sílaba tônica é *cór*) é uma decisão do órgão colegiado de um tribunal.

Segundo informa o TCU, os novos parâmetros são provenientes de um estudo estatístico feito em 529 contratos de obra, englobando edificações, estradas, ferrovias, sistemas de saneamento básico, linhas de transmissão de energia, barragens, canais, aeroportos e portos. O TCU preocupou-se em incluir na amostragem obras com valores inferiores a R$ 1,5 milhão e superiores a R$ 150 milhões.

5.12.1 BDI por tipo de obra

As faixas de BDI estabelecidas pelo Acórdão nº 2.622 são mostradas na Tab. 5.9.

Tab. 5.9 Valores do BDI por tipo de obra

Tipo de obra	1º quartil (%)	Médio (%)	3º quartil (%)
Construção de edifícios	20,34	22,12	25,00
Construção de rodovias e ferrovias	19,60	20,97	24,23
Construção de redes de abastecimento de água, coleta de esgoto e construções correlatas	20,76	24,18	26,44
Construção e manutenção de estações e redes de distribuição de energia elétrica	24,00	25,84	27,86
Obras portuárias, marítimas e fluviais	22,80	27,48	30,95

Relembrando estatística descritiva, quartil é qualquer um dos três valores que divide o conjunto ordenado de dados em quatro partes iguais, e, assim, cada parte representa um quarto da amostra ou população. Tendo uma série de dados, coloque-os em ordem crescente e corte a amostra em quatro partes iguais – os quartis são esses "cortes". Por exemplo, na amostra 1, 3, 3, 4, 5, 6, 6, 7, 8, 8, 11 o 2° quartil (mediana ou percentil 50) está no elemento do meio da série (6), o 1° quartil (percentil 25) está no meio da metade inferior (3), e o 3° quartil (percentil 75) está no meio da metade superior (8) (Fig. 5.14).

Conclui-se que, ao definir o 1° e o 3° quartis como limites de aceitação do BDI, o TCU exclui da faixa praticamente metade dos valores de BDI amostrados. Com relação aos valores de BDI mais altos, notamos que um quarto deles é descartado na faixa.

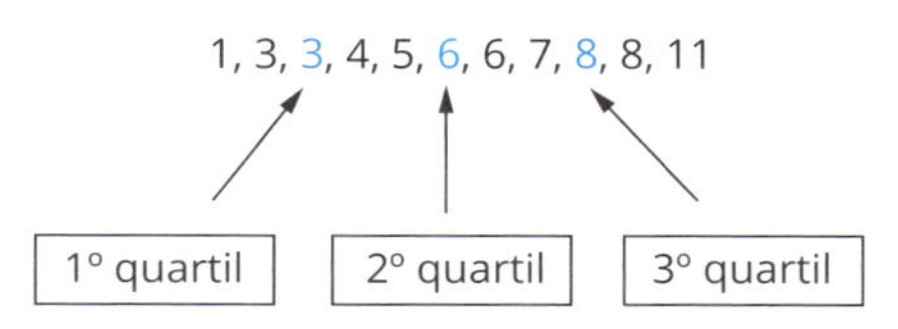

Fig. 5.14 *Definição de quartis*

Se as obras amostradas eram presumivelmente obras públicas válidas e lícitas, como explicar que um quarto delas "fure" a faixa estabelecida? A resposta é que esses BDIs altos foram descartados para criar um intervalo de aceitação automática. BDIs fora desses limites têm que ter justificativa fundamentada, mas aí entra em cena outro fator: quem é que vai se arriscar a justificar BDI fora da faixa? A meu ver, quartil não seria a melhor "quebra"; talvez o percentil 90 fosse mais plausível.

5.12.2 Desvinculação do BDI do preço global da obra

Outro ponto que merece atenção é que a faixa de BDI do TCU *não leva em conta o porte da obra*. Em outras palavras, o BDI tido como aceitável é independente do valor do contrato. De experiência digo que não é bem assim. O BDI tende a ser maior percentualmente numa obra pequena do que numa obra grande. Imagine duas obras similares (duas escolas, por exemplo), sendo que uma tem um padrão de acabamento alto e a outra, baixo. A equipe de supervisão, gerenciamento e apoio será similar, as despesas do canteiro serão equivalentes, a lucratividade etc. Quando esse custo indireto praticamente igual for dividido pelo custo direto (este bem maior em uma obra do que na outra), o BDI levará a valores distintos.

A lógica da Engenharia de Custos é que o BDI varie, sim, em função do custo direto total e consequentemente em função do preço global da obra. Não nos foi possível aferir a tabulação de dados das obras amostradas pelo TCU, mas teria sido importante aferir essa correlação. Eu trato disso em meu livro *Como preparar orçamentos de obras* (Mattos, 2019) e inclusive apresento valores recomendados pelo Programa de Qualidade das Obras Públicas da Bahia (Qualiop) a partir de orçamentos feitos para obras pequenas. Pegue seus orçamentos, leitor, e cheque você mesmo se há relação entre BDI e custo da obra. É um bom exercício.

Será que o TCU não detectou variação do BDI em função do porte da obra pelo fato de grande parte do BDI de obras públicas não ser efetivamente calculado, e sim arbitrado subjetivamente? Ou talvez porque muitos construtores nem sequer componham o BDI, limitando-se a adotar um percentual "mágico" para todos os casos.

5.12.3 BDI para fornecimento

Aspecto importante do Acórdão nº 2.622 é a adoção de faixas referenciais de BDI diferenciado especificamente para o *fornecimento de materiais e equipamentos relevantes de natureza específica*, como é o caso de materiais betuminosos para obras rodoviárias, tubos de ferro fundido ou PVC para obras de abastecimento de água, elevadores e escadas rolantes para obras aeroportuárias, entre outros, que, segundo o TCU, demandam a incidência de taxa de BDI própria, inferior à aplicável aos demais itens da obra.

A Tab. 5.10 mostra a faixa de BDI para itens de mero fornecimento de materiais e equipamentos.

Tab. 5.10 BDI para fornecimento

BDI	1º quartil (%)	Médio (%)	3º quartil (%)
BDI para itens de mero fornecimento de materiais e equipamentos	11,10	14,02	16,80

O que o TCU está buscando com essa inovação de BDI para fornecimento é que o construtor apresente preços menores para itens de "mero fornecimento".

Confesso que procurei na literatura nacional e estrangeira alguma regra de BDI diferenciado e não achei. É mais uma invenção brasileira. Eu particularmente acho esse conceito esdrúxulo por dois motivos:

* Os referidos itens *não correspondem a uma mera venda do construtor ao contratante*. Embora sejam insumos relevantes, de alto custo, eles continuam sendo insumos de construção, que requerem gerenciamento da compra, descarga, armazenamento, transporte interno e aplicação no serviço. O construtor não é um vendedor de balcão, mas um transformador de bens, um provedor de

serviços. Não consigo perceber na prática qual a função de se dissociar o tubo de esgoto da fechadura da porta.

* *Nenhum orçamentista vai orçar a obra usando um BDI para serviços e outro BDI para fornecimento de alguns itens*, porque simplesmente não sabe de antemão qual é o BDI a se utilizar. O BDI é algo que o orçamentista obtém como subproduto do orçamento, não como dado de entrada. Ele só aparece no final do orçamento, quando se têm o custo direto, o custo indireto, os custos acessórios, os impostos e o lucro. Orça-se a obra toda e ao final se chega ao BDI (único). Como, então, orçar com dois BDIs? Não dá.

Essa inovação de BDI para fornecimento apenas induz o construtor a ter que fazer a boa e velha "conta de chegada". Orça a obra toda e depois sai fazendo aritmética para mostrar o tal BDI para fornecimento nos limites regulamentares. Isso para mim não é Engenharia de Custos, é invenção.

5.12.4 Administração local

O Acórdão nº 2.622 estabelece também faixas de adequabilidade da *administração local*, como percentuais inseridos no custo direto (Tab. 5.11).

Tab. 5.11 Percentuais de administração local inseridos no custo direto

Administração local	1º quartil (%)	Médio (%)	3º quartil (%)
Construção de edifícios	3,49	6,23	8,87
Construção de rodovias e ferrovias	1,98	6,99	10,68
Construção de redes de abastecimento de água, coleta de esgoto e construções correlatas	4,13	7,64	10,89
Construção e manutenção de estações e redes de distribuição de energia elétrica	1,85	5,05	7,45
Obras portuárias, marítimas e fluviais	6,23	7,48	9,09

O texto do acórdão parece confuso. Todavia, é tudo uma questão de semântica. O que o TCU (2013, p. 3, grifo nosso) recomenda é "discriminar os custos de administração local, canteiro de obras e mobilização e desmobilização *na planilha orçamentária de custos diretos*, por serem passíveis de identificação, mensuração e discriminação, bem como sujeitos a controle, medição e pagamento individualizado por parte da Administração Pública".

Nota-se, portanto, que as faixas de BDI recomendadas pelo TCU pressupõem que administração local, canteiro de obras e mobilização/desmobilização sejam itens da planilha de preços, e não parcelas integrantes do BDI.

5.12.5 Demais parâmetros

O Acórdão nº 2.622 estabelece ainda faixas para administração central, seguro + garantia, risco, despesa financeira e lucro.

Recomendo a leitura dos livros de Baeta (2012) e Mendes (2013), assim como a sensata análise de Rocha (2013).

seis

Gestão de custos

6.1 Importância do arranjo do canteiro

O planejamento do canteiro de obras é uma atividade importante que precede o início dos serviços de construção propriamente dita e visa a obter a melhor utilização do espaço físico disponível para possibilitar que pessoas e equipamentos trabalhem com segurança e eficiência. Ele deve ser coordenado pelo gerente técnico da obra, com participação do mestre de obras e dos principais subempreiteiros.

O arranjo do canteiro – usa-se também a palavra inglesa *layout* e o pavoroso termo aportuguesado *leiaute* – deve promover operações eficientes e seguras e manter elevado nível de movimentação de pessoal e máquinas, minimizar distâncias de viagem e tempos de movimentação, bem como evitar obstruções aos deslocamentos.

O arranjo do canteiro não pode ser definido na hora em que a obra está sendo mobilizada e sem qualquer planejamento anterior. Sua relevância para o suporte de todas as atividades produtivas indica que ele tem influência direta na dinâmica da obra e na funcionalidade das operações de campo.

A ausência de planejamento do canteiro leva a problemas de entrada e saída de mercadorias (carga e descarga), aumento de distâncias de movimentação, interferência entre fluxos de serviço e interrupções desnecessárias de serviço. Se ampliarmos a abrangência do estudo do canteiro para o dimensionamento dos equipamentos de apoio, como gruas e cremalheiras, veremos que uma análise deficiente fatalmente levará a gargalos de produção e ociosidade ou insuficiência dos equipamentos.

Quanto à tipologia, os canteiros podem ser divididos em três grandes grupos, indicados na Fig. 6.1.

Um canteiro de obras pode conter as instalações mostradas na Fig. 6.2.

A depender do tipo e do porte da obra, a lista pode incluir muitos outros itens, como estacionamento de ônibus, estação de tratamento de água/efluentes, paiol,

Restrito	Amplo	Linear
• A construção ocupa a maior parte do terreno • Acessos restritos • *Exemplos: edifícios em terrenos confinados, reformas*	• A construção ocupa pequena parcela do terreno • Acessos disponíveis • Espaço para armazenamento • *Exemplos: edifícios em terrenos grandes, hidrelétricas*	• Restrito a uma dimensão • Possibilidade de acesso em poucos pontos • *Exemplo: ferrovia*

Fig. 6.1 *Tipologia dos canteiros de obra*

Portaria/guarita	Escritórios	Almoxarifado	Pátio para depósito	Ferramentaria
Baias para areia e brita	Central de concreto (usina)	Central de pré-moldado	Central de britagem	Central de fôrma
Central de armação	Oficina mecânica	Posto de lavagem de equipamentos	Alojamento	Refeitório
Ambulatório	Sanitários portáteis	Área de lazer	Lavanderia	Equipamentos fixos de movimentação de carga

Fig. 6.2 *Instalações de um canteiro de obras*

laboratório, posto de abastecimento, balança, viveiro e jazidas.

O arranjo do canteiro depende de alguns fatores, cuja análise permite ao engenheiro posicionar de maneira mais racional as diversas estruturas componentes do canteiro e dimensionar corretamente a área de cada uma delas. Para o desenho do canteiro, os principais fatores a considerar são: programa de necessidades, definições técnicas, condicionantes do terreno, cronograma e histograma (Fig. 6.3).

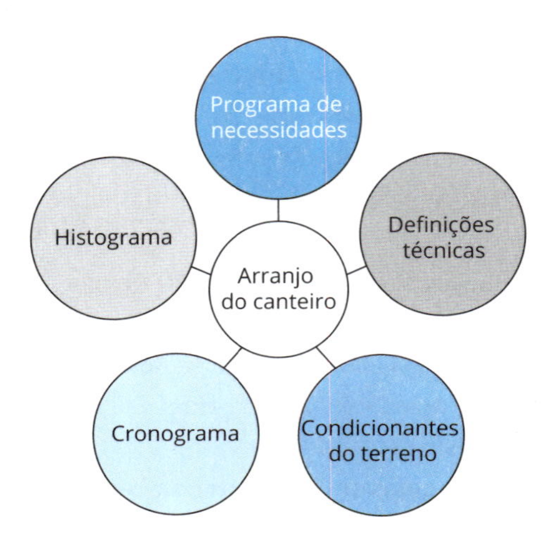

Fig. 6.3 *Fatores que influem no arranjo do canteiro*

6.1.1 Programa de necessidades

O programa de necessidades representa os requisitos necessários ao canteiro da obra em estudo. Nessa etapa identificam-se todos os elementos constitutivos do canteiro e estima-se a área aproximada de cada um.

6.1.2 Definições técnicas

O *layout* do canteiro só será perfeito se o projetista levar em consideração a metodologia executiva dos serviços, que representa estudar a área de produção, o armazenamento e a circulação. Assim, se a obra terá estacas pré-moldadas, por exemplo, é necessário prever onde e como armazená-las e por onde dar acesso ao bate-estacas.

Igualmente importante é saber se o concreto será fabricado na obra – o que significa destinar uma área para betoneira ou central de concreto – ou comprado usinado; quanto à alvenaria, o tipo (convencional × estrutural) terá implicações no arranjo do canteiro, porque blocos de concreto poderão ser moldados no próprio canteiro.

Por fim, equipamentos de movimentação de carga, como gruas, guindastes, cremalheiras e elevadores de carga, precisam ter sua posição predefinida.

6.1.3 Condicionantes do terreno

O arranjo do canteiro é impactado por elementos externos ao local da obra, como a localização de árvores na calçada, a passagem de rede de alta tensão em frente ao terreno, a quantidade de ruas margeando o local da obra, o sentido do trânsito, a preexistência de rede de esgoto etc.

Quanto ao terreno em si, os fatores importantes que impactam o arranjo do canteiro são árvores preexistentes, desníveis, edificações a serem demolidas e o formato do terreno. Deve-se ter atenção para garantir o raio de curva para caminhões e espaço para manobras dentro e fora da obra.

6.1.4 Cronograma

A elaboração do arranjo geral do canteiro requer consulta ao cronograma físico da obra, uma vez que é normal a existência de interferência entre as operações de campo e as edificações do canteiro. Por exemplo, pode ocorrer uma situação de retardamento da execução de trechos de paredes, rampas e lajes para viabilizar a implantação do canteiro.

O cronograma permite também detectar se algumas operações são simultâneas ou sequenciais. No primeiro caso, haverá simultaneidade no estoque de materiais; no segundo, não.

6.1.5 Histograma

Sobretudo para fins de dimensionamento das instalações, deve ser estimado o número de operários no canteiro em três etapas da obra:

* *início da obra*: o arranjo nessa fase pode não contar com todos os elementos – o importante aqui é definir a estrutura mínima requerida para os serviços iniciais;
* *pico da obra*: nessa fase atinge-se a maior quantidade de operários;
* *final da obra*: estágio de desmobilização do canteiro.

O histograma de mão de obra é um subproduto do planejamento da obra. Como muitas vezes o projeto do canteiro é feito antes de o planejamento detalhado estar concluído, é preciso trabalhar com um planejamento mais simples, um cronograma de barras dos grandes grupos de serviço.

6.1.6 NR 18

A norma regulamentadora NR 18 ("Condições e meio ambiente de trabalho na indústria da construção") estabelece diretrizes de ordem administrativa, de planejamento e de organização, que objetivam a implementação de medidas de controle e sistemas preventivos de segurança nos processos, nas condições e no meio ambiente de trabalho na indústria da construção.

O projetista do canteiro não pode de forma alguma desconhecer o que a NR 18 disciplina em termos de área de vivência, carpintaria, armações de aço, estruturas de concreto e movimentação e transporte de materiais e pessoas, entre muitas outras coisas.

6.1.7 Terrenos amplos × terrenos estreitos

Em terrenos amplos, onde espaço não é problema, a implantação do canteiro de obras é mais fácil do que em terrenos estreitos e confinados. Os diversos elementos do canteiro podem ser projetados lado a lado, com vias de circulação entre eles. Os escritórios (barracões ou contêineres) e os depósitos geralmente são pequenas construções térreas dissociadas da edificação principal a ser erigida.

Já nos terrenos estreitos, confinados, de formato comprido e com pouca largura, ou em L, ou ainda de difícil acesso pela rua limítrofe do terreno, costuma-se destinar os pavimentos inferiores da edificação como estruturas administrativas e de depósito. É por essa razão que o importante é "soltar" logo o prédio (fundações e superestrutura). Pode-se, então, construir barracões provisórios somente para cobrir o intervalo de tempo entre a mobilização da obra e a liberação dos primeiros pavimentos para ocupação.

É imprescindível que, se o estudo da obra indicar a utilização de lajes como depósito de material, o calculista da obra leve isso em consideração no dimensionamento da estrutura de concreto armado.

Outros terrenos de forma mais ingrata às vezes demandam a utilização de canteiros externos, alugados de terceiros. Muitos estádios da Copa se valeram de áreas externas para a instalação de centrais de produção (usina de concreto, central de pré-moldados etc.).

Regras de ouro no planejamento de canteiros

- Sempre ataque primeiro a fronteira mais difícil.
- Crie espaços utilizáveis no nível térreo ou próximo a ele o quanto antes possível.
- Pergunte-se sempre se há duplo manuseio de materiais (esse é um dreno de dinheiro!). Por exemplo: descarga do caminhão no chão + transporte até estoque intermediário + transporte até estoque final.

6.2 Sistema de gerenciamento de armazéns

Adicionalmente ao arranjo do canteiro, que é o estudo da disposição espacial dos diversos elementos do canteiro – acessos, edificações provisórias, locais de armazenamento etc. –, a equipe gestora da obra deve também pensar na *logística da construção*.

Por *logística* entende-se o processo de planejamento, implementação e controle do fluxo eficiente e economicamente eficaz de matérias-primas, estoque em processo, produtos acabados e informações relativas desde o ponto de origem até o ponto de consumo, com o propósito de atender às exigências do cliente (definição do Council of Supply Chain Management Professionals – CSCMP, 2013).

Logística é, portanto, o ramo da gestão cujas atividades estão voltadas para o planejamento do recebimento, armazenagem, circulação e distribuição de produtos. Seu objetivo é conseguir criar mecanismos para entregar os produtos no destino final no tempo mais curto possível, reduzindo-se então os custos. Para isso, os especialistas em logística estudam rotas de circulação, meios de transportes, locais e métodos de armazenagem, entre outros aspectos. Pode-se dizer que logística é a aplicação pura da Engenharia de Produção à construção civil. A palavra que dá origem à palavra já diz tudo: *lógica*.

A logística é tão importante em uma fábrica quanto em uma obra, apesar de o canteiro de obras funcionar de modo diferente de uma fábrica. Enquanto nesta o operário é fixo e o material é móvel (linha de montagem), na construção se dá justamente o oposto: o operário move-se constantemente, ficando o produto final fixo no lugar.

6.2.1 *Warehouse management system* (WMS)

No bojo desse assunto, gostaria de abordar com mais profundidade o chamado *sistema de gerenciamento de armazém* (ou *warehouse management system*, WMS), enfocando o que acontece da porta da obra para dentro.

> Não conheço sua obra, mas aposto que você lida ou já lidou com: fila de caminhões para descarregar mercadorias; almoxarifado desorganizado, porque o arranjo do armazenamento (fileiras, ordem) é decidido pelo almoxarife; lotes rejeitados por expiração de prazo; perda de material na descarga, no armazenamento e na distribuição.

Pois foi pensando nisso tudo que o WMS surgiu. Trata-se de uma tecnologia utilizada para integrar e processar as informações de localização das mercadorias, controlar a utilização da capacidade de mão de obra, planejar detalhada e minuciosamente os níveis de estoque e gerenciar processos de inventário, valendo-se de códigos de barras (ou RFID) e coletores de dados. A estrutura do WMS aplicado à construção civil é mostrada na Fig. 6.4.

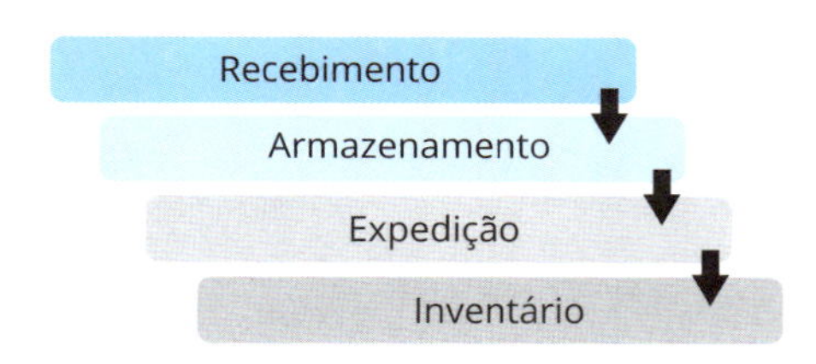

Fig. 6.4 *Estrutura do WMS*

Recebimento

Na primeira fase do WMS, a tecnologia é aplicada para o recebimento dos caminhões. A primeira providência é gerenciar o *horário das entregas*. Estranha-me notar que em muitas obras os caminhões chegam quase ao mesmo tempo. Com o WMS, controla-se a entrega dos diversos fornecedores. É óbvio que isso não elimina filas, pois há engarrafamentos e atrasos, mas já é um avanço.

Outro aspecto do recebimento é a *descarga*. A depender da localização da obra e da geometria do terreno, os métodos podem variar. Entretanto, prefira sempre trabalhar com paletes. Sua padronização dimensional otimiza muito a descarga e o armazenamento, e seu manuseio com uma empilhadeira é fácil e prático (o aluguel de uma empilhadeira pode ter o mesmo custo de três serventes, faça as contas!). Além disso, em muitas obras a empilhadeira descarrega um caminhão de 12 paletes em muito menos tempo do que uma grua.

Em seguida, o WMS usa a chamada *conferência cega* (não confundir com conferência às cegas). Enquanto nas obras normalmente quem recebe a mercadoria confere a nota fiscal com o conteúdo do caminhão, na conferência cega o conferente (que pode ser o próprio operador da empilhadeira) digita no coletor de dados a quantidade de itens recebidos. O sistema compara esse valor com o pedido e, havendo divergência, a liberação precisa da autorização de um gestor superior. Somente se a descarga for liberada o controle financeiro será acionado.

Ainda nessa etapa, o conferente ou outra pessoa aplica etiquetas com código de barras aos paletes (Fig. 6.5).

Armazenamento

Na segunda fase do WMS, a tecnologia é aplicada para a localização precisa de cada produto no *almoxarifado*. Antes, há que se fazer um *projeto de almoxarifado*, com ruas (alas) bem definidas e numeradas. Pelo coletor de dados, o pessoal sabe exatamente onde estocar cada produto, e o sistema computa aquilo que está estocado (origem, data, local, quantidade).

FIG. 6.5 *Codificação dos paletes*
Fonte: Ricardo Paes.

Nessa gestão do almoxarifado é importante verificar quais paletes devem ser utilizados primeiro na obra, pois há questões ligadas a prazo de validade. O WMS também ajuda a monitorar isso. Há produtos que devem obedecer à regra FIFO (o primeiro que entrou é o primeiro a sair) e outros, à regra FEFO (o primeiro a expirar é o primeiro a sair) (Fig. 6.6).

Por exemplo, se a obra recebeu sacos de cimento de uma obra vizinha, é preciso verificar as datas de expiração. Aqueles que estiverem mais perto do prazo de validade têm prioridade para sair primeiro (FEFO).

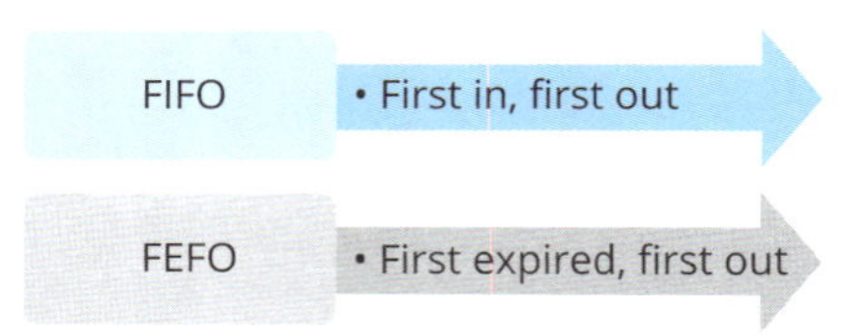

FIG. 6.6 *Regras FIFO e FEFO*

Expedição

Na terceira fase do WMS, a tecnologia é aplicada para a remessa de produtos do almoxarifado para as frentes de produção. Só pode sair do estoque aquilo que foi pedido. Operacionalmente, o operário "aperta a pistola" no código de barras do produto e depois faz o mesmo no local de entrega (andar, pilar, cômodo, torre). Isso cria uma vinculação entre origem e destino de cada material, permitindo gerenciar perdas por andar, por equipe etc.

> Atenção deve ser dada à questão de lotes de cerâmica, por exemplo. Como cada fornada do fabricante produz uma tonalidade diferente, o WMS ajuda a garantir que uma determinada área receba produtos do mesmo lote.

Inventário

Na quarta fase do WMS, a tecnologia é aplicada para o controle do estoque (inventário). De acordo com as premissas da equipe gestora ou da política da empresa, a cada intervalo de tempo é preciso fazer um balanço do que entrou, do que saiu e do que ainda está armazenado. Essa conta tem que fechar.

Na prática, o que as construtoras fazem é definir, a partir da curva ABC de insumos, quais os produtos que devem ser inventariados mensalmente, semestralmente ou anualmente. É tudo uma questão de gerenciamento.

6.3 Como apurar o resultado da obra e do empreendimento

Tenho visto certa confusão com os termos *lucratividade* e *rentabilidade*, tão citados quando se deseja exprimir em números o resultado de uma obra ou de um empreendimento.

É bastante comum encontrar profissionais falando sobre a rentabilidade de seu negócio, quando na verdade estão se referindo à lucratividade e vice-versa. Também em jornais e revistas vemos a utilização indistinta das duas palavras. Embora haja alguma relação entre os dois termos, eles se referem a coisas diferentes e representam formas distintas de se traduzir quão bem (ou mal) o negócio foi conduzido do ponto de vista do dinheiro.

6.3.1 Lucratividade

Por *lucratividade* entende-se a relação entre o lucro líquido do empreendimento (ou da empresa) e a receita obtida (o valor geral de vendas, VGV). Matematicamente:

$$\text{Lucratividade} = \frac{\text{Lucro}}{\text{Receita}}$$

Nessa expressão, é importante definir o que é lucro. De forma simples, lucro é o que sobra da receita de vendas ao se deduzir o custo (despesas e impostos). Lucro é dinheiro (valor absoluto), lucratividade é percentual (valor relativo).

Lucro	R$
Lucratividade	%

A lucratividade indica o ganho obtido sobre as vendas realizadas. Ela representa quanto do faturamento do empreendimento fica disponível no final das contas. Por ser um percentual, e não um número, é um parâmetro que permite a comparação de empresas e negócios distintos. No mercado imobiliário a lucratividade tem mais importância como informação do que a rentabilidade, pois toma como referência o VGV, que é um montante conhecido.

6.3.2 Rentabilidade

Por *rentabilidade* entende-se a relação entre o lucro líquido do empreendimento (ou da empresa) e o capital investido. Matematicamente:

$$\text{Rentabilidade} = \frac{\text{Lucro}}{\text{Capital investido}}$$

A rentabilidade indica quanto do dinheiro investido no negócio está se transformando em lucro, ou seja, quanto está rendendo o dinheiro que o empreendedor aplicou no negócio.

É com a rentabilidade obtida que o empresário responderá à seguinte pergunta: *não seria melhor deixar o dinheiro rendendo no banco?*

Lucro	R$
Rentabilidade	%

Ao compararmos as duas grandezas, damo-nos conta de que, enquanto a lucratividade demonstra os ganhos do negócio em função do faturamento, a rentabilidade nos diz qual é o retorno sobre o investimento que foi feito na empresa. Pela natureza das equações, a rentabilidade é sempre maior do que a lucratividade, pois decorre da divisão por um denominador menor.

Vejamos o exemplo de um empreendimento de construção de um edifício residencial com as cifras hipotéticas mostradas na Tab. 6.1. Como apurar o resultado? Como avaliar o desempenho das equipes?

Tab. 6.1 Custos do empreendimento

Item	Custo (R$)
Compra do terreno	2.000
Elaboração dos projetos	1.000
Materiais de construção	6.000
Mão de obra	4.000
Despesas de administração e marketing	1.000
Venda das unidades	24.000
Comissão de vendas (sobre a venda)	1.440
Impostos (sobre a venda)	1.440

Diante do que expusemos, podemos definir várias formas de avaliar o resultado, dependendo do ângulo que se quer dar. Antes, porém, rearranjemos as contas (*maldita mania que as pessoas têm de misturar alhos com bugalhos...*) (Tab. 6.2).

a) *Lucratividade*
   - ◊ Relação entre o lucro e a receita.
   - ◊ Lucro é o valor que sobra no final: 24.000 – (4.000 + 10.000 + 2.880) = 7.120.
   - ◊ Lucratividade: 7.120/24.000 = 29,7%.

b) *Rentabilidade*

◊ Relação entre o lucro e o capital investido.

◊ Capital investido: 4.000 + 10.000 + 2.880 = 16.880.

◊ Rentabilidade: 7.120/16.880 = 42,2%.

Tab. 6.2 Rearranjo das contas do empreendimento

Família	Item	Custo (R$)	Subtotal (R$)
Custos de incorporação	Compra do terreno	2.000	4.000
	Elaboração dos projetos	1.000	
	Despesas de marketing	1.000	
Custos de construção	Materiais de construção	6.000	10.000
	Mão de obra	4.000	
Custos de comercialização	Comissão de vendas (sobre a venda)	1.440	2.880
	Impostos (sobre a venda)	1.440	
Receita das vendas			24.000

Importante: partimos da premissa de que as comissões de venda foram pagas pelo incorporador. Isso depende da prática da região. Se as comissões forem arcadas pelo comprador, então essa parcela não entra nos cálculos. Em São Paulo, por exemplo, quem paga a comissão do corretor de imóveis é o comprador e, portanto, não é despesa da incorporação. Em outros Estados o corretor emite nota fiscal para a construtora, que, nesse caso, precisa contabilizar a corretagem como despesa.

Por fim, uma crítica minha à forma de atuação das empresas. Há construtoras/incorporadoras que costumam distribuir bônus às equipes em função do resultado do empreendimento como um todo. Particularmente acho essa forma equivocada, porque não obedece ao que costumo chamar de regra da responsabilidade. A meu ver, a equipe da obra tem que ser avaliada pelo *custo da obra*, separado dos demais custos de incorporação e de comercialização, simplesmente porque essa equipe não tem como atuar nessas outras esferas. Pensando em meus colegas de obra, o mais justo é atrelar o pagamento de prêmios à observância ao orçamento da obra, e não do empreendimento como um todo.

6.4 Onde ocorrem as perdas

É comum ouvirmos gente proferindo sentenças apocalípticas do tipo "a construção civil desperdiça um prédio a cada três prédios que são construídos", ou teorizando que "numa obra compra-se tudo 10% a mais por causa das perdas" etc. Sem querer entrar no rigor técnico de derrubar essas falácias do dia a dia, nosso enfoque é sobre as *perdas* que inevitavelmente ocorrem nas obras.

O conceito de perda é bastante abrangente. Para um leigo, perda equivale a desperdício, a resíduo que pode ser descartado ao final da operação. Essa definição é a que prevalece na cabeça de muitas pessoas, porque se baseia em um conceito visual. É como se perda fosse sinônimo de entulho.

Em nosso meio técnico, contudo, a definição de perda precisa levar em conta o conceito de bem de produção. Uma perda ocorre quando *se utiliza uma quantidade maior do que a necessária de um dado insumo*. Ela é toda quantidade de insumo consumida além da quantidade teoricamente necessária (calculada a partir do projeto ou de informações do fabricante). É um conceito econômico, que tem a ver com eficiência.

Por essa razão, perdas ocorrem não somente com materiais, mas também com mão de obra e equipamento (Fig. 6.7).

6.4.1 Perdas de material

As perdas de material são as mais fáceis de visualizar porque muitas vezes deixam rastro: o entulho gerado no emboço de uma parede, pedaços de blocos quebrados, tocos de barras de aço, sobras de madeira e areia que se mistura ao solo da obra. E há também os furtos.

Entretanto, há um tipo de perda que "come" dinheiro sem deixar resíduos. É a chamada *perda incorporada*. É o caso de peças de concreto moldadas com dimensões maiores do que as especificadas no projeto. Basta pensar numa laje projetada para ter 10 cm de espessura, mas que é concretada com 11 cm. Embora ao final da concretagem nenhum desperdício seja visível, essa laje consumiu 10% mais concreto do que deveria ter consumido (esse mesmo centímetro adicional representaria 25% a mais em uma laje de 8 cm!).

Mas de onde surgem esses desvios de espessura? Do controle deficiente em campo. A ausência de tirantes intermediários na fôrma de um pilar longo, por exemplo, pode causar o "embarrigamento" da fôrma, com o consequente aumento do volume de concreto para preencher o espaço. O leitor já viu parede fora de prumo? Eu já. E o pior é que, quando o engenheiro se dá conta disso, o pedreiro vem com a famosa frase que me dá náuseas: "na massa a gente tira". Ora, ele pode até estar se esforçando para corrigir o defeito do levante da parede, mas certamente ninguém orçou o consumo de argamassa com essa espessura toda...

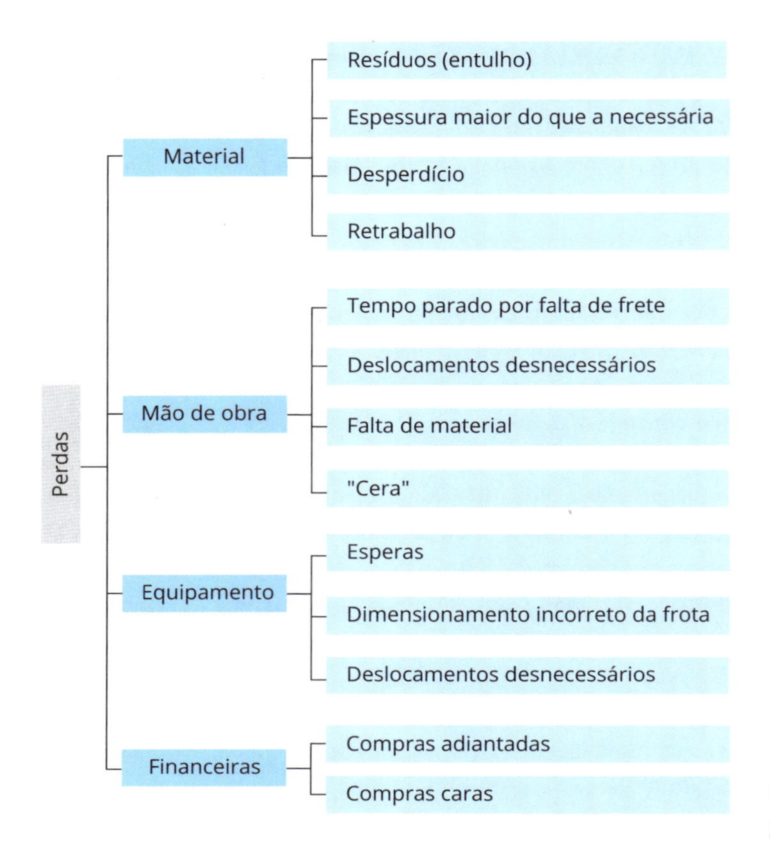

Fig. 6.7 *Fonte de perdas*

Como se minimizam essas perdas? Melhorando treinamento, aprendendo com lições de outras obras, aprimorando o controle da qualidade no campo e fazendo conta. Paginação de paredes, distribuição de materiais em paletes, estocagem correta e transporte interno em equipamentos adequados (há sempre um tijolinho que teima em cair do carrinho de mão) são apenas algumas boas práticas que podem amenizar as perdas.

A simples divisão da quantidade efetivamente consumida pela quantidade teórica revela o percentual de perdas. O importante é não ficar "chorando sobre o leite derramado", e sim evitar que "o leite derrame" na operação seguinte.

6.4.2 Perdas de mão de obra

As perdas de mão de obra estão diretamente associadas à gestão da produção. O engenheiro pode ter um papel decisivo no controle dessa perda, que não é tão imediatamente detectada.

Uma manifestação de perda de mão de obra mais visível é a ociosidade, ou seja, os momentos em que o operário não está agindo produtivamente. Muita ociosidade facilmente observável representa quase sempre uma equipe inchada de ajudantes. Pode-se tentar transferir um ou dois deles para outras frentes e observar se a produtividade do oficial (pedreiro, carpinteiro, armador, eletricista) se mantém no mesmo patamar. Essa é até uma forma de aferir se a composição de custos do orçamento estava bem calibrada.

Outro fator de consumo anormal de horas se dá quando há falta de material. Esse é um erro crasso de produção/suprimento. Basta imaginar o custo de uma equipe de seis a oito pessoas sentadas no chão aguardando argamassa ou azulejo no décimo andar de um edifício. Quem paga isso?

Mas há também o desperdício oculto. Uma praça de trabalho em que todo mundo está ocupado não necessariamente significa uma praça de trabalho ideal. Pode ser que muitos desses trabalhadores estejam empenhados em deslocamentos desnecessários, seja porque os pontos de descarga e armazenamento ficam muito distantes, seja porque a logística interna está ruim, por exemplo. Lembre-se de que rever periodicamente o arranjo do canteiro pode reduzir distâncias.

Outra fonte de perda de hora é a localização de sanitários, refeitórios e relógio de ponto. Vale a pena dedicar algum tempo a melhorar a posição desses elementos no canteiro de obras.

6.4.3 Perdas de equipamento

As perdas de equipamento são similares às de mão de obra. A manifestação mais comum são as *esperas* de caminhão na fila da escavadeira ou da carregadeira, porém ocorre também o inverso: escavadeira/carregadeira esperando caminhões. Isso tem origem no dimensionamento incorreto da proporção entre os equipamentos, seja porque o tempo de ciclo foi mal calculado, seja porque caminhões estão atendendo simultaneamente a mais de um equipamento de carga e estão sendo mal orientados pelos encarregados.

No caso de um guindaste, por exemplo, há perda inevitável em dias de fortes ventos, quando o guindaste obrigatoriamente tem que ficar parado.

6.4.4 Perdas financeiras

As perdas financeiras surgem de estratégias comerciais equivocadas. A primeira delas é manter altos volumes de bens em *estoque*. Estoque cheio não é sinal de boa providência, é sinal de má gestão de compras, porque significa que houve comprometimento de dinheiro antes da obra, privando a construtora de recursos para outros negócios, investimentos, aplicações bancárias etc. (Já ouviu falar da técnica *just in time*? Ela preconiza que o ideal é que o fornecedor entregue a mercadoria justamente na hora da aplicação, praticamente zerando os estoques.)

Outro erro advém de compras a menor. Quando o construtor se dá conta de que é necessário fazer um pedido complementar, via de regra esse segundo pedido tem preço unitário mais alto.

6.4.5 Indicadores

O que realmente é necessário nas obras é que alguém se encarregue de criar um sistema de indicadores que forneça uma métrica confiável de aferição de desempenho. Lembre-se: *não se consegue gerenciar aquilo que não se consegue medir.*

Eleja os principais insumos e serviços de sua obra e componha o sistema de indicadores e a metodologia de coleta de dados. Com algumas planilhas e idas frequentes ao campo e ao almoxarifado, um engenheiro consegue montar esse plano de controle.

O importante é que esse sistema contenha os elementos mostrados na Fig. 6.8.

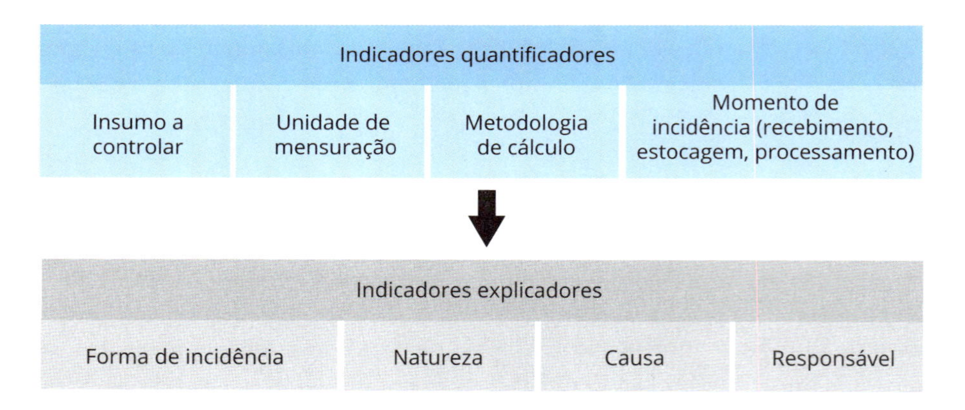

Fig. 6.8 *Elementos dos indicadores*

Sobre esse assunto, recomendo o livro de Souza (2005).

6.5 Como indexar o custo da obra

Muitas obras levam muito tempo para serem concluídas, chegando a durar até mesmo alguns anos. Conjuntos habitacionais, grandes prédios comerciais e obras de infraestrutura encaixam-se facilmente nessa categoria.

Por elas serem tão longas e executadas no Brasil, um país onde existe inflação, não faz muito sentido manter registros de custos simplesmente somando-se os custos de cada serviço, porque essa soma inevitavelmente sofrerá distorção e poderá levar a interpretações errôneas por parte da construtora.

Por exemplo, consideremos que uma obra tenha comprado dois sacos de cimento: um por R$ 20 em 2018 e outro por R$ 25 em 2020. Dizer que foram gastos R$ 45 em cimento é equivocado, porque esse total não se refere ao custo atualizado de dois sacos – aqueles R$ 20 de 2018 já não valem R$ 20, não podendo ser simplesmente somados aos R$ 25 de hoje. Da mesma maneira que não há cabimento em somar 100 cruzeiros a 100 reais, não se deve somar dinheiros de épocas distintas.

É por essa razão que a equipe gestora da obra deve referenciar os custos da obra à época em que eles ocorreram, ou seja, deve *indexar* o controle de custos. A indexação permite que se trabalhe com uma "moeda constante", que afasta o efeito temporal da inflação e coloca todos os custos numa base, permitindo a soma algébrica direta.

Seja uma obra de muitos meses, cujo custo mês a mês é mostrado na Tab. 6.3. Por simplificação, consideremos R$ 100.000 por mês.

Tab. 6.3 Custo da obra mês a mês

Mês	Custo (R$)
Mar. 2019	100.000,00
Abr. 2019	100.000,00
Maio 2019	100.000,00
Jun. 2019	100.000,00
Jul. 2019	100.000,00
Ago. 2019	100.000,00
Set. 2019	100.000,00
Out. 2019	100.000,00
Nov. 2019	100.000,00
Dez. 2019	100.000,00
Jan. 2020	100.000,00
Fev. 2020	100.000,00
Mar. 2020	100.000,00
Abr. 2020	100.000,00
Maio 2020	100.000,00
	1.500.000,00

Adotemos como indexador o *Índice Nacional de Custo da Construção* (INCC). Elaborado pela Fundação Getulio Vargas, o INCC afere a evolução dos custos de construções habitacionais através de uma estatística contínua, de periodicidade mensal, calculada com dados coletados em sete capitais brasileiras.

A Tab. 6.4 mostra o custo indexado pelo INCC.

A última coluna mostra o custo de cada mês na "moeda INCC". Em março de 2019, por exemplo, o custo da obra foi de 38,40 INCC, enquanto em dezembro de 2019 ele foi de 37,16 INCC. Dessa

Tab. 6.4 Custo mês a mês indexado

Mês	Custo (R$)	INCC	Custo indexado (INCC)
Mar. 2019	100.000,00	2.604,41	38,40
Abr. 2019	100.000,00	2.617,17	38,21
Maio 2019	100.000,00	2.619,53	38,17
Jun. 2019	100.000,00	2.631,05	38,01
Jul. 2019	100.000,00	2.654,99	37,66
Ago. 2019	100.000,00	2.664,02	37,54
Set. 2019	100.000,00	2.680,01	37,31
Out. 2019	100.000,00	2.683,22	37,27
Nov. 2019	100.000,00	2.687,25	37,21
Dez. 2019	100.000,00	2.691,01	37,16
Jan. 2020	100.000,00	2.698,00	37,06
Fev. 2020	100.000,00	2.707,45	36,94
Mar. 2020	100.000,00	2.717,74	36,80
Abr. 2020	100.000,00	2.722,63	36,73
Maio 2020	100.000,00	2.728,35	36,65
	1.500.000,00		**561,12**
			R$ 1.530.935,45

forma, pode-se totalizar o custo da obra até o momento: 561,12 INCC, que corresponde a 561,12 × R$ 2.728,35 = R$ 1.530.935,45 em dinheiro atual. Esse total, calculado através da indexação, é 2,1% superior à simples soma do custo mensal sem levar em conta a variação temporal do poder de compra do dinheiro. Quanto mais longa a obra, maior a diferença. Já imaginou a diferença que daria numa obra de dez anos?

Observações:

* Por que o INCC? Simplesmente porque ele é um índice calculado a partir do custo de insumos da construção civil. Outros indicadores possíveis são: INPC, IGP-M, IPCA, dólar etc. (*Os mais antigos hão de se lembrar de ORTN, OTN, URV, UFIR etc.*)
* Se minha obra fecha o custo do mês no dia 30, mas o INCC ainda não foi divulgado, como fazer para indexar o custo? A solução que alguns engenheiros adotam é utilizar sempre o INCC de dois meses atrás. Assim, por exemplo, em maio de 2020 usam o INCC de março de 2020. Essa regra de usar o índice de dois meses atrás não invalida o método.
* Onde a indexação pode dar um resultado impreciso? Basicamente em duas situações: (i) no mês seguinte ao dissídio da construção civil, pois o índice

ainda não absorveu o impacto da alta da mão de obra; (ii) se algum insumo importante da obra tiver uma alta de preço que não seja refletida na cesta de insumos que compõem o INCC (o leitor deve entender que o INCC não coleta preços de todos os insumos possíveis, mas de uma cesta de insumos que teoricamente reflete o comportamento da economia do setor).

6.6 Coletores de dados para apropriação

Por *apropriação* entende-se o processo pelo qual dados de campo são registrados de forma a serem utilizados para diversos fins nos departamentos da construtora. Assim, apropriam-se dados de horas trabalhadas de cada operário, utilização de equipamentos, quantidade de viagens de caminhão, produção das frentes de serviço etc.

Tradicionalmente a apropriação sempre foi feita por apontadores munidos de prancheta e formulários (Fig. 6.9). Ao final do dia ou da semana, esses dados todos são compilados no escritório para a geração de dados de produtividade e o acompanhamento de produção, entre outros fins.

BOLETIM DIÁRIO DE MÁQUINAS

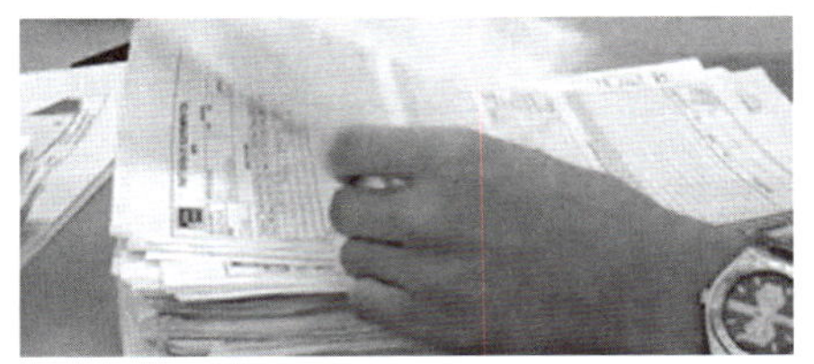

Fig. 6.9 *Apropriação de dados em papel*

Com a evolução tecnológica das comunicações, esse exaustivo trabalho manual vem sendo substituído pelo emprego de *coletores de dados*, que são aparelhos portáteis de coleta e transmissão de dados.

Muitos são os modelos disponíveis hoje em dia: leitores de códigos de barra, controles em formato de aplicativo para celular, *tablets* etc. (Fig. 6.10).

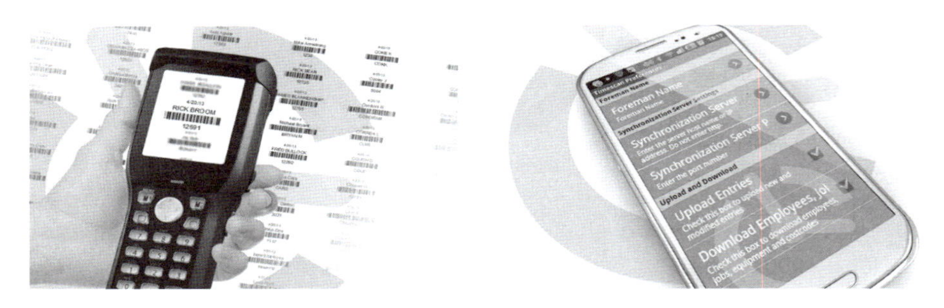

Fig. 6.10 *Apropriação de dados digitalmente*

Mas será que a tecnologia tem ajudado as obras a apropriar melhor os dados? A resposta é sim e não.

Sim porque a apropriação com coletores proporciona as vantagens listadas na Fig. 6.11.

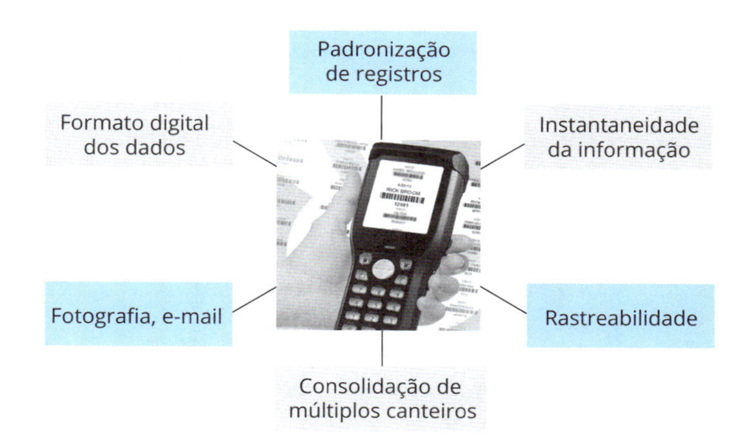

Fig. 6.11 *Benefícios do coletor de dados*

A meu ver, a maior vantagem do uso dos coletores é a rapidez com que os dados são consolidados. Assim, é possível gerar diagramas, gráficos e histogramas numa grande velocidade, aumentando a rapidez da tomada de decisão: substituição de operários, reforço de equipe, comparação de subempreiteiros etc.

Também notável é a capacidade que os coletores têm de tirar foto de serviços feitos, interferências, erros de cota, dúvidas de projeto etc.

E minha resposta à pergunta que fiz lá atrás é também *não*, porque muitas construtoras investem fortunas em tecnologia sem saber o que e como apropriar. Apropriar não é gerar dado, mas gerar *informação*, isto é, conhecimento.

A finalidade última da apropriação é saber se aquilo que foi orçado está sendo cumprido. Em outras palavras, o que a construtora precisa saber é se está fazendo dinheiro ou tendo prejuízo.

Vejamos o exemplo de um serviço de armação, cuja composição de custo unitário é dada na Tab. 6.5.

Tab. 6.5 Composição de custo unitário da armação

Serviço: armação estrutural; unidade: kg

Insumo	Unidade	Índice	Custo unitário (R$)	Custo total (R$)
Armador	h	0,10	6,90	0,69
Ajudante	h	0,10	4,20	0,42
Aço CA-50	kg	1,10	2,90	3,19
Arame	kg	0,03	5,00	0,15
Total				*4,45*

Produtividade = 1/0,10 = 10 kg/h

Proporção = 1 ajudante para 1 armador

Perda = 10%

A leitura da composição permite identificar três grandes aspectos de desempenho operacional a serem aferidos na obra: a produtividade, a proporção ajudante/oficial e a perda de material. A apropriação é quem vai dar a resposta.

O ideal, então, seria apropriar a quantidade de horas gastas com armador e ajudante e dividi-la pela produção feita no respectivo período. Os coletores são ótimos para isso.

Um erro comum, no entanto, é apropriar segundo uma estrutura analítica do projeto (EAP) diferente daquela utilizada no orçamento (Fig. 6.12).

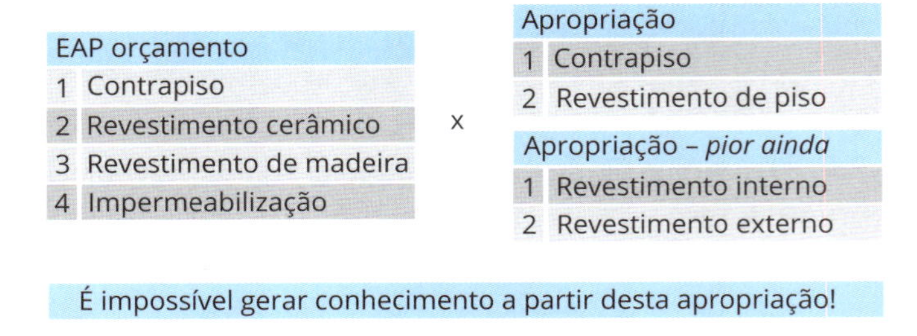

Fig. 6.12 *Erros de apropriação*

Perceberam que, se eu apropriar dados de forma diferente da que orcei, não conseguirei comparar previsto com realizado e não vou nunca gerar conhecimento, só uma inglória massa de dados?

Para terminar, vou lhes contar uma história real: uma construtora implementou coletores de dados e começou a gerar índices de produtividade semanalmente. Como as obras eram prediais, com serviços repetidos, a empresa começou a ter uma visão mais clara da produtividade dos serviços e das equipes. Sentindo que o coletor era uma boa ferramenta de registro, a fase seguinte foi solicitar que as equipes informassem no coletor a produção diária dos serviços (alvenaria, emboço, reboco). Aí entrou em cena o "espírito de porco": para não darem dados que os comprometessem, engenheiros e encarregados passaram a calcular certinho a produção que tinham que informar para atingir a produtividade esperada. O que ocorreu então? Houve casos em que a soma das produções semanais dava para fazer 1,5 prédio... É a famosa Engenharia do Mal.

6.7 Tamanho ótimo de cada compra

Imagine, leitor, que você seja dono de um pequeno negócio. Sua empresa vende latas de tinta e você estima que irá vender mil latas ao longo de um ano. Para compor seu estoque, cada pedido à fábrica de tinta tem um custo fixo de R$ 20 e o custo de estocagem da mercadoria é de R$ 3/unidade por ano.

Uma opção é encomendar todas as mil latas de uma vez para baratear o custo de encomenda – nesse caso, você gastaria R$ 20 de pedido e 500 × R$ 3 de armazenamento (500 é o ponto médio entre o estoque cheio e vazio), o que daria um custo de encomenda e posse de R$ 1.520, fora o custo das latas em si.

Se, no entanto, você optar por comprar em lotes de cem para diminuir a necessidade de estoque, haverá um aumento no número de pedidos – serão dez pedidos a R$ 20/pedido mais 50 × R$ 3 de armazenamento, o que dará um custo de encomenda e posse de R$ 350, fora o custo das latas em si. Essa opção é visivelmente mais vantajosa do que a primeira, mas será que há uma quantidade ótima de compra?

6.7.1 Conceito de EOQ

O problema a ser resolvido é, portanto: que quantidade de mercadoria deve ser encomendada a cada pedido, de modo a otimizar os custos de encomenda e armazenamento? A resposta leva o nome de *economic order quantity* (EOQ), traduzida como *quantidade econômica de encomenda*, e representa a quantidade ótima de cada encomenda, aquela que melhor balanceia o custo dos pedidos e o custo de armazenamento.

O conceito de EOQ pode ser estendido a todas as indústrias que efetuem compras de um determinado insumo repetidas vezes. A EOQ pode ser calculada para a compra de luvas descartáveis por um hospital, componentes eletrônicos por uma fábrica de computadores, leite em pó por um supermercado etc. No mundo da construção civil, a EOQ vale para a aquisição de aço para uma central de pré-moldados, uniforme de operários e óleo diesel para uma obra situada em local remoto, por exemplo.

A dedução de sua fórmula se dá a partir da equação do custo total anual de encomenda e posse (CT; $/ano):

$$CT = (C \cdot D) + \frac{S \cdot D}{Q} + \frac{H \cdot Q}{2}$$

Custo da mercadoria

Custo fixo das compras (custo da encomenda)

Custo de posse

em que:
C = custo por unidade ($/unidade);
D = procura anual do produto (unidades/ano);
S = custo por encomenda ($);
H = custo de posse unitário anual ($/unidade/ano);
Q = quantidade encomendada (unidades).

Como o que se busca é a quantidade Q que minimize o custo total, a solução matemática é tirar a primeira derivada da equação e igualá-la a zero. A quantidade Q que representa o ponto de mínimo é a EOQ:

$$EOQ = \sqrt{\frac{2D \cdot S}{H}}$$

6.7.2 Custo de encomenda e posse

Expliquemos melhor o que se entende por *custo de encomenda*. Esse termo refere-se às despesas efetuadas para a aquisição das mercadorias. Essas despesas incluem:

- custo de colocação da encomenda;
- custo de transporte das mercadorias;
- custo de inspeção das mercadorias;
- custo de recebimento das mercadorias.

Assim, por exemplo, um pedido de mil unidades de mercadoria tem um custo de encomenda menor do que quatro pedidos de 250 unidades.

Analogamente, o termo *custo de posse* refere-se às despesas efetuadas para manter um dado nível de estoque. Essas despesas incluem:

- custo de seguro;
- custo com pessoal;
- custo do local de armazenamento;
- custo de obsolescência ou deterioração;
- custo de manuseio dos materiais.

Exemplo 6.1

Vejamos um exemplo que ilustra bem o problema (Tab. 6.6). Uma indústria compra anualmente 3.500 perfis metálicos a um custo de R$ 100 por unidade. Há uma taxa fixa de R$ 250 cada vez que uma encomenda é feita, e o custo do estoque é da ordem de R$ 15/unidade por ano. Qual a EOQ?

Tab. 6.6 Cálculo da EOQ

C = custo por unidade ($/unidade)	100
D = demanda anual do produto (unidades/ano)	3.500
H = custo de posse unitário anual ($/unidade/ano)	15
S = custo por encomenda ($)	250
Q = quantidade encomendada (unidades)	100

Solução

$$EOQ = \sqrt{\frac{2D \cdot S}{H}} = \sqrt{\frac{2 \times 3.500 \times 250}{15}} = 341{,}6$$

Ou seja, os 3.500 perfis deverão ser comprados em lotes de 342 unidades, o que daria cerca de dez pedidos por ano. A EOQ de 342 revela o ponto de custo de encomenda e posse mínimo. O gráfico da Fig. 6.13 mostra essa relação.

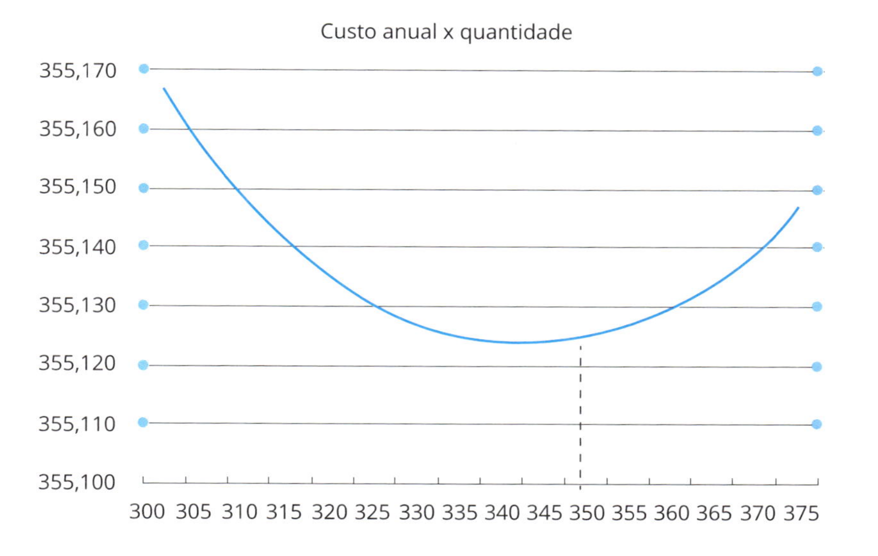

Fig. 6.13 *Ponto de custo de encomenda e posse mínimo*

Notas:

- no ponto EOQ, o custo total anual de encomenda e posse é mínimo;
- o custo de encomenda e o custo de posse são iguais no ponto EOQ.

6.7.3 Ponto de encomenda

Ainda nessa incursão pelo mundo da logística, qual é o momento de disparar cada pedido? Para isso, há que se levar em conta outro parâmetro: o *tempo de entrega*.

Considerando o exemplo anterior, o ponto de encomenda (ou *reorder point*, ROP) seria dado pela demanda diária (3.500/365) multiplicada pelo tempo de entrega (digamos, 20 dias). O produto é 194 unidades, isto é, toda vez que o estoque atingir 194 perfis, um novo pedido deve ser feito.

Desafio: *será que você consegue responder qual a quantidade ótima de encomenda do Exemplo 6.1?*

6.8 Estudo sobre produtividade na construção civil: desafios e tendências no Brasil

A conhecida empresa de consultoria EY (2014), que antes se chamava Ernst & Young, publicou um interessante trabalho sobre produtividade na construção civil. A pesquisa foi realizada com foco no mercado imobiliário (*real estate*), mas seus resultados podem ser estendidos ao âmbito geral da construção civil.

Nesse estudo, que se baseia em análise de dados e entrevistas com profissionais do setor, o que mais me chamou a atenção foi a compilação de dados referentes às sete *alavancas de produtividade*, descritas no Quadro 6.1, que são o motor de popa do volátil mundo da construção civil em que vivemos.

A seguir, faço meus comentários sobre algumas das alavancas.

6.8.1 Planejamento da execução de empreendimentos

As empresas planejam suas obras com diferentes graus de afinco e sucesso. Um mal comum é começar empreendimentos com projetos básicos que ainda não têm o necessário grau de detalhe.

A estruturação de processos ajuda enormemente a gestão. Um aspecto geralmente falho nas obras é a desconexão entre produção e suprimento. Pedidos de compra são feitos em cima da hora e terminam não obedecendo ao rito mais adequado, causando compras de especificação inadequada e atrasos de entrega.

6.8.2 Adoção de métodos de gestão

A técnica de Lean Construction (construção enxuta) tem grande aplicabilidade em obras com repetitividade acentuada, como é o caso de edifícios altos e conjuntos habitacionais. Através da análise detalhada dos fluxos de produção – deslocamento dos operários, produtividade, desperdício, tempo morto etc. –, a equipe gestora da obra pode otimizar processos, ajustando trajetos, adaptando ferramentas, reduzindo tempos de espera e, enfim, eliminando principalmente as fontes de desperdício oculto.

6.8.3 Melhorias de projeto

Aqui reside um grande gargalo nos projetos de engenharia, sobretudo nas obras públicas. Enquanto vemos os países mais desenvolvidos dedicando meses e mais meses ao detalhamento dos projetos executivos e ao planejamento da obra, aqui no Brasil continuamos insistindo em projetos básicos, muitas vezes indevidamente batizados de "projetos executivos", economias burras em sondagem e topografia, incompatibilidade entre os diversos projetos de engenharia e arquitetura. Parece que não acreditamos no valor de um bom projeto e apostamos somente na capacidade de nossos engenheiros de campo fazerem milagres na obra. É a lei do NHS: *na hora sai*.

Quadro 6.1 Alavancas de produtividade

Alavancas de produtividade	Descrição resumida e exemplos de elementos envolvidos
1. Planejamento da execução de empreendimentos	* Planejamento da necessidade de recursos e de materiais em diferentes horizontes de planejamento (curto, médio e longo prazo) * Processos estruturados de atualização do planejamento conforme a execução * Escritório integrado de gestão de projetos (PMO – Project Management Office) * Aplicação de softwares tipo BIM (Building Information Model)
2. Adoção de métodos de gestão	* Lean Construction – construção baseada no paradigma de redução de desperdícios que ficou conhecido como método Toyota de produção * Melhor sincronização do empreendimento e melhoria do fluxo de materiais visando à eliminação das atividades que não agregam valor * Strategic Sourcing – otimização dos fornecedores e das compras
3. Equipamentos	* Modernização de equipamentos (gruas flexíveis, elevadores mais rápidos etc.) * Maior taxa de utilização de equipamentos
4. Materiais	* Adoção de novos materiais mais eficientes (concreto autocurativo, cimento magnesiano etc.)
5. Métodos construtivos	* Aplicação de métodos construtivos mais eficientes (vigas pré-moldadas, alvenaria estrutural, estruturas metálicas etc.)
6. Melhorias de projeto	* Foco na melhoria dos projetos e sua adequação para a execução
7. Qualificação da mão de obra	* Ações para aprimorar recrutamento * Ações para aumentar a qualificação atual (treinamento, motivação etc.) * Plano para retenção de profissionais

Fonte: EY (2014).

6.8.4 Qualificação da mão de obra

Eis outro "problemão". A Fig. 6.14, extraída do mesmo relatório da EY (2014), mostra a importância que os entrevistados atribuem à baixa qualificação da mão de obra como fonte de baixa produtividade.

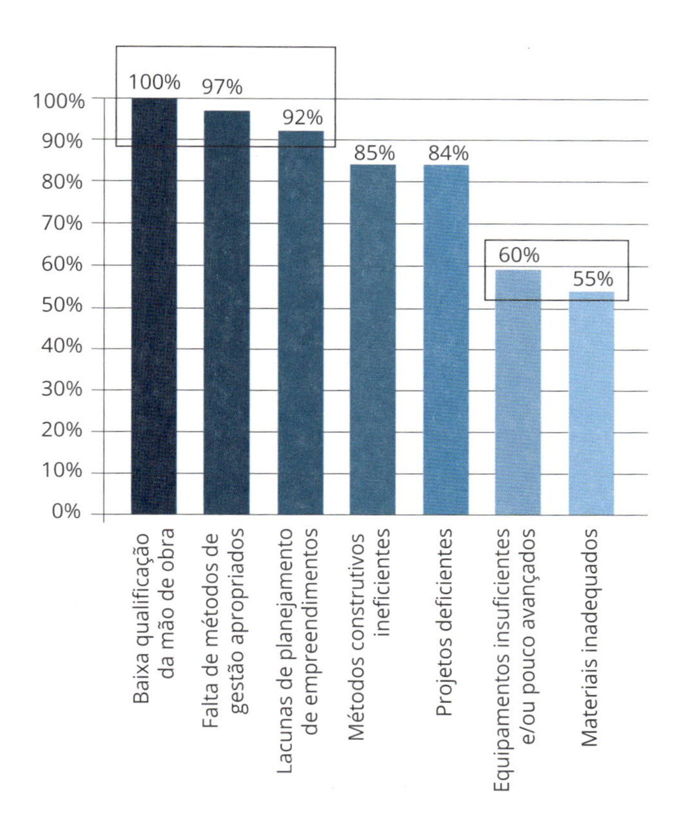

Fig. 6.14 *Itens que contribuem para a baixa produtividade*
Fonte: EY (2014).

Aproveito para fazer uma pergunta tola: já notaram que as empresas se preocupam muito mais montando especialização e treinamento para engenheiros do que para técnicos, mestres e encarregados?

6.9 Matriz de Kraljic

Toda obra tem grande quantidade de compras a efetuar. São insumos dos mais diferentes tipos, com diferentes pesos, embalagens, formatos, preços e maneiras de armazenar. Essas compras requerem um gerenciamento que nem sempre é fácil, porque há materiais de entrega rápida e outros que requerem grande antecipação.

Peter Kraljic (1983) publicou um artigo mostrando uma ferramenta de estratégia de compras de bens (ou serviços) que ele havia desenvolvido para a Basf. A ideia central do modelo é minimizar a vulnerabilidade do abastecimento e obter o máximo do retorno do potencial de compra. A proposta do modelo preconizado por Kraljic é proporcionar uma análise estratégica do portfólio de produtos adquiridos, para que a empresa obtenha ganhos gerenciais a partir da gestão de seus fornecedores.

A matriz de Kraljic classifica os produtos de acordo com duas grandezas: *impacto financeiro* e *risco de abastecimento*. Esses dois parâmetros refletem a vulnerabilidade do comprador em face do vendedor, ou seja, definem a relação entre custo e risco.

Vejamos o que significa cada eixo da matriz:

* *Impacto sobre o resultado (ou impacto sobre o lucro, ou ainda impacto financeiro)*: refere-se à importância do insumo cobrado no resultado financeiro final. Em outras palavras, mostra o quanto o comprador (no caso, o construtor) depende da manutenção do preço para atingir sua meta de resultado.
* *Risco de abastecimento (ou incerteza de oferta)*: refere-se à vulnerabilidade do comprador perante o vendedor, ou seja, sua dependência daquele determinado vendedor e sua fraqueza no caso de um desabastecimento. Essa grandeza descreve a complexidade do mercado fornecedor do ponto de vista de barreiras logísticas, monopólios, reserva de mercado e escassez de provedores.

A matriz de Kraljic define quatro quadrantes, como mostrado na Fig. 6.15. Expliquemos as características de cada um.

Fig. 6.15 *Quadrantes da matriz de Kraljic*

6.9.1 Itens estratégicos

São aqueles produtos/serviços que têm uma grande importância financeira no negócio e estão sujeitos a escassez ou dificuldade de entrega. Esses itens possuem alto risco de abastecimento e alto impacto financeiro.

A relação comprador-vendedor é de certo equilíbrio, com alto grau de interdependência:

Comprador	Vendedor
⊃	⊂

Estratégia de compra recomendada: colaboração, parceria, aliança estratégica, relacionamento próximo, envolvimento do fornecedor o mais cedo possível. Se o construtor quiser desenvolver uma política estratégica de suprimento, são esses fornecedores que ele deve enfocar primeiro.

6.9.2 Itens de alavancagem

São aqueles produtos/serviços que representam alto percentual de lucro do comprador e que têm muitos fornecedores à sua disposição. Por se tratar de um produto de qualidade padronizada, é fácil mudar de fornecedor. Para esses itens, o comprador tem mais poder na relação comercial.

A relação comprador-vendedor é de mais poder do lado de quem compra, com moderado grau de interdependência:

Comprador	Vendedor
∩	∪

Estratégia de compra recomendada: concorrência, tomada de preço, seleção de fornecedores, aquisição com preço-alvo, contrato guarda-chuva com fornecedores prioritários. As compras podem ser feitas por pedidos de compra recorrentes.

6.9.3 Itens de gargalo

São aqueles produtos/serviços que exercem impacto reduzido sobre o resultado financeiro do negócio, mas que têm elevado risco de abastecimento, seja por escassez na produção, seja porque há sempre fornecedores surgindo com nova tecnologia. É também o caso de produtos/serviços que só podem ser adquiridos de um único fornecedor (por monopólio ou cartelização) ou cuja entrega não é confiável, porém sem afetar muito o resultado da obra.

A relação comprador-vendedor é de mais poder do lado de quem vende, com moderado grau de interdependência:

Comprador	Vendedor
↓	↑

Estratégia de compra recomendada: como o objetivo é assegurar a continuidade do abastecimento, deve-se gerenciar o estoque do vendedor, manter estoque extra e buscar fornecedores alternativos.

6.9.4 Itens não críticos

São aqueles produtos/serviços com baixo risco de abastecimento e baixo impacto financeiro. A oferta é abundante, praticamente uma *commodity* (mercadoria).

A relação comprador-vendedor é de relativo equilíbrio, com baixo grau de interdependência:

Comprador	Vendedor
→	←

Estratégia de compra recomendada: como esses itens não exercem efeito relevante sobre o resultado, o objetivo é assegurar que eles não tenham um custo de processamento e logística muito alto, o que pode ser conseguido com padronização e eficiência administrativa.

6.9.5 Gráfico

Depois de estabelecer os insumos da obra e atribuir o impacto financeiro e o risco de abastecimento a cada um deles, pode-se plotar o gráfico. Ele dá uma visão estratégica excelente do suprimento da obra.

A Fig. 6.16 apresenta um exemplo. Nele cada insumo (produto ou serviço) é mostrado como um círculo, e o diâmetro representa o montante total em reais. O gráfico de bolhas pode ser gerado por meio de uma planilha eletrônica. Num primeiro momento, classifique o impacto e o risco em categorias mais gerais: muito baixo, baixo, médio, alto e muito alto. Depois você pode aprimorar a classificação. Há programas comerciais específicos para a matriz de Kraljic.

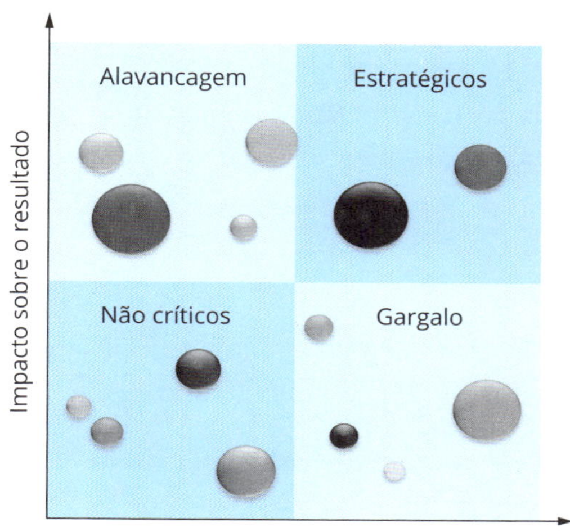

Fig. 6.16 *Localização dos itens na matriz de Krajlic*

Um insumo pode estar num quadrante numa obra, e noutro quadrante em outra obra da mesma empresa. Concreto usinado, por exemplo, pode ser estratégico num prédio residencial numa cidade com apenas uma concreteira, mas ser não crítico numa estrada com usina da própria construtora.

6.10 Até quando vale a pena insistir na mentira de que a obra vai terminar no prazo?

A Fig. 6.17 é de autoria do colega Márcio Sperandio Cott (2017), jovem engenheiro bastante ativo em divulgar boas práticas de gestão de obras.

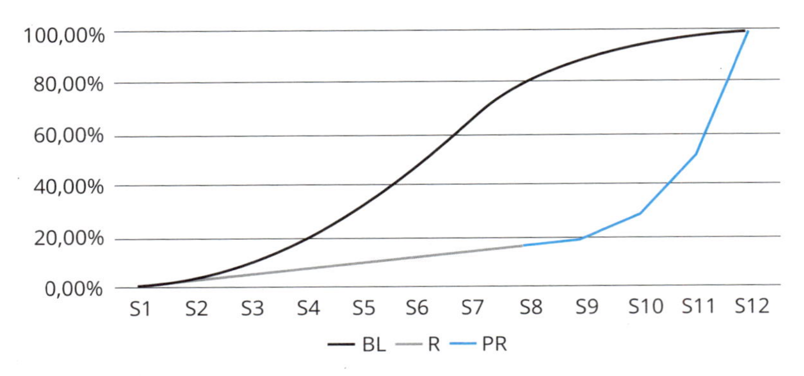

Fig. 6.17 *Curvas de avanço*
Fonte: Cott (2017).

O gráfico de avanço (%) *versus* tempo (semanas) mostra três curvas:

- *BL*: *baseline* ou linha de base, corresponde ao planejamento original da obra;
- *R*: realizado, corresponde ao avanço real da obra;
- *PR*: plano de recuperação, corresponde à ação proposta pelo setor de planejamento para recuperar o atraso.

A pergunta do autor é um "murro no estômago": até quando vale a pena insistir na mentira de que a obra vai terminar no prazo?

Em primeiro lugar, precisamos interpretar o que está acontecendo na obra do exemplo. Notamos que o planejamento revela uma *curva S* que condiz com o comportamento esperado:

- nas primeiras semanas o avanço da obra é relativamente modesto, porque as equipes estão em fase de mobilização, conhecimento do serviço e desenvolvimento do espírito de coletividade;
- em seguida, a obra entra em "velocidade de cruzeiro", com simultaneidade de atividades e frentes de serviço, resultando num avanço firme ao longo de várias semanas intermediárias;
- perto do final da obra, o avanço semanal começa a ser mais baixo porque as frentes de serviço vão chegando ao fim, começa a desmobilização e já não há equipe numerosa na obra.

A curva referente ao trabalho realizado revela que o avanço real ficou sempre aquém do planejado. As razões podem ter sido:

* mobilização problemática, seja por falta de gente, seja por falta de área liberada;
* atraso na entrega de materiais devido a problemas logísticos;
* fundação da obra mais complicada do que o previsto;
* dificuldade de alcançar a produtividade planejada por questões de capacitação dos operários;
* alto índice de retrabalho.

Vamos parar a cena aqui. A obra está na semana 8, a "boca do jacaré" entre as curvas de trabalho realizado e de linha de base é enorme, e chegou a hora de o planejador emitir um relatório de progresso ou de *status*. Como proceder?

Eu vejo duas correntes de pensamento para responder a essa pergunta.

6.10.1 Primeira corrente – realista

O planejador afirma que há um atraso e apresenta um cronograma compatível com o avanço ocorrido até a data. Revela a seu superior – ou a seu cliente – que aconteceram contratempos, informa qual é o atraso real e apresenta uma lista de ações para a mitigação do estouro de prazo.

Vantagens

* Mostra o cenário real.
* Apresenta um plano de recuperação plausível.
* Ao apontar uma tendência de atraso, o cliente pode ajudar com alguma medida.
* Cria-se uma noção de realismo nas informações prestadas.
* Alerta o alto escalão e o cliente para a probabilidade de multa contratual.

Desvantagens

* O planejador tem que ser valente.
* Pode-se criar desconforto com o cliente e deterioração na relação entre as partes.

6.10.2 Segunda corrente – otimista

O planejador constata que há um atraso e apresenta um cronograma de recuperação total desse atraso. Revela a seu superior – ou a seu cliente – que as medidas para a mitigação do estouro de prazo são factíveis e que tudo será resolvido. A curva do plano de recuperação, segundo o colega Rodolfo Stonner (2016 apud Cott, 2017), é a famigerada curva J!

Vantagens

* Não cria um espírito de desânimo na equipe da obra.
* Preserva a relação com o cliente.
* Não expõe o planejador a broncas severas e punições na frente de todo mundo.

Desvantagens

* O planejador apresenta medidas que ele sabe que não são factíveis.
* O alto escalão e o cliente precisam ser muito bem convencidos de que o atraso será mesmo eliminado.
* Gera desconfiança com relação ao setor de planejamento.
* A "ficção" não conseguirá ser mantida por muito tempo.

Eu já adotei ambas as vertentes. Minha experiência diz o seguinte: não se consegue alterar o rumo da obra depois de um certo tempo. Até um terço do cronograma, ainda se consegue botar o trilho nos eixos; depois, só a muito custo (vários turnos etc.).
P.S.: A segunda corrente normalmente surge da ordem "não quero saber, se vire!". Na Bahia há a variação "não quero saber, vista sua fantasia de sapo e dê seus pulos!". E você? Já deu seus pulos?

6.11 Como não perder dinheiro com contratos

Um dos serviços que prestamos e que traz retorno rápido e dá maior segurança a nossos clientes é a avaliação dos contratos da empresa a fim de identificar e remediar pontos falhos, assim como gerar um acervo de lições aprendidas que permitam aprimorar o processo de contratação.

A vida da construtora – e, portanto, a do engenheiro – depende muito da qualidade dos contratos que são celebrados pela empresa. Mais do que um documento jurídico que estabelece direitos e deveres, um contrato é um acordo de vontades, ou seja, é o elemento que define regras de relacionamento entre as partes envolvidas.

Se os contratos estão por toda parte, assim também estão os problemas que advêm deles. Lamentavelmente, constatamos que muitas empresas perdem dinheiro pelo fato de fazerem contratos deficientes, que carecem das necessárias cautelas, que são omissos quanto a pontos importantes e que contêm muitas vezes cláusulas contraditórias (o que talvez seja derivado daquilo que eu chamo de "síndrome do Ctrl-C Ctrl-V"), gerando vulnerabilidade às construtoras.

Contratar não é só assinar um contrato. Aliás, o contrato é apenas a parte palpável e a ponta do iceberg. A preocupação deve surgir ainda na fase pré-contratual, quando é feita a seleção dos fornecedores e a estipulação das condições de garantia, seguro e penalidades e são definidos critérios de avaliação para manter ou não o fornecedor elegível para contratação em outras obras da empresa.

Na construção civil, os contratos estão por toda parte e assumem diferentes formas, pois podem ser de fornecimento, locação ou empreitada. A Fig. 6.18 ilustra alguns tipos de contrato que ocorrem numa obra típica (sob a visão do construtor). Em seguida abordaremos os problemas dos tipos principais.

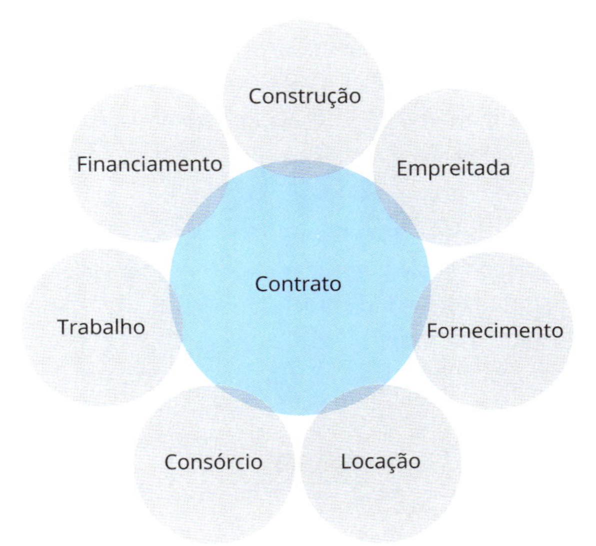

Fig. 6.18 *Contratos mais comuns na construção civil*

6.11.1 Contrato de construção

Trata-se do contrato principal, firmado entre a construtora e a empresa contratante, que pode ser um cliente privado ou um órgão público. No caso de uma obra privada, a contratação envolve negociações, concessões recíprocas, ajustes de valor etc.

Aqui, uma assessoria contratual pode garantir uma simetria entre direitos e deveres ao melhorar as redações de cláusulas, partilhar riscos de forma mais equilibrada entre as partes e assegurar que as penalidades não são extorsivas e desproporcionais.

Já no caso de uma obra pública, o contrato é mais inflexível, pois o contratante tem que obedecer às regras da Lei nº 8.666 (Lei das Licitações).

As construtoras precisam estar aptas a interpretar o que diz o contrato para poderem fazer reivindicações e conseguirem restabelecer o equilíbrio econômico-financeiro contratual no caso de alterações de escopo, atrasos, improdutividades causadas pelo contratante etc. Muitas vezes o ponto falho das empresas é a documentação: diário de obra malfeito, falta de registros contemporâneos aos fatos, arquivo deficiente etc.

6.11.2 Contrato de empreitada

Trata-se do contrato pelo qual a construtora contrata outra empresa para fazer porções da obra, constituindo aquilo que se chama de terceirização ou *outsourcing*. Num ambiente de crescente especialização dos serviços, a subcontratação é cada vez mais comum. Em alguns casos a construtora principal chega a ter um papel mais de integradora (gerenciadora) do que propriamente de executora.

Antes da celebração do contrato, é necessário identificar uma questão importante sobre o escopo dos serviços: se será empreitada unicamente de *mão de obra* ou se também abrangerá o fornecimento de *materiais*. Tais condições definirão cláusulas específicas do contrato.

Antes de contratar, a empresa deverá verificar os dados formais de regularidade fiscal e trabalhista do empreiteiro. Esse cuidado permite confirmar suas condições de trabalho e de organização. É com base nele que a empresa contratante obterá os dados suficientes para identificar eventuais riscos ou mesmo reprovar a contratação do empreiteiro.

Como dica, segue um exemplo de checagem de documentação a ser feita junto ao empreiteiro (Quadro 6.2).

O contrato poderá conter cláusula específica em que se prevê que a construtora retenha um percentual das parcelas devidas ao longo da execução dos serviços (retenção técnica), cuja função é garantir eventuais despesas extraordinárias, não previstas inicialmente, que possam vir a existir, tais como pagamento de verbas trabalhistas não quitadas, indenizações, honorários de terceiros, contratações de outros prestadores de serviços para a realização de serviços contratados e não executados ou executados com deficiência, multas aplicadas e outras despesas que possam surgir em virtude de atos praticados pelo empreiteiro. Como reter e como liberar o dinheiro retido são pontos que devem estar bem claros.

Uma boa fonte de consulta sobre a contratação de empreiteiros e subempreiteiros é o guia da CBIC (2019).

Quadro 6.2 Documentos que necessariamente devem acompanhar a nota fiscal relativos ao mês imediatamente anterior ao da sua emissão

Guia de Recolhimento do FGTS e Informações à Previdência Social (GFIP)
Guia da Previdência Social (GPS)
Recibo assinado do pagamento de salário dos trabalhadores que constam da relação de empregados da SEFIP (holerite/contracheque)
Cartão de ponto ou livro de ponto dos trabalhadores que constam da relação de empregados da SEFIP, com suas respectivas assinaturas
Recibos de entrega de vale-transporte
Recibos de entrega de cestas básicas
Folha de pagamento específica do pessoal lotado na obra e resumo dos totais dela (analítica e sintética)
Comprovante de quitação de seguro de vida em grupo, conforme Convenção Coletiva de Trabalho (CCT) da categoria da Construção Civil ou da categoria declarada pelo empreiteiro
Contribuição de quitação da contribuição mensal do Seconci, conforme Convenção Coletiva de Trabalho (CCT) da categoria da Construção Civil
Termo de rescisão do contrato de trabalho e aviso prévio (para os trabalhadores que foram demitidos no período)
Guia de Recolhimento Rescisório do FGTS e da Contribuição Social (GRFC) para os trabalhadores que foram demitidos no período
Comprovante de entrega de Equipamentos de Proteção Individual, quando de responsabilidade do empreiteiro, nos termos da legislação pertinente
Atestados de Saúde Ocupacional (ASO), sejam admissionais, demissionais ou periódicos, emitidos no período de referência

Fonte: CBIC (2019).

6.11.3 Contrato de fornecimento

Como o nome já diz, é firmado entre a construtora e empresas que fornecem bens e serviços. Um aspecto que pode ser avaliado é se é mais conveniente fazer um contrato de fornecimento continuado em lugar de pedidos individuais. Um exemplo é negociar antecipadamente a compra de todo o concreto da obra, com estimativa de volume por mês.

Problemas comuns são falta de índices de reajuste de preços – é melhor incluir sempre uma cláusula de reajuste no contrato do que deixar para negociar após 12 meses –, falta de penalidades por atraso, critérios de aceitação pouco claros e omissões quanto a quem cabe a descarga na obra, por exemplo.

Os conceitos sobre matriz de Kraljic são bastante úteis na determinação da política estratégica de suprimento e contratação.

6.11.4 Contrato de trabalho

Os vínculos laborais, isto é, entre empregador e empregado, representam uma fonte de despesas de difícil previsão. Rescisões, acordos e custas judiciais podem representar somas altíssimas.

A assessoria técnica pode agregar no treinamento de funcionários e do preposto a fim de esclarecer a melhor forma de atuação, na avaliação de terceirizados, na adequação da comunicação entre a obra e o setor jurídico da empresa (ou escritório externo) e no mapeamento geral dos riscos trabalhistas.

Para construtoras com obras em muitos locais, um exercício interessante é gerar indicadores de custo médio do acordo negociado por empregado demitido (e por região) e de quantidade de processos ganhos e perdidos (por tipo de obra e por região) etc. Para um engenheiro, nada como uma boa métrica!

sete

Planejamento

7.1 Quem vem antes: o orçamento ou o planejamento?

Engenheiros de custo e profissionais de construtoras sempre me perguntam sobre a ordem cronológica do orçamento em relação ao planejamento da obra. Deve o orçamento ser feito antes do planejamento? Ou será que faz mais sentido o planejamento anteceder o orçamento? Analisemos o problema com frieza.

Primeiramente devemos ter em mente que a fronteira entre orçamento e planejamento não é tão nítida como pensam alguns. Aliás, orçamento e planejamento são atividades próximas, conexas e indissociáveis. Um se alimenta do outro, um depende do outro em várias etapas.

Quem acha que a tarefa do orçamentista é calcular o custo da obra e a do planejador é montar o cronograma peca pela simplicidade do raciocínio. Quando o planejador vai dimensionar a duração de uma atividade de seu cronograma, ele precisa conhecer a produtividade adotada pelo orçamentista. Por outro lado, quando o orçamentista vai estimar o custo da mão de obra, precisa saber se a obra terá turno da noite e quantas frentes simultâneas serão atacadas, a fim de dimensionar a estrutura indireta da obra.

Na verdade, orçamento e planejamento precisam ser feitos *em paralelo*, coisa que nem sempre ocorre nas construtoras. Quando se trata do orçamento para uma licitação pública, o que vemos comumente é que só se pensa em planejamento mais tarde, na fase de mobilização da obra e início da construção. O orçamento, nesses casos, é muito mais um preenchimento de planilha de preços do que propriamente um estudo do custo da obra através de simulações de antecipação de prazo, por exemplo.

Discorro a seguir sobre onde o orçamento depende do planejamento e vice-versa.

7.1.1 Aspectos do orçamento que dependem do planejamento

EAP

A estrutura analítica do projeto (EAP) consiste na decomposição do escopo total da obra em pacotes de trabalho. Como o propósito da EAP é desmembrar a obra em serviços que serão quantificados, orçados e aferidos no campo, é imperativo que o planejamento da obra seja levado em conta quando da definição da EAP.

Por exemplo, uma obra de barragem tem uma grande escavação de solo a ser feita em uma das margens, porém o planejamento mostra que esse material não poderá ser totalmente transportado até o local do aterro em função de uma série de condicionantes de acesso, nível do rio e interface com outros serviços. Ou seja, boa parte do material escavado precisará ser estocado, o que acarretará a necessidade de duas cargas ("dois tombos", como se diz no jargão das obras) e dois transportes. Se o orçamento não levar isso em conta, faltará dinheiro lá na frente.

Mobilização de equipamentos

Obras grandes e pequenas requerem a mobilização de equipamentos de escavação, transporte, içamento de cargas etc. O dimensionamento desses equipamentos – tipo e quantidade – é uma tarefa espinhosa para o orçamentista.

Imagine que a obra seja um estádio de futebol ou uma estação de tratamento de esgoto. Quantas gruas deverão ser mobilizadas? É possível utilizar apenas uma grua que vá sendo transferida para outras posições ao longo da construção, ou será que isso dilatará demais o prazo da obra? Para responder a essas indagações, o orçamentista precisa conhecer o plano de ataque da obra, que é uma atividade elaborada por seus colegas do planejamento.

> Eu dei o exemplo de grua de propósito; em obras de edificações muitos são os estouros de custo advindos de dimensionamento equivocado de equipamentos de carga: grua, cremalheira, monta-carga, guinchos etc.

Outro ponto de atenção é também a época prevista para a mobilização dos equipamentos, pois a empresa pode estar desmobilizando máquinas de outra obra em momento que atende à obra em questão, por exemplo. A opção por usar equipamento próprio ou alugar passa por essa análise.

Quantidade de turnos

A situação mais comum é que uma obra seja feita durante a jornada de trabalho dos operários, sem a necessidade de horas extras e sem turnos adicionais. Entretanto, há obras em que isso não é possível, seja por características do local da obra (leito de rios, acessos restritos durante alguma época do ano), seja por prazo extremamente apertado (estádios da Copa, por exemplo). Há ainda a hipótese de o construtor deliberadamente estabelecer que fará a obra em menos tempo para ter ganhos de imagem, redução do custo indireto etc.

Na construção de um dos estádios da Copa que acompanhei, as equipes foram distribuídas em três turnos porque senão a obra não ficaria pronta no prazo. Isso impunha a necessidade de um cálculo do custo do serviço em cada turno, pois alguns deles tinham hora extra e adicional noturno.

Dimensionamento do canteiro

Para dimensionar instalações de canteiro tais como refeitório, vestiário e alojamento, o orçamentista precisa obviamente ter uma noção do efetivo da obra. O efetivo varia com o tempo, atingindo-se um pico de número de operários mais ou menos no meio da obra.

A maneira correta de dimensionar o canteiro é através de um *histograma de mão de obra*, que nada mais é do que a quantidade de operários mês a mês. O histograma é um produto típico da interface entre orçamento e planejamento, pois busca dados de produtividade (para cálculo do tamanho das equipes) e de cronograma (época de ocorrência dos serviços).

Custo financeiro

Principalmente em obras públicas, o construtor é quem financia a obra, pois realiza os serviços para receber depois, quando a medição é paga. Nesse mecanismo, há um descasamento entre receita e custo, que tem impacto direto no fluxo de caixa da obra.

Sabemos que muitas vezes a obra passa um longo período com caixa negativo. A solução é recorrer a dinheiro do escritório central (que em algumas empresas cobra juros até maiores do que os de bancos comerciais) ou a empréstimos em entidades de financiamento.

O orçamento da obra só estará preciso se o fluxo de caixa for analisado pelo orçamentista, mas esse fluxo de caixa precisa do cronograma, que vem do planejamento.

7.1.2 Aspectos do planejamento que dependem do orçamento

Vejamos agora o reverso da moeda: os aspectos do planejamento que dependem do orçamento.

Cálculo da duração das atividades

A construção de um cronograma obedece a um roteiro bem intuitivo: primeiro se cria a EAP, depois se estabelece a ligação entre as atividades e a duração de cada uma delas.

A duração de uma atividade só estará convenientemente calculada se o planejador buscar os índices (produtividades) que foram utilizados no orçamento. Isso parece lógico, mas não vemos ser feito corretamente na construtora. Planejadores parecem não conversar com orçamentistas. O resultado é muitas vezes um cronograma com durações "chutadas".

A forma correta de dimensionar a duração de uma atividade é pensar no tripé equipe-produtividade-duração. É necessário ter dois dados e uma incógnita. Assim, por exemplo, se a atividade for o assentamento de 960 m^2 de cerâmica e a produtividade orçada for de 2 m^2/h, a atividade requererá 480 h de trabalho de pedreiro, o que pode ser traduzido por quatro pedreiros trabalhando 120 h (= 15 dias × 8 h/dia) ou dois pedreiros trabalhando 30 dias, ou oito pedreiros trabalhando 7,5 dias.

Índices para apropriação

O planejamento vem sempre acompanhado do controle. Não basta puxar barras e pregar um cronograma na parede. É necessário atualizá-lo e corrigir seus rumos, pois muitas vezes as premissas iniciais se mostram inadequadas.

Uma das tarefas do controle é apropriar dados de campo. Por apropriação entende-se a coleta de dados reais de execução de serviços para a aferição da produtividade que as equipes estão efetivamente atingindo.

Ora, de nada vale apropriar dados se não houver um referencial contra o qual comparar o desempenho das equipes. Esse referencial é justamente o índice (produtividade) que o orçamentista utilizou ao formar o preço da obra.

Metas de produção

Como decorrência do item anterior, ao conhecer a produtividade utilizada no orçamento, a equipe de planejamento pode desafiar as equipes de campo a que atinjam produtividades mais altas, que trarão como consequência ganhos econômicos para a obra.

Somente conhecendo as produtividades orçadas é que o planejador pode propor programações semanais arrojadas e em contrapartida oferecer como prêmio aos operários uma parcela dos ganhos obtidos. Esse é um ponto de casamento perfeito entre os fundamentos de orçamento e planejamento.

Uma vez vi uma obra em que era dado bônus às equipes que fizessem 500 m² de um determinado serviço por semana. As equipes eram motivadas e se empenhavam em atingir a meta. O grupo parecia engrenado, mas havia um "probleminha": o planejador simplesmente desconhecia o fato de que o serviço tinha sido orçado com uma produtividade de 600 m² por semana, ou seja, estava distribuindo bônus mesmo em situação de visível prejuízo. Isso é mais comum do que se imagina.

7.2 Como validar o planejamento de uma obra

Um dos trabalhos que me agrada realizar e que traz notórios benefícios aos incorporadores, investidores e construtores que atendo é fazer a *validação do planejamento da obra*. O processo de validação consiste em aferir o grau de exequibilidade das "peças" que compõem aquilo que cada empresa entende por planejamento, a coerência dos métodos executivos adotados e a estrutura de montagem do cronograma de barras.

Inicialmente, devemos ter em mente que planejar não significa prever com absoluta precisão a duração de todos os serviços da obra. Planejar significa antever cenários de acordo com premissas de cálculo. Quanto mais firmes forem essas premissas, maior será a chance de o planejamento da obra dar certo. O planejamento é, portanto, uma aposta, que será tão mais feliz quanto melhores forem os dados de entrada.

Além da previsão, o planejamento tem uma segunda face: o acompanhamento. Acompanhar ou atualizar o planejamento significa basicamente conferir a aderência da evolução da obra àquilo que havia sido planejado. Se houver discrepâncias entre o previsto e o realizado, entra em cena o replanejamento, que envolve aumento de equipes, mobilização de equipamentos, mudança de frentes de serviço e até o cálculo de quanto custará acelerar uma obra atrasada.

7.2.1 Objetivo da validação

A validação de um planejamento é o processo através do qual proprietário e construtor – ou somente um deles – recorrem à experiência de um terceiro, a fim de tornar válido e eficiente o cronograma de um determinado projeto, em todas as suas características e componentes.

A validação é uma avaliação externa, feita por um perito em planejamento e construção, para garantir que um instrumento técnico (e contratual) – o cronograma – esteja correto em termos de escopo e de pressupostos, bem como livre de *armadilhas*. O cronograma validado deve representar o modelo de como a construtora pretende conduzir as atividades do plano de trabalho e de como o proprietário terá o trabalho entregue.

Não é raro encontrar investidores recorrendo a uma segunda e até mesmo a uma terceira avaliação, seja porque têm sistemas de governança que pedem essa prática, seja porque querem ter um nível de confiabilidade nos resultados e no retorno sobre o investimento. O processo de validação típico, contudo, não é uma prática comum na área da construção, mas contratantes e contratadas podem usufruir de benefícios sólidos ao adotar os procedimentos de validação e auditorias periódicas.

A validação ocorre quando o plano de trabalho original – e, por extensão, o cronograma do projeto desenvolvido pelo construtor e por seus subempreiteiros e fornecedores – é submetido ao proprietário e então avaliado por um especialista externo (ou time de especialistas), sendo finalmente aprovado como *válido*, sensato, racional e exequível (Fig. 7.1). No caso mais simples, é tão somente o construtor que quer se certificar da coerência do planejamento que está seguindo (se é que está seguindo algum...).

Válido	Sensato	Racional	Exequível
Aceito e reconhecido como instrumento de comunicação e de compromisso	Baseado em pressupostos que não extrapolam os limites do senso comum	Incorpora métodos de construção, produtividades e calendários apropriados	Alcança os requisitos do projeto em termos de escopo, prazo e recursos

Fig. 7.1 *Características desejadas do planejamento*

A validação compreende duas etapas: validar o plano e validar o cronograma. A primeira parte representa como o construtor pretende executar os serviços, tendo a ver com a sequência das atividades, os equipamentos utilizados, as produtividades estimadas e o ciclo hidrológico ou regime de chuvas. Já a segunda parte representa como o planejamento foi "traduzido" para o cronograma, tendo a ver com a ligação entre as atividades, o caminho crítico, as folgas e o calendário. Usando termos em inglês, a primeira parte corresponde ao *planning* e a segunda, ao *scheduling*.

7.2.2 Validação do plano

O passo inicial na validação do plano de trabalho é entender como o construtor divide a obra: fases, quadras, blocos, trechos, tramos etc. Aqui o importante é captar a intenção do plano de ataque e verificar se essa estratégia executiva está compatível com a *desapropriação* de áreas, a *liberação* de frentes de serviço, as *licenças* requeridas, a existência de *projeto* detalhado e interferência com outras empresas trabalhando no mesmo local.

A validação do plano envolve entrevistas com o pessoal da área técnica e da produção. É uma validação de cunho mais estratégico do que propriamente operacional. Procura-se ver o todo.

Ainda nessa primeira etapa, o construtor precisa dar mostras de que domina o método executivo em todo o seu ciclo, no caso de serviços que estão na iminência de começar: acesso, transporte de material, equipamentos empregados, equipe necessária, disponibilidade de jazidas e bota-foras, impactos na vizinhança e aspectos de segurança.

7.2.3 Validação do cronograma

Nessa segunda etapa, o cronograma proposto é dissecado para revelar os parâmetros empregados. Alguns dos aspectos conferidos – e em seguida aceitos ou rejeitados – são mostrados no Quadro 7.1.

Quadro 7.1 O que checar na validação do cronograma

Revisão, avaliação e crítica da estrutura analítica do projeto (EAP)
Avaliação de estimativas: recursos, durações
Verificação da lógica: vínculos obrigatórios e preferenciais
Revisão das restrições de data: marcos contratuais e eventos sujeitos à ação de terceiros
Revisão de recursos: produção e restrições de espaço
Revisão do calendário da obra
Verificação de itens com longo prazo de entrega: ordens de compra, prazo de entrega dos fornecedores, condições para manuseio e armazenamento
Validação do banco de dados: verificação cruzada
Revisão do uso de contingências: valores e razões
Revisão dos parâmetros de valor agregado: ganhos, homens-dia, aplicação de materiais, desempenho por categoria de serviço
Análise dos índices de variação de custo e prazo
Avaliação de tendências e previsão de estimativas no término

7.2.4 Quando fazer a validação

Tipicamente, a validação deve ocorrer *várias vezes* durante a fase de execução do ciclo de vida do projeto. Mostramos na Fig. 7.2 uma ideia para obras de edificação.

Inicial (entre 15% e 20% do prazo da obra)	Intermediária(s)	Final
• Tem por objetivo confirmar as estimativas de duração, recursos e produtividade. Um bom momento de realizá-la é no término das escavações ou da infraestrutura. Nessa altura, as principais incógnitas e riscos estão resolvidos. Podem ser elaborados um plano de trabalho revisado e um novo cronograma de acordo com as condições conhecidas	• Quando a superestrutura for concluída e começarem os serviços de acabamento, geralmente realizados por muitos empreiteiros simultaneamente. Nesse ponto, podem ser feitas uma nova "estimativa para terminar" e uma "estimativa no término" (termos da técnica de valor agregado)	• Para documentar o cronograma *as-built* do projeto ou sempre que um pleito contratual precise ser analisado

Fig. 7.2 *Momentos recomendados de validação do planejamento*

Erros comumente identificados

Em nossa experiência, os erros mais comuns nos cronogramas são:

* *Produtividades erradas*: o planejador fez o cronograma admitindo uma determinada produtividade para um serviço (digamos 100 m/dia), porém a apropriação de campo mostrou que tal produtividade nunca foi atingida (está em 50 m/dia) e o planejador continua usando a produtividade original "furada" para o restante da obra.
* *Escopo incompleto*: o planejador fez o cronograma baseado no projeto original e não incluiu as alterações de projeto, os acréscimos de serviço, as interferências etc. A desculpa é sempre "que dá um trabalhão atualizar a rede e ninguém tem tempo porque as atividades rotineiras da obra demandam muito da equipe".
* *Suprimento atrasado*: se você fizer uma enquete nas obras, verá que na maioria delas houve atraso no fornecimento de materiais ou na mobilização de equipes simplesmente porque o cronograma de suprimento é feito sem estar casado com o da produção.
* *Calendário inadequado*: o atraso da obra em função de liberação de áreas, demora na emissão da ordem de serviço, fornecimento de projeto detalhado etc. causa muitas vezes o deslocamento de alguns serviços para épocas pouco propícias do ano: estação chuvosa, cheia do rio etc. É preciso rever o cronograma sempre que isso ocorrer.

7.3 Impacto das chuvas no planejamento

Por mais que o engenheiro torça para não chover, o fato é que chove e, às vezes, muito. Do ponto de vista operacional, a *precipitação atmosférica* pode trazer efeitos benéficos ou maléficos para a obra.

Entre os benefícios estão a melhora de umidade de solos muito secos, a redução de poeira e a rega de áreas de paisagismo. Entre os malefícios estão o alagamento de frentes de serviço, a saturação do solo, a resistência ao rolamento de equipamentos em terrenos enlameados, o retrabalho de atividades já concluídas e a improdutividade que a retomada dos serviços acarreta.

Os trabalhos de terraplenagem são os mais afetados pelas condições climáticas. Já numa obra predial, por exemplo, a maior parte dos trabalhos ocorre internamente, ao abrigo da chuva, embora umidades elevadas possam atrapalhar alguns serviços.

Frequentemente as condições atmosféricas não são levadas em consideração da forma correta. É comum vermos cronogramas com produções nos meses secos iguais às atribuídas nos meses chuvosos, com resultado quase sempre de atraso no planejamento (não porque as equipes tenham produzido pouco, mas porque o planejamento não refletiu o ambiente de execução das atividades).

Analisando-se a intensidade e o momento de ocorrência das chuvas, percebe-se que há precipitações que não interferem em nada, outras que paralisam todo um dia da obra, outras ainda que impossibilitam o trabalho até mesmo no dia seguinte (embora esse dia possa ter um "céu de brigadeiro").

Para o cálculo de quantos equipamentos e equipes mobilizar para a obra, o primeiro passo é estimar a quantidade de dias de cada mês que serão *praticáveis*, isto é, disponíveis para aquele determinado tipo de serviço a ser executado. De nada adiante o engenheiro admitir que trabalhará 26 dias por mês (30 dias menos quatro domingos) se é quase certo que a praticabilidade será menor.

O critério para a determinação da quantidade de dias praticáveis é subjetivo, mas a experiência e dados históricos de obras passadas ajudam bastante nessa empreitada. Eu já vi várias abordagens, que dependem da tarimba do planejador, do conhecimento dos dados pluviométricos da região, do tipo de serviço e do estágio do planejamento (plano inicial ou cronograma detalhado). O importante é, como eu sempre digo, seguir uma linha de raciocínio lógica e defensável.

Exemplo 7.1

Vou recorrer a um exemplo simples e didático. Seja uma obra que tenha uma grande escavação de 450.000 m³ de solo. A composição de custo unitário do orçamentista chegou a uma produtividade de 160 m³/h para uma patrulha (conjunto de equipamentos) de um trator, uma carregadeira e quatro caminhões. Pelo planejamento da obra, a terraplenagem deverá ser executada entre janeiro e junho.

A primeira providência é pesquisar os dados pluviométricos da região e consultar quem já fez obra por ali. Descontando dos dias dos meses os domingos/feriados e os dias de chuva, chega-se aos dias praticáveis, que transformamos em *horas praticáveis* pela multiplicação por 10 h/dia (Tab. 7.1).

Tab. 7.1 Cálculo das horas praticáveis

Item	Janeiro	Fevereiro	Março	Abril	Maio	Junho
Dias (*D*)	31	28	31	30	31	30
Domingos e feriados (*Dm*)	5	5	4	4	5	6
Dias de chuva (*Dc*)	10	10	10	5	–	–
Dias praticáveis ($Dp = D - Dm - Dc$)	16	13	17	21	26	24
Horas por dia (*hpd*)	10	10	10	10	10	10
Horas praticáveis ($Hp = Dp \cdot hpd$)	*160*	*130*	*170*	*210*	*260*	*240*

Com a constatação de que janeiro, fevereiro e março são muito chuvosos, pode-se definir uma distribuição dos volumes para os meses e a consequente *produção horária requerida* (Tab. 7.2).

Tab. 7.2 Produção horária requerida

Item	Janeiro	Fevereiro	Março	Abril	Maio	Junho
Volume (*V*) ($m^3{}_c$)	50.000	50.000	50.000	100.000	100.000	100.000
Horas praticáveis ($Hp = Dp \cdot hpd$)	160	130	170	210	260	240
Produção horária requerida (*V/Hp*) ($m^3{}_c$)	*313*	*385*	*294*	*476*	*385*	*417*

A *quantidade de patrulhas* será o quociente entre a produção requerida e a produtividade da patrulha (Tab. 7.3).

Tab. 7.3 Quantidade de patrulhas

Item	Janeiro	Fevereiro	Março	Abril	Maio	Junho
Produção horária requerida (*V/Hp*) ($m^3{}_c$)	313	385	294	476	385	417
Produção da patrulha	160	160	160	160	160	160
Quantidade de patrulhas	1,95	2,40	1,84	2,98	2,40	2,60
Quantidade adotada	*2*	*2**	*2*	*3*	*3*	*3*

Tab. 7.3 (continuação)

Item	Janeiro	Fevereiro	Março	Abril	Maio	Junho
Trator D8	2	2	2	3	3	3
Carregadeira 966	2	2	2	3	3	3
Caminhão 769	8	8	8	12	12	12
Equipe básica						
Trator D8	1					
Carregadeira 966	1					
Caminhão 769	4					

*Aumentando o turno de trabalho.

Note que arredondei a quantidade de patrulhas sempre para cima, exceto em fevereiro, para não causar um salto no histograma. A quantidade de cada equipamento ao longo dos meses é a informação necessária para os setores de produção, de equipamento e de contratação.

Bom, mas como se chega ao parâmetro *dias de chuva* a partir dos dados históricos de precipitação, já que nem todo dia de chuva paralisa a obra? Há duas variações mais comuns entre os orçamentistas e planejadores (Fig. 7.3).

7.3.1 Variação 1

- *Precipitação < 5 mm*: desprezar (o dia não é afetado, a obra produz normalmente).
- *Precipitação > 5 mm*: apenas 10% do dia são praticáveis (assume-se que alguma parte do dia é praticável, pois a chuva pode ocorrer à tarde ou à noite). Por exemplo, em dez dias de chuva com precipitação acima de 5 mm, seria considerado praticável apenas um dia).

7.3.2 Variação 2

- *Precipitação < 5 mm*: desprezar (o dia não é afetado, a obra produz normalmente).
- *5 mm < precipitação < 10 mm*: o dia não é praticável.
- *Precipitação > 10 mm*: o dia não é praticável, nem metade do dia seguinte (a premissa é que a chuva forte de um dia impacta o dia seguinte).

Como eu disse anteriormente, não há um consenso absoluto porque há algumas variáveis em jogo: uma chuva que ocorra às 8h00 da manhã tem um efeito diferente da mesma chuva ocorrendo às 18h00. Outra diferença: quanto mais argiloso é o solo, maior é o tempo de retenção da umidade e, portanto, o impacto da chuva é maior do que num solo arenoso. O bom mesmo é sair anotando a precipitação diária e o impacto na obra.

Ⓐ

		Praticável	10% praticável
mm	0	5	10

Ⓑ

		Praticável	Não praticável	1,5 dia não praticável
mm	0	5	10	10+

Fig. 7.3 *Praticabilidade em função da precipitação atmosférica: (A) variação 1 e (B) variação 2*

Dicas

- O importante é que o engenheiro defina uma regra e *valide-a com dados reais do campo.*
- Onde buscar dados pluviométricos: Instituto Nacional de Meteorologia (Inmet; Brasil), Departamento de Águas e Energia Elétrica (Daee; Estado de São Paulo).
- Há contratos que preveem a concessão de aumento de prazo para chuvas acima de um certo limite (são ditos cronograma seco); há outros que não preveem isso (são ditos cronograma molhado).
- Sempre registre no diário de obras as condições climáticas do local. Utilizo o formulário da Fig. 7.4. Gostou?

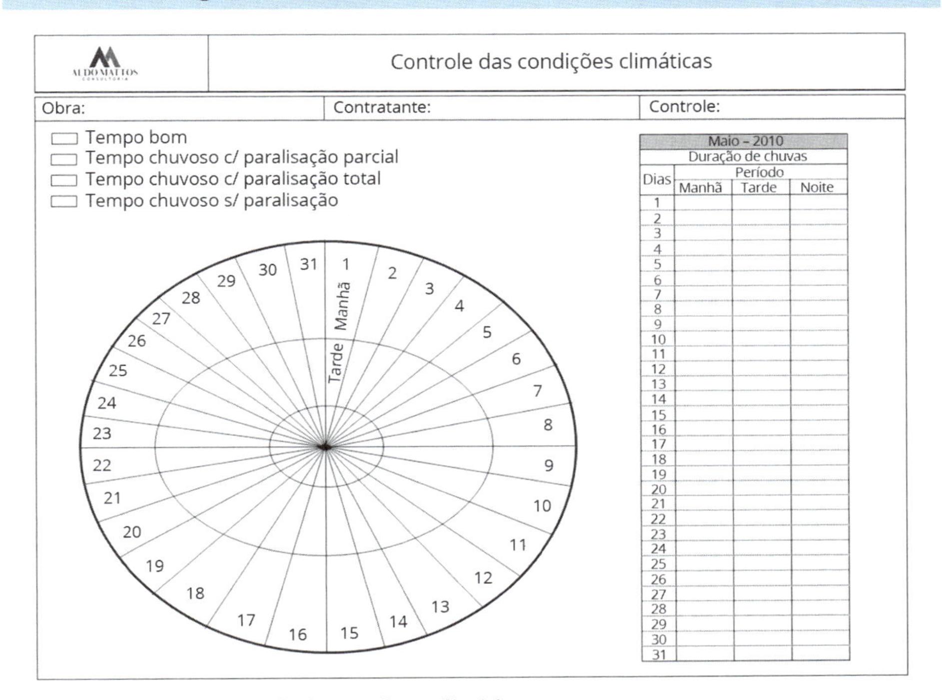

Controle das condições climáticas

Obra:	Contratante:	Controle:

- ☐ Tempo bom
- ☐ Tempo chuvoso c/ paralisação parcial
- ☐ Tempo chuvoso c/ paralisação total
- ☐ Tempo chuvoso s/ paralisação

Maio - 2010			
Duração de chuvas			
Dias	Período		
	Manhã	Tarde	Noite
1			
2			
3			
4			
5			
6			
7			
8			
9			
10			
11			
12			
13			
14			
15			
16			
17			
18			
19			
20			
21			
22			
23			
24			
25			
26			
27			
28			
29			
30			
31			

Fig. 7.4 *Formulário de controle das condições climáticas*

7.4 Tendência e projeção

Uma das tarefas clássicas de um engenheiro de custos – pelo menos deveria ser – é a aferição do desempenho das equipes de campo para saber se os serviços estão avançando conforme o orçamento ou se há desvios e quão graves eles são.

Essa tarefa envolve dois termos que são corriqueiramente utilizados indistintamente, mas que têm uma diferença conceitual entre si: *tendência* e *projeção*.

Por *tendência* entende-se o exame de resultados passados e a detecção de um padrão de eventos. A tendência baseia-se na avaliação de fatos passados, eventos que já ocorreram. Trata-se, portanto, de olhar para trás, avaliar o que foi feito e gerar dados históricos de avanço, produtividade, custo unitário, absenteísmo, preço de insumos, perdas de material, defeitos, retrabalho etc. A tendência mostra o desempenho até o momento. O termo em inglês é *trend*.

Por *projeção* – o termo em inglês é *forecast* – entende-se a predição de algo que pode ocorrer no futuro. Trata-se, portanto, de olhar para frente, predizer um comportamento futuro, seja extrapolando um comportamento passado – olhe aí a tendência! –, seja se valendo de algum outro parâmetro de extrapolação de desempenho. A própria origem da palavra nos ajuda a entender seu significado:

> *Do latim PROJECTUM, "algo lançado à frente", de PROJICERE, formado por PRO-, "à frente", + JACERE, "lançar, atirar".*

Se tomarmos como exemplo o clima, o registro histórico de temperaturas nos leva a uma tendência de aquecimento global. A projeção seria a previsão de como estará o nível do mar daqui a 50 anos de acordo com essa tendência de aumento de temperatura (Fig. 7.5).

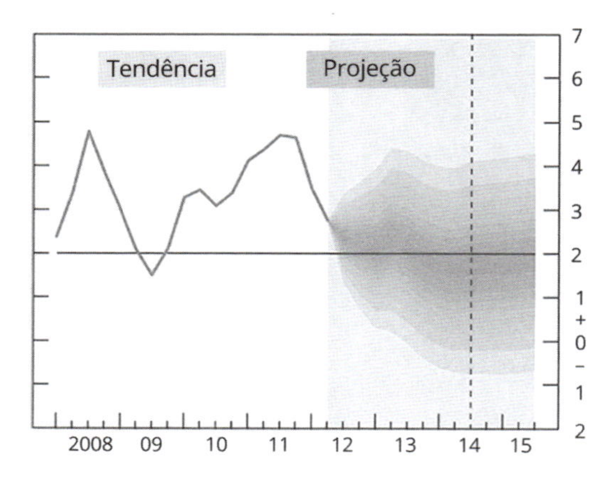

Tendência é **retrospectiva**

Projeção é **prospectiva**

Fig. 7.5 *Tendência e projeção*

Entendido isso, vamos a mais um de nossos "poderosos" exemplos.

Exemplo 7.2

Uma obra de terraplenagem tem um volume de 100.000 m³ a ser escavado. A escavação foi orçada criteriosamente por um engenheiro de custos, com a premissa de que a escavadeira atingiria uma produtividade de 50 m³/h. Ao final de um mês, o engenheiro consolidou as horas trabalhadas de escavadeira (500 h) e o volume escavado naquele período (20.000 m³). Qual é a tendência? Como fazer uma projeção?

Primeiramente calculemos o *total de horas estimadas* (orçadas) para fazer o serviço:

$$100.000\ m^3/50\ m^3/h = 2.000\ h$$

Qual a *produtividade real* até a data, ou seja, qual a tendência da obra em termos de produtividade?

$$20.000\ m^3/500\ h = 40\ m^3/h$$ (produtividade bastante *inferior* à orçada)

Pode-se fazer quatro tipos de projeção (vá lendo a explicação e consultando a Tab. 7.4):

Projeção 1 – Tendência atual vale até o fim

Essa vertente defende que o comportamento futuro é igual ao passado. A produtividade média aferida no campo até agora prevalecerá até o fim. Essa é uma visão realista, que privilegia os dados históricos da obra.

Cálculos:

- Estimativa de horas para terminar (EPT) = volume restante/tendência = 2.000 h.
- Estimativa de horas no término da escavação (ENT) = horas já gastas + EPT = 2.500 h (= estouro de 500 h em relação ao orçado).

Projeção 2 – Produtividade futura será aquela do orçamento

Essa vertente defende que o comportamento futuro será melhor do que o passado. Essa é a posição de quem defende que até agora a equipe estava se aclimatando às condições de trabalho e que daqui para frente tudo será diferente, com a equipe atingindo a produtividade do orçamento no volume que ainda falta ser escavado. Essa é uma visão otimista, que privilegia o aprimoramento da produtividade em relação aos dados históricos da obra.

Tab. 7.4 Horas previstas, horas realizadas e tendência

Previsto (orçado)		
Volume total	100.000	m^3
Produtividade	50,0	m^3/h
Horas de escavadeira	2.000	h

Realizado após um mês		
Volume escavado	20.000	m^3
Horas trabalhadas de escavadeira (H)	500	h
Produtividade adotada	40,0	m^3/h
	Tendência	

Projeção 1 – Tendência atual vale até o fim		
Volume restante	80.000	m^3
Produtividade adotada	40,0	m^3/h
Horas de escavadeira para terminar (EPT)	2.000	h
Horas totais de escavadeira no término (ENT = EPT + H)	2.500	h
Resultado	**-500**	h
	Estouro	

Projeção 2 – Produtividade futura será a do orçamento		
Volume restante	80.000	m^3
Produtividade adotada	50,0	m^3/h
Horas de escavadeira para terminar (EPT)	1.600	h
Horas totais de escavadeira no término (ENT = EPT + H)	2.100	h
Resultado	**-100**	h
	Estouro	

Projeção 3 – Produtividade futura será aquela que garante o orçamento		
Volume restante	80.000	m^3
Horas totais de escavadeira orçadas (ENT)	2.000	h
Horas já gastas	500	h
Horas ainda disponíveis (ENT – H)	1.500	h
Produtividade necessária	53,3	m^3/h
Resultado	0	h
	Empate	

Cálculos:

- Estimativa de horas para terminar (EPT) = volume restante/produtividade orçada = 1.600 h.
- Estimativa de horas no término da escavação (ENT) = horas já gastas + EPT = 2.100 h (= estouro de 100 h em relação ao orçado).

Projeção 3 – Produtividade futura será aquela que garante o orçamento

Essa vertente defende que o comportamento futuro será tão melhor, que as deficiências do passado serão eliminadas e a produtividade média da obra será a orçada. A questão aqui é calcular qual a produtividade que deverá ser alcançada no volume remanescente de modo que a produtividade média seja 50 m^3/h. Essa é uma visão com foco em atribuição de uma meta futura que minimize os percalços do passado.

Cálculos:

- Horas totais orçadas = 2.000 h.
- Horas disponíveis para não estourar = 2.000 h – 500 h = 1.500 h.
- Produtividade necessária para fazer os 80.000 m^3 em 1.500 h = 53,3 m^3.

Projeção 4 – Reorçamento

Essa vertente defende que o engenheiro deverá reorçar o serviço que falta ser feito. Aqui pode-se rever métodos executivos etc.

A pergunta que sempre me fazem é: qual das projeções indicadas eu devo mostrar? Minha resposta é: *todas*. É melhor mostrar cenários e municiar a equipe gestora de elementos técnicos para a tomada de decisões do que querer sempre mostrar um resultado “bonitinho”.

7.5 Planejamento e suprimento – amigos ou inimigos?

A maravilha de um bom planejamento reside justamente na capacidade que ele tem de integrar todas as áreas da obra e toda a equipe da obra em torno de um cronograma racional, lógico, exequível e de consenso. Ele serve de referência para o setor de engenharia emitir a programação semanal de serviços, ajuda o setor de produção a pensar na distribuição de seus homens nas frentes de obra, indica ao setor de suprimento as prioridades de compras, aponta ao setor financeiro os custos que serão incorridos no período e orienta o setor de pessoal para a tarefa de recrutamento e admissão de operários.

Entretanto, ainda persiste nas construtoras o mito do tocador de obra, aquela crença supostamente inabalável de que a experiência é mais importante do que o planejamento. Temos visto que não é bem assim.

A maneira correta de proceder ao montar o planejamento de uma obra é estudar o projeto, dispor dos quantitativos e das produtividades do orçamento, determinar a duração das atividades, definir o plano de ataque e, finalmente, obter o cronograma da obra. Porém, essa trabalheira toda só levará a um resultado útil se todas as áreas se envolverem na determinação das premissas e “abençoarem” o cronograma como a meta a ser batida. Engana-se quem acha que o planejamento é mero exercício de puxar barras e imprimir gráficos coloridos que ninguém usa e nem sequer lê.

Pensando pelo lado da área de *suprimento* – antigamente, conhecida como departamento de compras e, agora, já começando a ser chamada pelo dispensável termo inglês *procurement* –, é o planejamento da obra que vai nortear a ação de seus profissionais. Quando o comprador lê no cronograma que o assento de azulejo do edifício se iniciará em 15 de setembro, sua tarefa é garantir que o material esteja disponível no canteiro de obras até no máximo dia 14, devidamente conferido, testado e liberado para uso. De nada adiantará fazer uma negociação vantajosa sob o ponto de vista de custos se o insumo não estiver disponível na data que o cronograma indica como início da atividade.

Um processo de compra típico geralmente envolve várias etapas, mostradas na Fig. 7.6.

Como cada uma dessas etapas tem uma duração específica para cada insumo a ser comparado, o pessoal do setor de suprimento precisa fazer uma conta “de trás para frente” a fim de saber quando deverá disparar o processo de compra.

Supondo, por exemplo, que a aquisição do azulejo para o edifício requeira dez dias para a cotação e o fechamento do contrato, cinco dias para a tramitação do pedido de compra e 30 dias para que o fornecedor entregue o azulejo na obra, o prazo

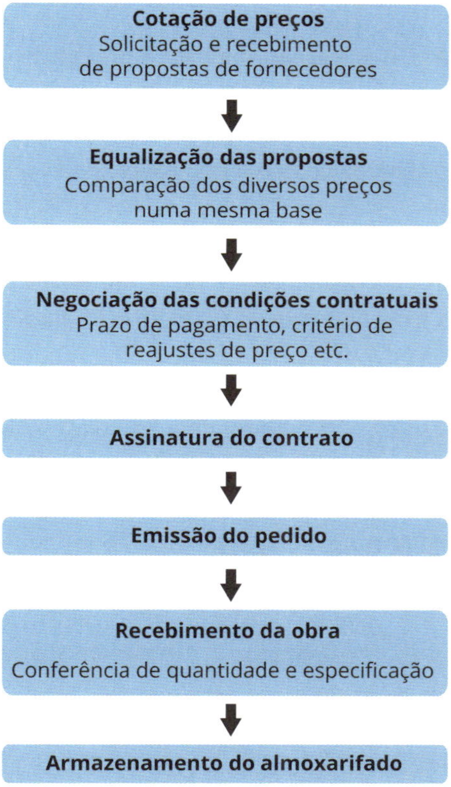

Cotação de preços
Solicitação e recebimento de propostas de fornecedores

↓

Equalização das propostas
Comparação dos diversos preços numa mesma base

↓

Negociação das condições contratuais
Prazo de pagamento, critério de reajustes de preço etc.

↓

Assinatura do contrato

↓

Emissão do pedido

↓

Recebimento da obra
Conferência de quantidade e especificação

↓

Armazenamento do almoxarifado

FIG. 7.6 *Etapas do processo de compra*

total é de 45 dias, o que significa que o processo de aquisição do azulejo deverá ser iniciado em 1º de agosto.

O trabalho do pessoal de suprimento precisa, então, estar plenamente casado com o planejamento. Em verdade, a partir do cronograma executivo da obra, obtém-se o cronograma de compras subtraindo-se do início de cada atividade o prazo total requerido no processo. Logicamente, há insumos que demandam longos prazos – elevador, pele de vidro para fachada, turbina de usina hidrelétrica – e outros que são mais imediatos e de fornecimento praticamente contínuo – prego, concreto.

A interação constante das equipes de planejamento e de suprimento é algo que interessa a todos na obra. Aliás, como o cronograma é dinâmico por natureza, atualizá-lo periodicamente, de preferência semanal ou quinzenalmente, é uma prática importante para que tudo corra bem e que deve ser enfatizada e cobrada pela equipe gestora do contrato.

Um erro que notamos com certa frequência em cronogramas de obra é a previsão de serviços muito cedo, sem haver compatibilidade com o prazo que o fornecimento demanda. Execução de estacas-hélice e cimbramento de viadutos, por exemplo, que são atividades que ocorrem nas primeiras semanas da obra, precisam estar casados com os prazos mínimos para a mobilização do equipamento e a entrega do material, informação que o setor de suprimento detém.
Diante desses argumentos, a sensação que temos é que fazer a obra por sentimento ajuda muito na solução de problemas, mas não substitui um bom planejamento e, mais do que tudo, o trabalho integrado da equipe de obra.

7.6 Fazendo o fluxo de caixa da obra

Imagine uma obra bem orçada, bem planejada e que tenha previsto 10% de lucro. Aos olhos de um analista incauto, parece que temos o melhor dos mundos: obra feita com dinheiro em caixa e resultado positivo do primeiro ao último mês. Mas não é bem assim que as coisas funcionam, porque a dinâmica da construção envolve dois aspectos que não podem ser subestimados:

- o fator tempo, isto é, como os serviços se situam ao longo dos meses;
- a forma como os serviços são pagos pela construtora (à vista, a prazo) e a defasagem entre esses desembolsos e o recebimento do dinheiro da medição pelo contratante.

Se você parar para pensar, na maioria das vezes o construtor *financia* a obra para seu contratante, pois gasta para fazer o serviço e somente depois é que recebe por ele. É esse "descompasso" entre a saída e a entrada do dinheiro que precisa ser analisado pelo orçamentista e pela diretoria da empresa.

É por isso que não se pode confundir orçamento com fluxo de caixa. Enquanto o orçamento é uma posição estática, o *fluxo de caixa* (ou *cash flow*, em inglês) refere-se ao fluxo do dinheiro no caixa da empresa, ou seja, ao montante de dinheiro recebido e gasto pela empresa durante um período de tempo definido.

Exemplo 7.3

O exemplo a seguir há de esclarecer como se obtém o fluxo de caixa de uma obra.

Seja uma obra hipotética que tenha uma planilha de quatro serviços (A a D) e que possua um custo direto orçado por 400 unidades monetárias e um custo indireto, por 100. A Tab. 7.5 mostra esse custo distribuído no tempo, ou seja, sob a forma de um cronograma.

Tab. 7.5 Custo distribuído no tempo

Atividade	Custo	Mês					Total
		1	2	3	4	5	
A	100	50	50				100
B	100		40	40	20		100
C	100			50	50		100
D	100				50	50	100
Indireto	100	20	20	20	20	20	100
Total	*500*	*70*	*110*	*110*	*140*	*70*	*500*

Para passarmos de custo a venda, digamos que a empresa pretenda obter 100 de lucro, o que nos leva à Tab. 7.6, que é a Tab. 7.5 com indireto e lucro diluídos nos quatro serviços.

Tab. 7.6 Preço distribuído no tempo

Atividade	Preço	Mês					Total
		1	2	3	4	5	
A	150	75	75				150
B	150		60	60	30		150
C	150			75	75		150
D	150				75	75	150
Total	*600*	*75*	*135*	*135*	*180*	*75*	*600*

O cronograma da Tab. 7.6 é o que se chama de cronograma econômico, porque está levando em consideração o momento da execução do serviço (isto é, o fato gerador), e não o momento em que o construtor receberá o dinheiro. É, portanto, um cronograma feito por regime de competência, e não por regime de caixa.

Como o que estamos buscando é o fluxo de caixa, precisamos agora verificar quando e como a obra realmente gastará os 500 e quando e como ela realmente receberá os 600. É aí que está o xis da questão da gestão financeira do contrato.

Suponhamos que nessa obra 50% do custo do serviço seja desembolsado no próprio mês de execução do serviço e que 50% seja desembolsado somente no mês seguinte. Essa não é uma premissa absurda: é o que acontece assumindo-se que a mão de obra corresponda a metade do custo do serviço, sendo paga no mesmo mês do serviço, e que o construtor consiga negociar o pagamento do material para 30 dias. Dessa forma, o cronograma de saída do dinheiro (desembolso) é o da Tab. 7.7. Note que ele vai até o mês 6.

Tab. 7.7 Desembolso ao longo do tempo

Atividade	Custo	Mês						Total
		1	2	3	4	5	6	
A	100	25	50	25				100
B	100		20	40	30	10		100
C	100			25	50	25		100
D	100				25	50	25	100
Indireto	100	10	20	20	20	20	10	100
Total	*500*	*35*	*90*	*110*	*125*	*105*	*35*	*500*

Vejamos agora quando entra dinheiro na conta do construtor. Para isso, precisamos de outra premissa: a medição é paga no mês seguinte ao da execução dos serviços. Com essa premissa, o momento de ingresso do dinheiro é, portanto, a Tab. 7.6 "empurrada" um mês para frente (Tab. 7.8). Como era de se esperar, essa tabela também tem seis meses.

Tab. 7.8 Ingresso de dinheiro

Atividade	Preço	Mês						Total
		1	2	3	4	5	6	
Total	*600*		*75*	*135*	*135*	*180*	*75*	*600*

O que nos resta agora é juntar todas as peças para obter o fluxo de caixa da obra, isto é, verificar mês a mês quanto entrou e quanto saiu e, assim, obter o movimento de caixa ao longo da obra. Basta olhar as Tabs. 7.7 e 7.8. Para os meses 1 e 2, por exemplo:

- *mês* 1: a obra desembolsou 35 e teve 0 de ingresso, ficando, portanto, com saldo negativo de 35;
- *mês* 2: a obra desembolsou 90 e teve 75 de ingresso, o que dá uma posição de –15 no mês e saldo acumulado negativo de 50.

A Tab. 7.9 e a Fig. 7.7 sintetizam os cálculos.

Tab. 7.9 Fluxo de caixa

	Mês						Total
	1	2	3	4	5	6	
Desembolso	35	90	110	125	105	35	500
Ingresso		75	135	135	180	75	600
Saldo no mês	–35	–15	25	10	75	40	
Saldo acumulado	*–35*	*–50*	*–25*	*–15*	*60*	*100*	

Agora transporte esse raciocínio para uma construtora que tem dez obras dessa mesma natureza. A depender do estágio de cada obra, a defasagem entre o econômico e o financeiro pode levar a empresa à ruína. É como se diz lá em Sergipe: "vai morrer de fome com a boca cheia".

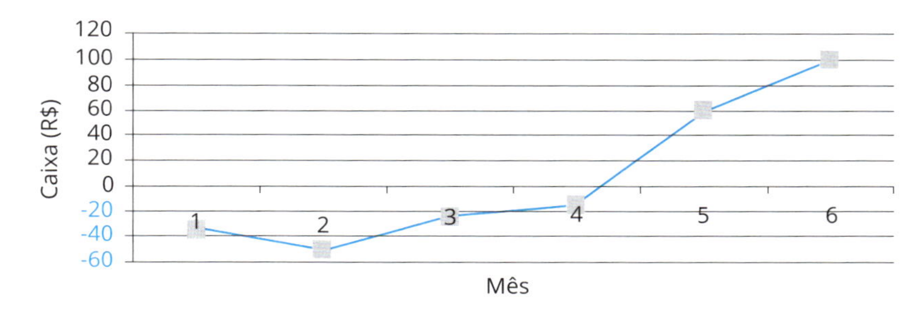

Fig. 7.7 *Fluxo de caixa*

Conclusão: embora a obra tenha sido bem orçada e dê um lucro de 100, ela só operará "no azul" após o quarto mês! Além disso, a obra alcançará uma posição de –50 no segundo mês. Será que a empresa consegue ficar com esse montante descoberto? Terá saúde financeira para isso? Precisará recorrer a empréstimos nada baratos?

Vimos, então, o que é o *fluxo de caixa* da obra e como obtê-lo através do cronograma de desembolso e de recebimento. Trata-se, portanto, de uma análise econômica, e não financeira, pois o que se leva em conta é o momento real em que o dinheiro entra ou sai, isto é, o raciocínio deve ser feito segundo o regime de caixa.

Como, então, atenuar o desencaixe entre entrada e saída de dinheiro? Algumas soluções possíveis são descritas a seguir, com suas particularidades e aplicações.

7.6.1 Obter um adiantamento

Essa seria a maneira mais simples de resolver a situação de caixa negativo. Mediante o recebimento de um *sinal* ou adiantamento, o construtor já começaria a obra com um dinheiro suficiente para lhe dar capital de giro, de forma que não precisaria usar seu próprio dinheiro na execução dos serviços.

Essa opção tem a vantagem óbvia do conforto que dá ao construtor. Por outro lado, o adiantamento que o contratante se dispõe a conferir não é capaz de eliminar totalmente os momentos de caixa negativo. No exemplo dado, só um adiantamento de 50 unidades monetárias é que faria o construtor atravessar todo o prazo da obra "no azul".

Outra observação é que adiantamentos só são permitidos em contratos privados. Em obras públicas eles são vedados (dá para adivinhar por quê?). O que pode haver na planilha de preços da obra é o item *mobilização*, que eventualmente representa um "suspiro" para o construtor, ainda que esse item não tenha como objetivo servir de adiantamento, e sim pagar as pesadas contas de mobilizar equipamento e pessoal, montar canteiro etc.

7.6.2 Parcelar mais as compras

Nosso exemplo partiu da premissa de que 50% do custo do serviço (supostamente a parcela relativa à mão de obra) é pago no próprio mês de execução e 50% é pago no mês seguinte (supostamente a parcela relativa à compra de material, aluguel de equipamento etc.).

Nossa premissa baseou-se na crença de que o construtor conseguirá pagar as faturas de compra com 30 dias de prazo. Essa crença é válida, considerando que a maioria das empresas consegue realmente esse tipo de prazo no mercado.

Todavia, se o construtor dispuser de bom nome na praça, talvez até consiga parcelar suas compras para pagar, por exemplo, a 30 e 60 dias. Nesse caso, a dilatação do prazo de pagamento das notas tem uma influência extremamente benéfica no fluxo de caixa da obra. O custo do mês seria desembolsado 50% no próprio mês, 25% no mês seguinte e 25% no subsequente.

As Tabs. 7.10 e 7.11 e a Fig. 7.8 mostram como seriam o cronograma de desembolso e o fluxo de caixa. Observa-se que, com o parcelamento mais dilatado, a obra já sai do negativo no terceiro mês. Cabe ao leitor tentar demonstrar como cheguei aos números (é fácil, se tiver entendido o texto desde o início).

Tab. 7.10 Desembolso 30-60

Atividade	Custo	Mão de obra	Material a 30	Material a 60	Mês							Total
					1	2	3	4	5	6	7	
A	100	50%	25%	25%	25	37,5	25	12,5				100
B	100	50%	25%	25%		20	30	30	15	5		100
C	100	50%	25%	25%			25	37,5	25	12,5		100
D	100	50%	25%	25%				25	37,5	25	12,5	100
Indireto	100	50%	25%	25%	10	15	20	20	20	10	5	100
Total	*500*				*35*	*72,5*	*100*	*125*	*97,5*	*52,5*	*17,5*	*500*

Tab. 7.11 Fluxo de caixa

	Mês							Total
	1	2	3	4	5	6	7	
Desembolso	35	72,5	100	125	97,5	52,5	17,5	500
Ingresso		75	135	135	180	75		600
Saldo no mês	−35	2,5	35	10	82,5	22,5	−17,5	
Saldo acumulado	*−35*	*−33*	*3*	*13*	*95*	*118*	*100*	

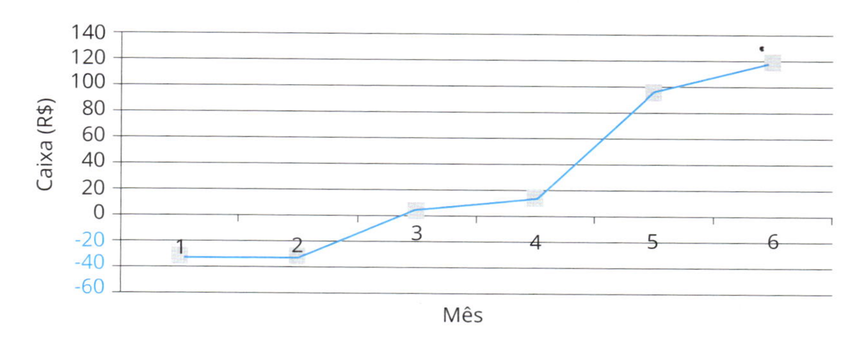

Fig. 7.8 *Fluxo de caixa*

7.6.3 Alterar o cronograma

Essa solução consiste em dispor os serviços de forma diferente no tempo. Ao fazer isso, o orçamentista obviamente altera o fluxo de caixa.

O perigo dessa solução é que não se pode sair puxando barras aleatoriamente. É preciso levar em conta que a posição das barras reflete o *planejamento* da obra, a sequência das etapas e o plano de ataque das diversas frentes de serviço.

7.6.4 Desbalancear a planilha de preços

Por fim, destacamos o fatídico *desbalanceamento* ou *jogo de planilha*, artifício que consiste na aplicação de BDI não linear ao longo da planilha. Em outras palavras, o construtor atribui preços maiores para os serviços que acontecem mais cedo, e preços mais baixos para os serviços que acontecem mais tarde.

Na Tab. 7.12 apresentamos a planilha com jogo de planilha nos itens A (para mais) e D (para menos). O valor total fica inalterado. O fluxo de caixa correspondente está na Tab. 7.13 e na Fig. 7.9. Viram como melhora?

Essa maneira é a *menos* recomendada, porque inevitavelmente cria conflito entre contratante e contratado.

Tab. 7.12 Preço distribuído no tempo

Atividade	Preço	Total					
		1	2	3	4	5	
A	250	125	125				250
B	150		60	60	30		150
C	150			75	75		150
D	50				25	25	50
Total	*600*	*125*	*185*	*135*	*130*	*25*	*600*

Tab. 7.13 Fluxo de caixa

	Mês						Total
	1	2	3	4	5	6	
Desembolso	35	90	110	125	105	35	500
Ingresso		125	185	135	130	25	600
Saldo no mês	–35	35	75	10	25	–10	
Saldo acumulado	*–35*	0	*75*	*85*	*110*	*100*	

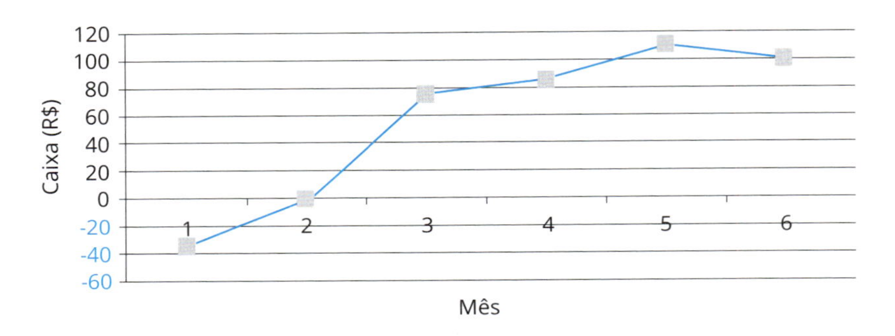

Fig. 7.9 *Fluxo de caixa*

7.7 BIM 3D, 4D, 5D, 6D E 7D

Construtores e incorporadores apostam cada vez mais no *Building Information Modeling* (BIM), uma poderosa metodologia de modelagem tridimensional que vai além da simples maquete eletrônica da edificação.

A ideia por trás do BIM é ser uma plataforma em que se carreguem todas as informações para a gestão do projeto, da obra e de toda a vida útil do prédio ou instalação. Os projetistas trabalham sobre uma mesma base, sendo possível antever e corrigir as inevitáveis interferências entre, por exemplo, o projeto estrutural e o de ar-condicionado.

Os principais mercados de construção mundiais relatam que a adoção do BIM reflete-se em melhorias de produtividade, eficiência e qualidade dos projetos, com consequente ganho em competitividade. Parece que enfim se chega a uma massa crítica de empreendimentos que dão peso à metodologia e permitem ver que sua implementação traz resultados auspiciosos.

Quem se dispõe a erigir uma edificação a partir de projetos arquitetônicos está sempre certo de que possui todos os elementos construtivos necessários às atividades de campo e que executará a obra sem tropeços. Ledo engano. O que a experiência mostra é que quase nunca o projeto almejado é o que efetivamente se constrói, pois há interferências, ineficiências, alterações de projeto, mudanças de especificações e, o que não é raro acontecer, a obra é iniciada sem que o projeto esteja num grau de maturação minimamente compatível com os serviços de construção.

7.7.1 BIM 3D

O BIM 3D consiste na consolidação dos projetos da obra em um mesmo ambiente virtual, em três dimensões e com todos os elementos necessários para sua caracterização e posicionamento espacial (Fig. 7.10).

Umas das grandes vantagens do BIM 3D é o que se chama de *clash detection* (detecção de conflitos), isto é, a identificação de inconsistências entre os diversos projetos, como uma porta fora de lugar, um tubo que colide com o pilar etc. (Fig. 7.11).

7.7.2 BIM 4D

No BIM 4D, os elementos gráficos da edificação podem ser atrelados ao cronograma da obra (Fig. 7.12). Essa correlação torna possível ao gestor acompanhar o avanço físico da construção e, com o simples arrasto de um cursor do computador sobre o cronograma, ver a obra sendo paulatinamente construída como num filme.

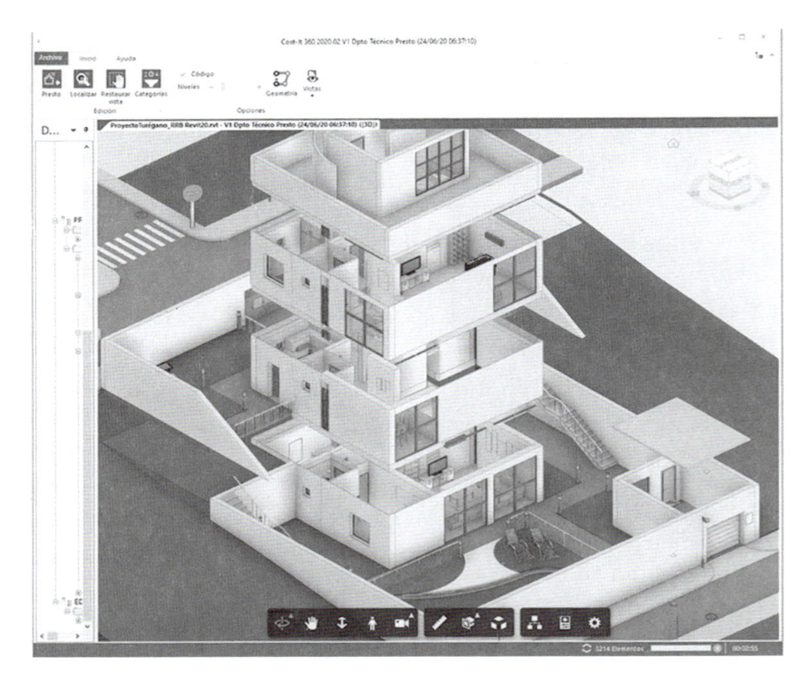

FIG. 7.10 *BIM 3D*

FIG. 7.11 *Detecção de conflito* (clash detection)
Fonte: cortesia de Micheli Mohr (Eberick).

7.7.3 BIM 5D

No BIM 5D, agrega-se a dimensão *custo* ao modelo tridimensional (Fig. 7.13). Cada elemento do projeto passa a ter vinculação aos dados de custo. Assim, a alvenaria mostrada no pavimento fica ligada a seu orçamento e a seus respectivos insumos de produção. A alteração da dimensão física de um elemento na planta torna possível a atualização automática do orçamento.

O BIM 5D é útil também sob o ponto de vista mercadológico, já que propicia a gravação de filmes da evolução da obra, para o encantamento dos clientes.

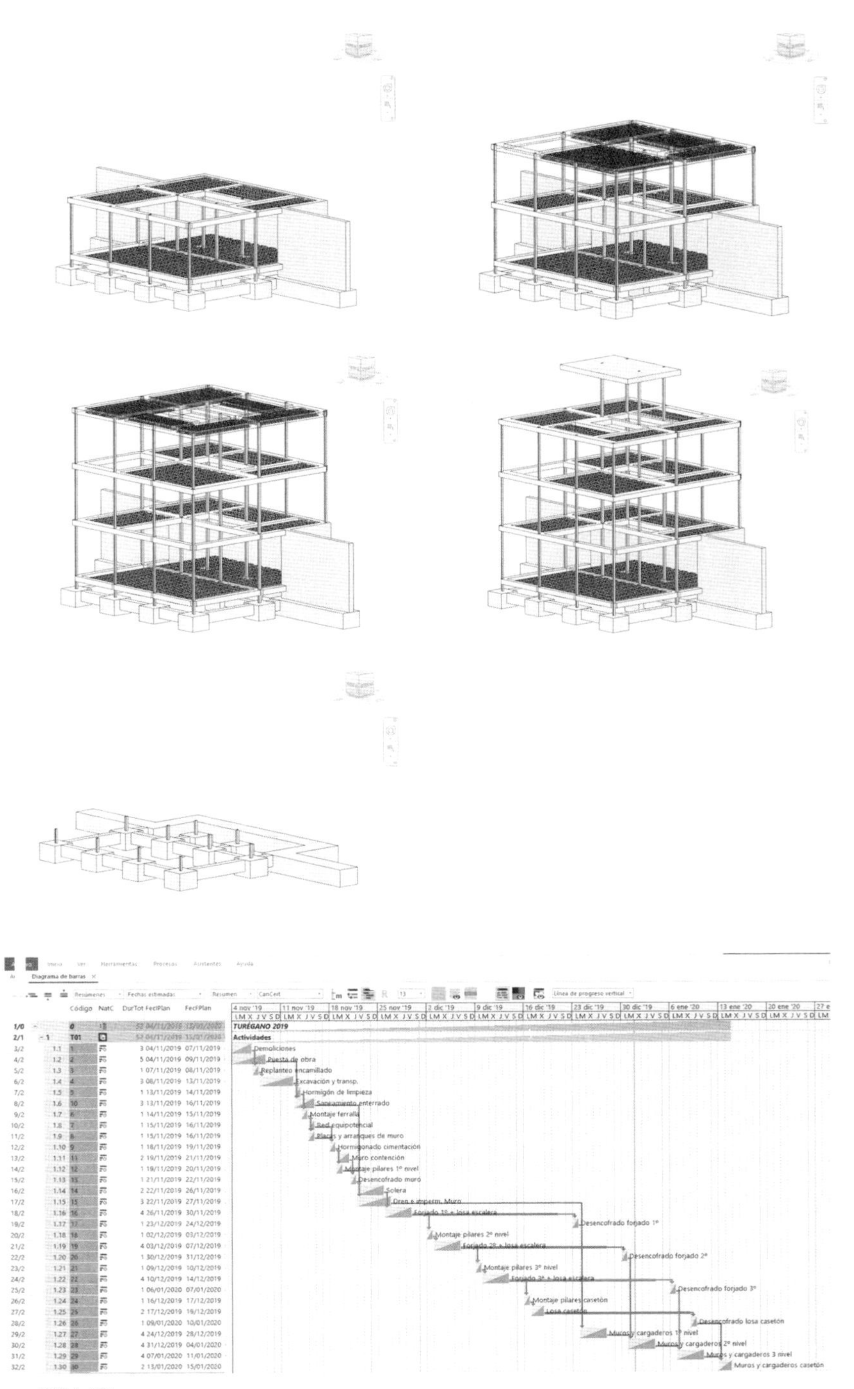

Fig. 7.12 *BIM 4D*

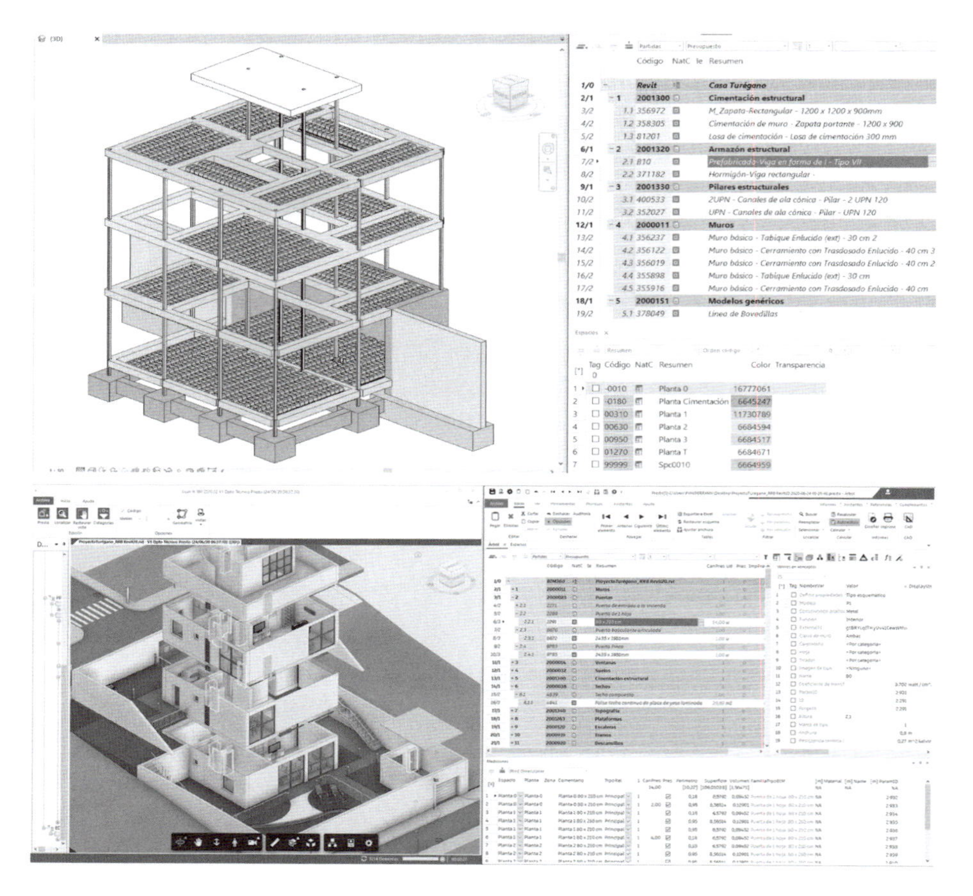

Fig. 7.13 *BIM 5D*

7.7.4 BIM 6D

O BIM 6D trata de sustentabilidade. Simulações feitas no modelo da edificação permitem a avaliação de parâmetros como eficiência energética, por exemplo. Estimativas de consumo e gastos com energia podem ser realizadas ainda na fase de concepção do projeto, permitindo a adoção de soluções arquitetônicas, de materiais e tecnológicas que otimizem a iluminação e o condicionamento de ar.

7.7.5 BIM 7D

Em toda essa evolução do BIM, o que a meu ver garantirá sua penetração nas empresas brasileiras é a exigência cada vez maior de proprietários e operadores de edifícios comerciais, hospitais, aeroportos, faculdades, estações de tratamento de efluentes e indústrias para que seus projetos sejam feitos em BIM.

A razão é que essa sétima dimensão constitui a *facilities management*, ou seja, o gerenciamento do ciclo de vida do bem em questão. Com o BIM 7D, pode-se controlar a garantia dos equipamentos, planos de manutenção, dados de fabricantes e fornecedores, custos de operação e até mesmo armazenar fotos.

No entanto, a passagem do processo tradicional de desenvolvimento de projeto para uma metodologia BIM requer mudanças de paradigma. Será preciso que todos os projetistas trabalhem sob uma mesma coordenação com *softwares* que "conversem" entre si e requeiram codificações alfanuméricas comuns. Isso, às vezes, assusta quem não está disposto a mudar sua prática de trabalho.

Em suma, o BIM pode ser utilizado ao longo de todo o ciclo de vida de um empreendimento, desde a concepção até a fase de uso e operação da instalação. A Fig. 7.14 apresenta os benefícios do BIM em cada fase.

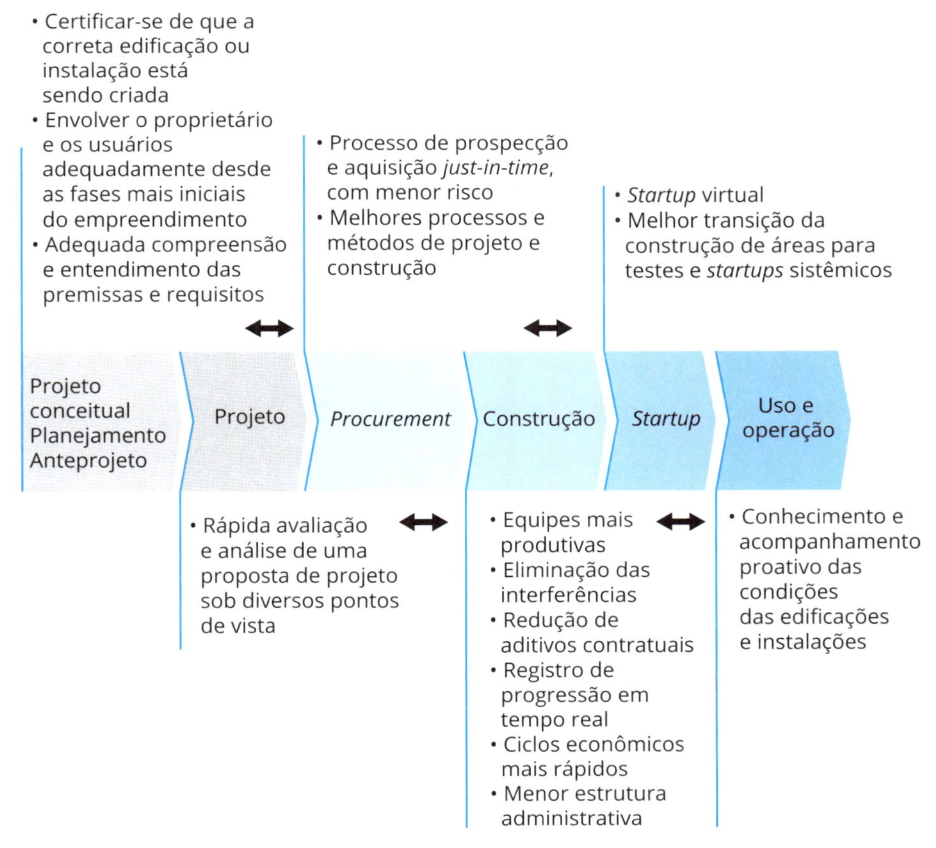

Fig. 7.14 *Principais macrofases do ciclo de vida típico de um empreendimento e os principais benefícios da adoção BIM*
Fonte: CBIC (2016).

É difícil o engenheiro e o arquiteto não se convencerem de sua enorme potencialidade. Há quem teorize ainda o BIM 8D (segurança), 9D (*lean construction*) e 10D (construção industrializada). O BIM não constitui uma mudança de ferramenta. Ele constitui prioritariamente uma evolução na filosofia de trabalho.

7.8 Origem e destino dos materiais

Em obras que envolvem atividades de movimento de terra (escavação de solo, escavação de rocha, aterro, britagem), os volumes de materiais primários precisam ser bem gerenciados. O orçamentista – e futuramente a equipe executora da obra – precisa saber como esses diversos volumes se relacionam, de modo a calcular distâncias de transporte e a necessidade de jazidas e locais de bota-fora.

A maneira correta de trabalhar com esses volumes é utilizar o mapa *origem-destino* dos materiais, que nada mais é do que um fluxograma que mostra de onde é extraído cada material (solo, rocha, material britado) e para onde ele vai (aterro, concreto, bota-fora). Há quem faça essa correlação direto na forma tabular (uma tabela de origem e destino), mas explicaremos o método de uma forma gráfica, bem mais ilustrativa.

Nesses fluxogramas normalmente se colocam as origens do lado esquerdo e os destinos do lado direito. Alguns possíveis locais de origem e destino são apresentados no Quadro 7.2.

Quadro 7.2 Origem e destino dos materiais

Origem	Destino
Escavações obrigatórias de solo	Núcleo da barragem
Escavações obrigatórias de rocha	Enrocamento
Jazida de solo	Concreto estrutural
Importação de material (de outra obra)	Base do pavimento

Quando o planejamento da obra indica que algum material deve passar por uma etapa de processamento – central de britagem, central de concreto – ou precisa ir temporariamente para um estoque, essas etapas precisam estar mostradas no fluxograma.

Exemplo 7.4

Vejamos o exemplo de uma barragem composta de um maciço de aterro compactado (2.000.000 m³ de aterro), com um filtro granular (5.000 m³) e uma zona de enrocamento (800.000 m³) em cada face, além de ter um vertedouro de concreto (15.000 m³) (Tab. 7.14). O material para o aterro virá de uma jazida de solo. O enrocamento e a brita para o filtro e o concreto virão de uma pedreira.

Para fazer o fluxograma origem-destino, há três perguntas a responder:

a) Que volume será extraído da jazida (medido no corte)?

b) Qual o volume de rocha a ser explorado na pedreira?
c) Que parcela do volume de rocha passará pela central de britagem?

Tab. 7.14 Volumes da obra

Aterro em solo	2.000.000 m³
Enrocamento	800.000 m³
Filtro de brita	5.000 m³
Concreto do vertedouro	15.000 m³

Para o cálculo do volume que será extraído da jazida, precisamos trabalhar com as densidades por causa dos fenômenos do empolamento (aumento de volume do material solto em relação à condição natural) e da contração (redução de volume do material ao ser compactado). Por isso, precisamos das densidades dos materiais no corte (no estado natural, no terreno antes de ser escavado), solto (no caminhão, após ser escavado) e no aterro (compactado) (Tab. 7.15).

Tab. 7.15 Dados de laboratório

Densidades do solo	
No corte (δ_c)	$1{,}6\ t/m^3{}_c$
Solta (δ_s)	$1{,}2\ t/m^3{}_s$
No aterro (δ_a)	$1{,}7\ t/m^3{}_a$
Densidades dos agregados	
Rocha matriz (δr_c)	$2{,}6\ t/m^3{}_c$
Brita solta (δb_s)	$1{,}4\ t/m^3{}_s$
Brita compactada (δb_a)	$1{,}8\ t/m^3{}_a$
Enrocamento compactado (δe_a)	$1{,}6\ t/m^3{}_a$
Dosagem do concreto	
Consumo de brita no concreto (*cbc*)	1,2 t por m³

Com esses dados, podemos chegar à solução do problema:

a) *Que volume será extraído da jazida (medido no corte)?*
Como a densidade do material compactado no aterro é maior do que a densidade do material *in situ*, teremos que escavar mais de 2.000.000 m³ para obter esse volume de aterro. A conta é:

$$\text{Volume no corte} = \text{volume no aterro} \cdot (\delta_a/\delta_c) = 2.000.000 \times (1{,}7/1{,}6) = 2.125.000\ m^3{}_c$$

A Tab. 7.16 sumariza o resultado.

Tab. 7.16 Volume a retirar da jazida

Aterro em solo	
Volume compactado	2.000.000 $m^3{}_a$
Volume no corte = volume compactado · (δ_a/δ_c)	2.125.000 $m^3{}_c$

Por que nos referimos sempre ao volume de corte? Simplesmente porque é no corte que a construtora e o fiscal da obra podem aferir com precisão o volume escavado: basta ter o perfil do terreno natural (seção primitiva) e depois levantar a seção topográfica final, obtendo por diferença o volume de escavação.

b) *Qual o volume de rocha a ser explorado na pedreira?*

A rocha de pedreira servirá para fornecer enrocamento, brita para filtro e brita para o concreto do vertedouro. Como a rocha matriz é mais coesa do que seus produtos, 1 m³ de rocha renderá mais de 1 m³ das demais. Calculemos essas três parcelas separadamente:

◊ *Enrocamento*

$$\text{Volume no corte} = \text{volume compactado} \cdot (\delta e_a/\delta r_c) = 800.000 \times (1{,}6/2{,}6) = 492.308\ m^3{}_c$$

◊ *Brita para filtro*

$$\text{Volume no corte} = \text{volume compactado} \cdot (\delta b_a/\delta r_c) = 5.000 \times (1{,}8/2{,}6) = 3.462\ m^3{}_c$$

◊ *Brita para concreto*

$$\text{Volume no corte} = \text{volume de concreto} \cdot \text{consumo de brita no concreto}/\delta r_c = 15.000 \times 1{,}2/2{,}6 = 6.865\ m^3{}_c$$

$$\text{Total} = 492.308 + 3.462 + 6.865 = 502.635\ m^3{}_c$$

c) *Que parcela do volume de rocha passará pela central de britagem?*

A quantidade de rocha que precisará ir para a central de britagem é aquela necessária para produzir *brita*: 3.462 + 6.865 = 10.327 $m^3{}_c$.

Os resultados são sintetizados na Tab. 7.17.

Tab. 7.17 Volume a explorar na pedreira

Para enrocamento	
Volume compactado	800.000 m^3_a
Volume no corte = volume compactado · $(\delta e_a/\delta r_c)$	492.308 m^3_c
Para filtro	
Volume compactado	5.000 m^3_a
Volume no corte = volume compactado · $(\delta b_a/\delta r_c)$	3.462 m^3_c
Para brita do concreto do vertedouro	
Volume compactado	15.000 m^3_a
Volume no corte = volume compactado · $(cbc/\delta r_c)$	6.865 m^3_c
Total	502.635 m^3_c

Volume a ser britado: 10.327 m^3_c

De posse de todos os dados, podemos fazer o *diagrama origem-destino* da obra (Fig. 7.15).

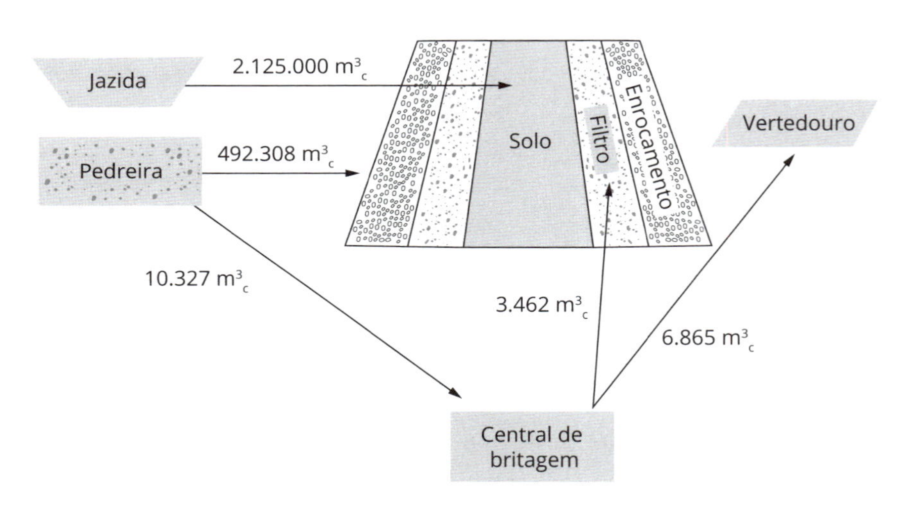

Fig. 7.15 *Diagrama origem-destino*

Na forma tabular, ficaria como mostrado na Tab. 7.18.

Tab. 7.18 Quadro origem-destino

		Destino (m^3_c)					
		Aterro em solo	Enrocamento	Central de britagem	Filtro	Concreto	Total
Origem	Jazida	2.125.000					*2.125.000*
	Pedreira		492.308	10.327			*502.635*
	Central de britagem				3.462	6.865	*10.327*
	Total	*2.125.000*	*492.308*	*10.327*	*3.462*	*6.865*	

Quando se mexe com terra, não existe metro cúbico sem índice (subscrito). Isso causa a maior confusão. Acostume-se a sempre referenciar o metro cúbico ao corte, ao estado solto ou ao aterro. Já vi muita gente boa se atrapalhar com isso...

7.9 Tipos de pleito

Embora os contratos de construção civil contenham muitas cláusulas prevendo um sem-número de situações, é virtualmente impossível que todas as variáveis estejam sob controle e que não haja mudanças durante a execução dos serviços. Mudanças são inerentes ao ambiente da construção, devido a muitos fatores.

Primeiramente há que se considerar que os *projetos* não conseguem prever tudo, por mais bem elaborados que sejam. Mesmo um projeto detalhado tem um certo grau de incerteza. As sondagens do solo são feitas em alguns poucos pontos e servem para que o projetista infira como será o solo da obra por interpolação. Isso nem sempre dá certo, pois entre os pontos de sondagem pode haver a ocorrência de matacões, solos saturados etc.

Outro fator é a *duração* dos contratos. Como as obras são geralmente extensas, com muitos meses e até anos de duração, as partes terminam se deparando com variações ao longo do ciclo de vida do contrato. Por exemplo, há alterações de impostos (tipo, alíquota, regras) e oscilação de preço de insumos.

Existe ainda a adequação do *escopo*. Durante uma obra não é raro haver mudanças de especificação, alterações de projeto para contemplar algo não previsto inicialmente. Há também mudanças de material simplesmente pelo capricho da vontade do dono. Essa adequação de escopo pode ter um impacto leve sobre a obra, quando é decidida com antecedência, porém causar ruptura no processo construtivo quando a decisão é intempestiva, com retrabalho, atraso de prazos e custos adicionais de mão de obra e material.

E, como acontece em muitos contratos, existem condições inesperadas para o construtor advindas de ação ou omissão do *contratante*. É o caso de a obra não ter as áreas desapropriadas a tempo hábil de se cumprir o cronograma, falta de acessos e atraso no fornecimento do projeto executivo.

As situações não previstas inicialmente no contrato tornam-se passíveis de reivindicação por parte do construtor. O nome técnico que se dá a essas reivindicações contratuais visando ao reequilíbrio das condições pactuadas é *pleito*, também conhecido pelo termo inglês *claim*.

A Fig. 7.16 exemplifica tipos de pleito comuns em contratos de construção.

7.9.1 Modificação de projeto

Esse tipo de pleito resulta da alteração de projeto por ordem (solicitação) da empresa contratante e visa a recuperar o equilíbrio do contrato. No pleito, o construtor tem que listar as alterações e mostrar seu impacto no custo e/ou prazo da obra.

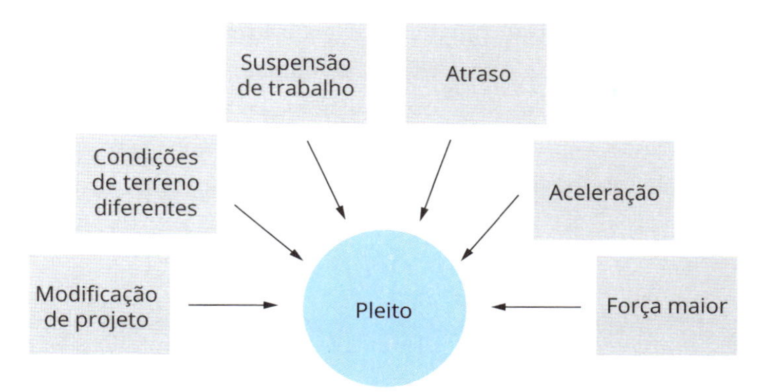

Fig. 7.16 *Causas mais comuns de pleitos em contratos de construção*

As alterações de projeto podem se manifestar de várias formas. Vamos a alguns exemplos: aumento do pé-direito da edificação, acarretando custo adicional de cimbramento; inclusão de esquadrias posteriormente à execução da alvenaria, causando retrabalho e custo adicional etc.

7.9.2 Condições de terreno diferentes

Quando o construtor encontra condições físicas de terreno diferentes daquelas mostradas no projeto, ele tem o direito de pleitear ressarcimento pelo custo e/ou prazo adicional. Exemplos clássicos são o solo subjacente ser diferente do admitido no projeto e o nível do lençol freático estar mais alto e interferir na escavação. Há também o caso de o construtor encontrar tubulações enterradas, redes de serviços públicos não mapeadas etc.

Nesse tipo de pleito, o que suscita discussão entre as partes é se a condição de terreno poderia ser prevista pelo construtor. Análise do projeto, leitura atenta do contrato e documentação fotográfica são muito importantes na negociação dessas reivindicações.

7.9.3 Suspensão de trabalho

Existem situações em que o contratante determina ao construtor que suspenda os trabalhos por um período limitado de tempo em toda a obra ou parte dela. Isso é comum em obras de estrada, por exemplo, quando uma determinada frente de serviço precisa ser paralisada em função de problemas de desapropriação de áreas.

A consequência que advém da suspensão é que as equipes do construtor ficam ociosas (quando param totalmente) ou improdutivas (quando conseguem produzir abaixo do esperado). Equipamentos estacionados e equipes paradas custam dinheiro. Além disso, quando o contratante libera as frentes para serviço, há sempre uma inércia a ser vencida nessa retomada.

Considerando que às vezes o contratante não dá ordem expressa de suspensão de trabalho, a prática internacional criou a figura da suspensão *inferida*, que é aquela situação que, embora não determinada oficialmente por carta ou ata, é causada por ação ou omissão do contratante, não havendo outra saída para o construtor senão paralisar o serviço.

Nesse tipo de pleito, o que suscita discussão entre as partes é se o construtor realmente tinha de paralisar suas equipes (mão de obra e máquinas) ou se ele poderia ter remanejado esses recursos para outras frentes. A característica dos equipamentos, a categoria dos profissionais, a capacidade de utilização deles em frentes e a distância entre as frentes são alguns fatores a levar em consideração.

7.9.4 Atraso

Em sentido mais amplo, atraso significa postergação da data de cumprimento de alguma meta pactuada. Pleitos por atraso ocorrem quando uma parte do contrato – geralmente o construtor – se vê forçada a gastar mais tempo na execução de uma tarefa.

Existem quatro tipos de atraso:

* *Imputáveis ao construtor*: são os atrasos causados pelo próprio construtor devido a delongas na aquisição de materiais, problemas de gestão de subempreiteiros, retrabalho, baixa produtividade etc. Os efeitos desse tipo de atraso devem ser arcados pelo próprio construtor, não devendo ser cobrados do contratante (embora muita gente tente...).
* *Imputáveis ao contratante*: são os atrasos causados pelo contratante geralmente devido a delongas de desapropriação, revisão de projetos, falta de verba para a obra etc. O construtor tem o direito a reaver custos e ter o prazo da obra dilatado.
* *Imputáveis a terceiros*: são os atrasos causados por alguém externo ao contrato. É o caso, por exemplo, de uma obra vizinha lançar grande quantidade de terra sobre a praça onde o construtor iria concretar uma peça. Outro exemplo é uma greve que pare todas as obras da região. A quem cabe pagar os custos? Depende do que defina o contrato.
* *Concorrentes*: são os atrasos causados simultaneamente pelas duas partes do contrato. É o caso, por exemplo, de o proprietário revisar a paginação do piso na mesma época em que houve atraso na compra das pedras pelo constru-

tor – "o primeiro atrasaria o segundo, mas o segundo atrasaria o primeiro". É difícil de provar.

Nesse tipo de pleito, a prova precisa estar bem documentada quanto à origem do atraso e à quantificação dos custos adicionais. Note que uma atividade que tem folga não atrasa a obra enquanto sua folga não vier a ser toda consumida (ou seja, até ela se tornar crítica).

7.9.5 Aceleração

Por aceleração entende-se o esforço do construtor de abreviar o prazo de execução da obra ou de etapas dela. A aceleração pode envolver hora extra, mobilização de equipes adicionais (pessoas e máquinas), utilização de um método construtivo mais rápido e mais caro etc.

Se a aceleração for *voluntária*, isto é, por interesse do construtor em terminar o serviço antes, o custo adicional deve ser absorvido por ele mesmo. Se, contudo, a aceleração for determinada pelo contratante, o custo adicional deve ser ressarcido ao construtor. *Eu já vi muita obra ser acelerada simplesmente "porque o governador precisa inaugurar antes do dia X"...*

7.9.6 Força maior

Eventos de força maior são geralmente descritos como eventos imprevisíveis causados por fatores externos e sobre os quais nem o contratante nem o contratado exercem controle. Uma greve e um furacão são bons exemplos.

Nesse tipo de pleito, o fator *imprevisibilidade* é o pomo da discórdia. Até que ponto aquilo que aconteceu é realmente imprevisível? A forma de solucionar essa controvérsia é pensar no que seria passível de ser previsto pelo engenheiro experiente e recorrer a dados históricos.

7.10 Erros comuns em diários de obra

O *registro diário de obra* (RDO) é um instrumento de documentação onde tanto o construtor quanto o contratante fazem suas observações, registram fatos notáveis, cobram providências, alertam para atrasos e interferências etc.

Também chamado de *registro diário de ocorrências*, *livro de ordem* ou *caderneta diária de ocorrência em obras*, ele serve como um memorial do que acontece na obra e reveste-se de uma importância administrativa, técnica e legal muitas vezes minimizada pelas partes do contrato.

Nesta seção pretendo apontar os erros mais comuns que vejo nos RDOs, mas primeiro comecemos pela estrutura do diário.

7.10.1 Partes do RDO

Um diário de obras típico se divide em duas partes principais (essa classificação é minha), conforme mostrado na Fig. 7.17.

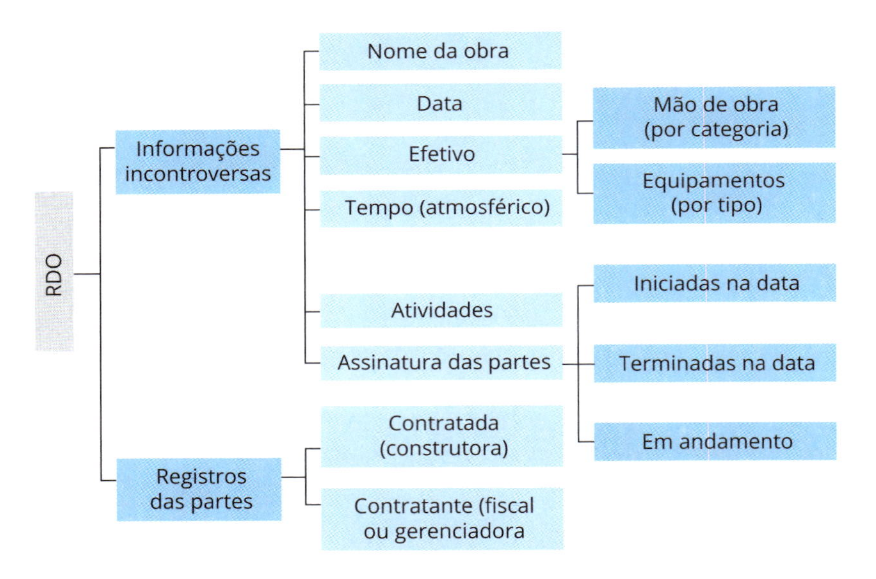

Fig. 7.17 *Elementos do diário de obra*

Na primeira parte, o RDO contém basicamente as informações gerais da obra e o efetivo mobilizado no canteiro naquela data. Esses dados não costumam suscitar discordância porque são objeto de contagem e podem facilmente ser aferidos.

A segunda parte destina-se às considerações das partes envolvidas no contrato. Aqui a redação é geralmente feita primeiro pela construtora e depois pela empresa contratante, seja através do fiscal da obra, seja por meio de um engenheiro da empresa gerenciadora.

7.10.2 Registros do RDO

Listamos no Quadro 7.3 algumas anotações típicas de um RDO.

Quadro 7.3 Anotações típicas do RDO

Liberação de áreas	Atrasos
	Falta de liberação
	Liberação parcial
Instruções de campo	Modificações de projeto
	Instruções contrárias ao projeto
	Ressalvas da fiscalização
Projeto	Indefinição
	Desenho com versão superada
	Inexistência de elementos e detalhes
	Exigência de oficialização de croquis, diagramas etc.
Interferências	De terceiros
	De instalações existentes
	Paralisações impostas pela fiscalização
Acidentes	Identificação
	Narrativa
	Providências
Redirecionamento dos serviços	Mudanças de frente pela fiscalização
	Serviços emergenciais

7.10.3 Erros comuns

Os cinco erros mais comuns que observo são os seguintes:

RDO sem assinatura

O diário de obra é um documento bilateral e que deve ser obrigatoriamente assinado. RDO sem assinatura não tem valor. No entanto, muitos são os casos de RDO que passam semanas e até meses sem assinatura, uma prática que deve ser combatida – o mais comum é o contratante que se exime de assinar para não assumir compromisso ou "não se complicar".

O RDO tem uma função importante no caso de uma disputa. O que sempre aconselho é que, se a parte contrária se recusar a assinar o RDO, escreva uma carta ao superior do preposto encarregado de assiná-lo e, caso persista o problema, entre na

Justiça. Isso mesmo! Há precedentes de empresas que ajuizaram ação para conseguir regularizar o RDO.

O Conselho Federal de Engenharia e Agronomia (Confea) tornou obrigatório um documento similar ao diário de obra por meio da Resolução nº 1.094 (Confea, 2017): o *livro de ordem*.

Em obras públicas, a obrigatoriedade do RDO está na Lei das Licitações (Lei nº 8.666):

> Art. 67. A execução do contrato deverá ser acompanhada e fiscalizada por um representante da Administração especialmente designado, permitida a contratação de terceiros para assisti-lo e subsidiá-lo de informações pertinentes a essa atribuição.
>
> § 1º *O representante da Administração anotará em registro próprio todas as ocorrências relacionadas com a execução do contrato, determinando o que for necessário à regularização das faltas ou defeitos observados.*
>
> § 2º As decisões e providências que ultrapassarem a competência do representante deverão ser solicitadas a seus superiores em tempo hábil para a adoção das medidas convenientes. (Brasil, 1993, grifo nosso).

Respostas precipitadas

Suponhamos que um construtor e o fiscal tenham escrito no RDO as seguintes observações no mesmo dia:

- *Construtor*: "Devido às fortes chuvas, todas as atividades foram paralisadas no dia de hoje. Computaremos o atraso e informaremos à Fiscalização para aditamento do prazo contratual."
- *Fiscal*: "Confirmamos as fortes chuvas e estimamos que o atraso será de 2 dias no prazo da obra."

Tudo errado! Em primeiro lugar é preciso ver se o contrato prevê extensão de prazo por causa de chuva (geralmente, tem-se que provar que a chuva foi excepcional etc.) e, em segundo lugar, não se pode afirmar o impacto da chuva no próprio dia.

Indução de meios

Suponhamos que um construtor e o fiscal tenham escrito no RDO as seguintes observações no mesmo dia:

- *Construtor*: "Atendendo à solicitação da Fiscalização, estamos mobilizando mais 2 escavadeiras hidráulicas a partir da próxima segunda-feira."

* *Fiscal*: "Considerando que a Contratada está muito atrasada na terraplenagem da área X, exigimos a mobilização imediata de 4 escavadeiras (em vez de 2) e 12 caminhões basculantes adicionais."

O fiscal não pode fazer o trabalho do construtor. Quem tem que dimensionar os meios de construção é quem foi contratado para isso. O perigo dessa anotação inocente (apesar da boa intenção) é que, se o construtor mobilizar os equipamentos adicionais e não tiver frente de serviço, irá cobrar a ociosidade dos equipamentos *impostos* pelo contratante.

O fiscal deveria cobrar o *resultado*, mas não os meios. Um registro adequado seria: "Considerando que a Contratada está muito atrasada na terraplenagem, exigimos a apresentação de um plano de recuperação do atraso, se possível com mobilização de mais equipamentos". Entendeu a diferença?

Registros sem contraditório

Uma das principais características do RDO é conferir às partes um espaço para que usem do contraditório, ou seja, para que registrem seus comentários e, se for o caso, divirjam. Quando uma parte registra algo e a outra não rebate, presume-se aceita a afirmação.

Suponhamos, por exemplo, que o fiscal tenha visto operários trabalhando sem EPI e tenha mandado o construtor parar os serviços. Os registros do RDO daquele dia foram:

* *Construtor*: "A Fiscalização nos orientou a parar todas as atividades na frente X."
* *Fiscal*: sem comentários.

Se mais adiante o construtor alegar que ficou parado naquela frente de serviço por culpa da fiscalização, o fiscal não disporá de um elemento comprobatório de que a paralisação foi por culpa do construtor.

Assuntos inadequados

Suponhamos que um construtor e o fiscal tenham escrito no RDO as seguintes observações no mesmo dia:

* *Construtor*: "Informamos que até a presente data já deveríamos ter faturado R$ 4.000.000,00, mas o faturamento real foi de apenas R$ 2.000.000,00. Essa diferença é por conta exclusiva da falta de frente de serviço."

- *Fiscal*: "Realmente a falta de frente de serviços impactou a Contratada, porém no máximo em R$ 500.000,00."

Aqui notamos duas impropriedades, uma de cada parte:

- Medição é assunto gerencial, e não um registro de campo. O âmbito certo para tratar desse assunto é uma reunião ou uma carta.
- O fiscal conclui algo prematuramente. Como ele sabe o total?

Antigamente o RDO era comprado em papelaria e, por isso, todas as obras tinham praticamente o mesmo padrão. Hoje em dia, com a proliferação de planilhas eletrônicas e sistemas de informação, ele assumiu diversas formas e muitas vezes não contém alguns campos que deveriam estar presentes. É bom verificar como anda o RDO em sua obra! E não se esqueça de que tem que existir diário de obra também para o contrato da construtora com o subempreiteiro.

7.11 Desafios da norma de desempenho

Norma de desempenho (ND) é o nome que se dá à norma técnica NBR 15575 (ABNT, 2013), que estabeleceu um conteúdo de cumprimento obrigatório pelas edificações a partir de 19 de julho de 2013.

A norma fornece parâmetros técnicos para avaliação e mensuração de requisitos referentes a durabilidade, condições de uso e manutenção, desempenho acústico/térmico etc. Ela cria um espírito de sintonia com o Código de Defesa do Consumidor ao estabelecer critérios objetivos de desempenho. O que realmente importa não é a forma como o prédio será construído, mas se o desempenho mínimo é atendido. Isso favorece a adoção de novos sistemas e materiais, desde que garantam o desempenho exigido.

Uma ótima fonte de consulta sobre essa norma é a cartilha preparada pela CBIC (2013).

A norma de desempenho *não* se aplica a obras já concluídas, construções preexistentes, obras em andamento (ou protocoladas) na data de entrada em vigor da norma, reformas, *retrofits* e edificações provisórias.

7.11.1 Cada um com sua responsabilidade

Um aspecto interessante da norma é que ela define a responsabilidade de cada ator – incorporador, projetista, construtor, fornecedor e usuário. A ação conjunta de todos esses atores traz ganhos para todos. Isso é importante porque hoje em dia o construtor termina tendo um papel de integrador. O Quadro 7.4 exemplifica algumas responsabilidades definidas pela norma de desempenho.

Quadro 7.4 Responsabilidades definidas pela norma de desempenho

Incorporador	Avaliar as condições do local, identificar os riscos previsíveis, especificar o padrão do prédio (mínimo, intermediário, máximo) e providenciar os estudos técnicos requeridos
Projetista	Desenvolver o projeto e especificar produtos atendendo aos requisitos de desempenho estabelecidos, indicando nos memoriais e desenhos a vida útil de projeto (VUP) de cada sistema que compõe a obra
Fabricante/fornecedor	Indicar a vida útil dos produtos e fornecer resultados comprobatórios do desempenho
Construtor	Garantir que o sistema (e não o produto) tenha o desempenho desejado e elaborar os manuais de uso, operação e manutenção
Usuário	Manter a edificação conforme o plano de manutenção

A definição de *vida útil de projeto* (VUP) é um dos conceitos mais relevantes da norma de desempenho. A VUP é o período de tempo em que determinado sistema deverá manter o desempenho esperado, feitas todas as manutenções e garantidas as condições de uso, conforme mostrado na Tab. 7.19.

Tab. 7.19 Vida útil de projeto (VUP)

Sistema	VUP (anos)		
	Mínimo	Intermediário	Superior
Estrutura	≥ 50	≥ 63	≥ 75
Pisos internos	≥ 13	≥ 17	≥ 20
Vedação vertical externa	≥ 40	≥ 50	≥ 60
Vedação vertical interna	≥ 20	≥ 25	≥ 30
Cobertura	≥ 20	≥ 25	≥ 30
Hidrossanitário	≥ 20	≥ 25	≥ 30

Fonte: ABNT (2013) e CBIC (2013).

A Fig. 7.18 ilustra como a manutenção continuada aumenta a durabilidade da edificação.

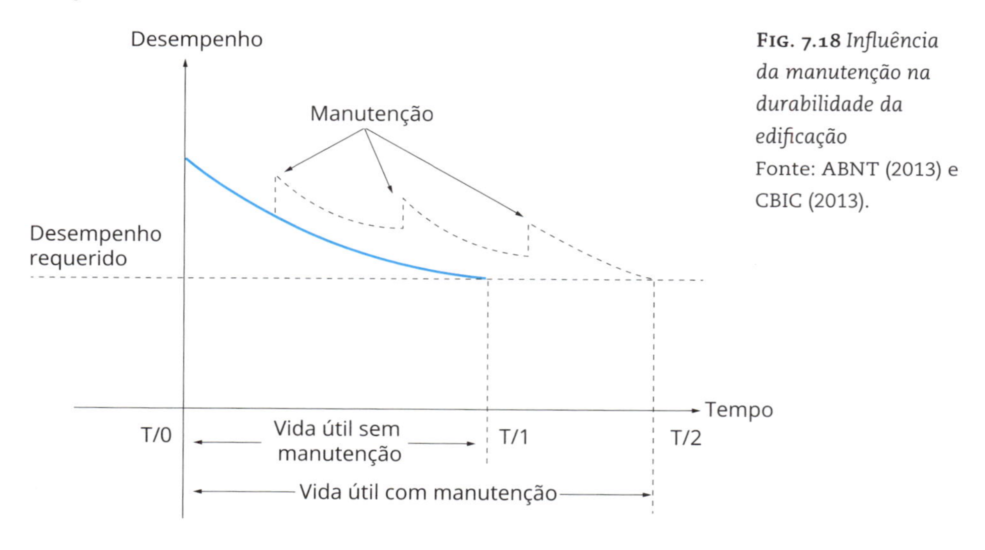

Fig. 7.18 *Influência da manutenção na durabilidade da edificação*
Fonte: ABNT (2013) e CBIC (2013).

7.11.2 Partes da norma de desempenho

Aplicável a *todos* os novos empreendimentos residenciais construídos no Brasil (após 19 de julho de 2013), independentemente de porte ou custo, a norma divide-se em seis partes, conforme mostrado na Fig. 7.19.

Em cada parte, descrevem-se os parâmetros a serem atendidos segundo os seguintes requisitos dos usuários: *segurança*, *habitabilidade* e *sustentabilidade*.

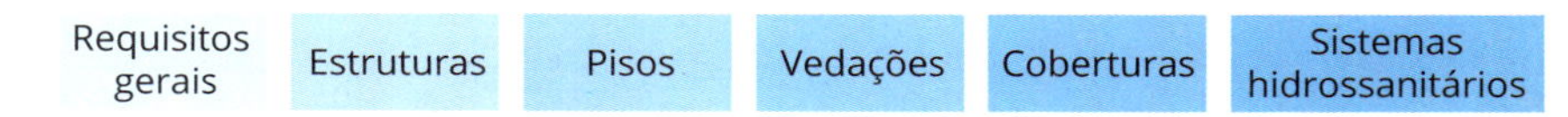

Fig. 7.19 *Partes da norma de desempenho*

O espírito da norma, portanto, é o revelado na matriz da Fig. 7.20.

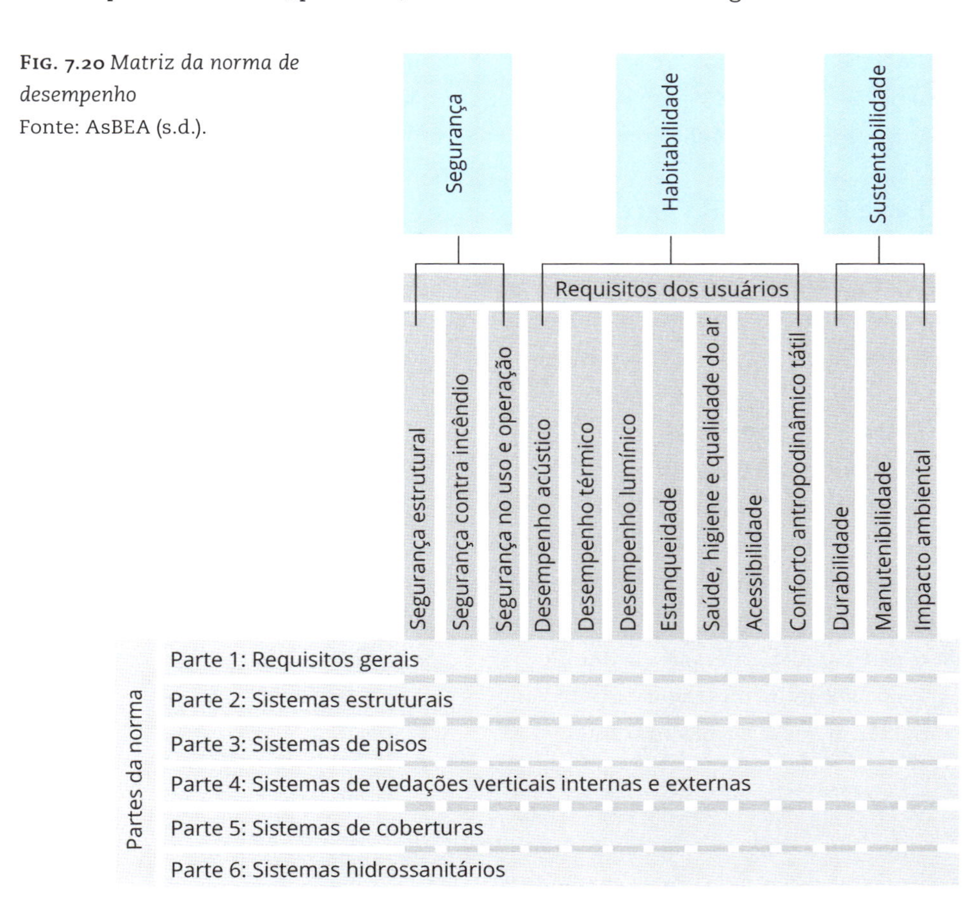

Fig. 7.20 *Matriz da norma de desempenho*
Fonte: AsBEA (s.d.).

Parte 1 – Requisitos gerais

Essa primeira parte tem um cunho de *orientação geral*, funcionando como um índice de referência às partes específicas (estrutura, pisos, vedações verticais, coberturas e sistemas hidrossanitários). Os principais pontos são o conceito de vida útil do projeto, a definição de responsabilidades e os parâmetros de desempenho mínimo (compulsório), intermediário e superior.

Parte 2 – Estrutura

Essa parte trata dos requisitos para os *sistemas estruturais* de edificações habitacionais. O texto estabelece quais são os critérios de estabilidade e resistência do imóvel, indicando, inclusive, métodos para medir quais os tipos de impacto que a estrutura deve suportar sem que apresente falhas ou rachaduras.

Parte 3 – Sistemas de piso

Essa parte da NBR 15575 normatiza os sistemas de *pisos internos e externos*, incluindo definições quanto a coeficiente de atrito e resistência ao escorregamento.

Parte 4 – Vedações verticais

O desempenho estabelecido para os *sistemas de vedação vertical* em uma edificação abrange paredes e esquadrias (portas, janelas e fachadas). A norma de desempenho traz requisitos como estanqueidade ao ar, à água e a rajadas de ventos, assim como se refere a conforto acústico e térmico.

Parte 5 – Coberturas

Entre os principais requisitos estão os relacionados com reação ao fogo dos materiais de revestimento e acabamento e com resistência ao fogo do sistema de cobertura.

Parte 6 – Sistemas hidrossanitários

A sexta parte da norma compreende os sistemas prediais de *água fria* e de *água quente*, de *esgoto* sanitário, além dos sistemas prediais de *águas pluviais*. O texto contém conceitos de durabilidade, critérios para a manutenção da edificação e requisitos de funcionamento dos sistemas hidrossanitários.

7.11.3 Os maiores desafios

Atender aos inúmeros requisitos da norma de desempenho não é tarefa tão difícil assim, pois muito já foi aproveitado de normas técnicas vigentes. O grande desafio é fazer incorporador, projetista, construtor, fornecedor e usuário trabalharem num ambiente de integração.

> Um levantamento feito em construtoras revela que os requisitos mais desafiadores da norma de desempenho são *estanqueidade* e *desempenho acústico*. Como exemplo, lajes de 8 cm de espessura podem até passar na segurança estrutural, mas dificilmente passam no desempenho acústico. É preciso mudar de paradigmas.

7.12 Análise de construtibilidade

Antes de você consultar um dicionário, eu advirto: a palavra constrtutibilidade *não existe! Trata-se de um neologismo, um aportuguesamento da palavra inglesa* constructibility.

O Construction Industry Institute (CII, s.d.) e a AACE International (2019a) definem *construtibilidade* como "o uso ótimo do conhecimento e da experiência nas fases de planejamento, projeto, suprimento e operações de campo de forma a alcançar os objetivos gerais do empreendimento". Sendo assim, a análise de construtibilidade consiste na avaliação sistemática dos desenhos, especificações e normas, com foco na praticidade executiva e na eficiência construtiva.

Embora a análise de construtibilidade deva ser aplicada *desde o início do empreendimento*, na fase de projeto arquitetônico e de engenharia, nesta seção eu vou abordar sua aplicação já na fase de *obra*.

Uma pergunta: você já viveu a situação de a equipe se preparar para um determinado serviço, mas na hora H não haver espaço para um determinado equipamento passar ou surgir interferência com outra equipe? É justamente isso que a análise de construtibilidade busca evitar, através de uma reunião multidisciplinar, com um *checklist* previamente preparado e com o firme propósito de identificar e eliminar restrições ou, se for o caso, rever o processo construtivo.

A maneira como nós fazemos é a que mostramos simplificadamente no Quadro 7.5. Dividimos a análise em três camadas: *categoria*, *aspecto* e *preocupação*.

Quadro 7.5 Camadas da análise de construtibilidade

Categoria	Aspecto	Preocupação
Projeto	Explicação geral do projeto	As equipes de campo estão familiarizadas com o tipo de construção e a representação do projeto?
	Detalhamento das fases	O que separa as fases? Há prazos distintos?
Equipamento	Equipamentos de execução	Os equipamentos são os mais adequados? O setor de contratação já providenciou a locação? Os operadores são qualificados?
	Equipamentos de suporte	Os andaimes podem ser montados no local proposto? Há alternativas?
Logística	Transporte	Os caminhões que trarão os perfis conseguem chegar à obra? Como é o acesso dentro da obra, até o local do serviço?
	Armazenamento	Há espaço? É necessário encomendar algo específico?
Permissões	Solda	Os soldadores estão com a licença em dia? Eles estão qualificados?
...	...	...

O caso em questão é o de uma obra cuja estrutura metálica esteja prestes a ser montada. O objetivo da análise é verificar se realmente essa montagem pode ser feita como a equipe de planejamento “bolou”.

Depois que vi uma obra ficar de braços cruzados porque o caminhão que trazia uma enorme treliça metálica não conseguiu passar por baixo de um viaduto, fiquei “escabreado”. Tem que se pensar em tudo. Planejar não é apenas pensar no método executivo – é também imaginar o que pode dar errado...

7.13 Gerenciamento de riscos

Um empreendimento de construção é, por suas características, um ambiente propício à ocorrência de riscos das mais variadas espécies. A adoção de premissas no orçamento e no planejamento, a flutuação de preço dos insumos, a variabilidade das produtividades, a dependência de terceiros (fornecedores, subempreiteiros, projetistas) e a disponibilidade de recursos financeiros são apenas alguns dos riscos que o construtor pode encontrar.

Por essa razão, é necessário que a empresa faça uma permanente gestão dos riscos, identificando-os em tempo hábil, avaliando seu grau de severidade e tomando as medidas necessárias para combatê-los (se os riscos forem negativos) ou aproveitá-los (se forem positivos).

Mas um risco pode ser positivo? Sim, pode. Por definição, *risco* é qualquer evento que possa ocorrer sob a forma de *ameaça* ou de *oportunidade* e que, caso se concretize, influencia o objetivo do projeto negativamente ou positivamente. Há muitas outras definições, mas todas elas versam sobre a mesma ideia de incerteza, eventualidade e impacto (positivo ou negativo) sobre o resultado.

O *gerenciamento de riscos* envolve todo o processo de identificação, análise qualitativa e quantitativa, plano de resposta e monitoramento dos riscos (Fig. 7.21). Numa perspectiva empresarial, esse gerenciamento reveste-se de grande relevância, porque permite à equipe gestora do empreendimento implementar uma cultura de controle, com mecanismos de ação eficazes.

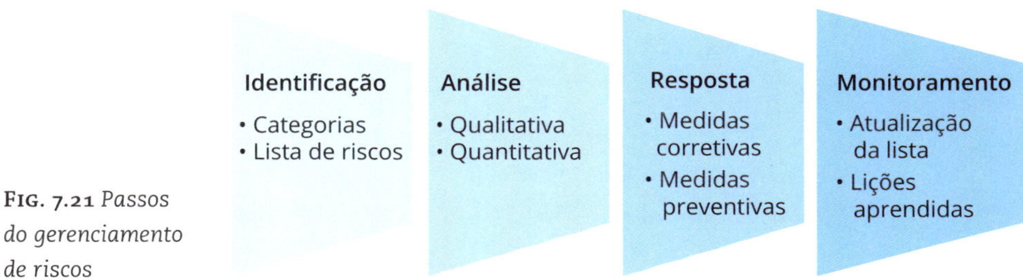

Fig. 7.21 *Passos do gerenciamento de riscos*

7.13.1 Identificação dos riscos

A etapa de identificação dos riscos se realiza quando a equipe da obra – veja que eu disse *equipe* em vez de *indivíduo* – elenca os diversos eventos que poderão ocorrer, trazendo impacto sobre alguma dimensão do empreendimento: custo, tempo, qualidade, escopo.

A melhor maneira de proceder é através do estabelecimento de *categorias* de risco, que ajudam a direcionar o raciocínio na hora de listar os riscos. Para uma obra típica, mostramos no Quadro 7.6 uma possível lista de riscos (reduzida, com apenas uns poucos riscos negativos).

Um erro comum é confundir causa e efeito. Vejo muita gente listando "aumento do custo da obra" e "estouro do prazo" na lista de riscos. Isso não são riscos, são o *efeito* deles!

Quadro 7.6 Lista de riscos

Categoria	Risco	Consequência
Técnico	Projeto executivo inexistente	Alterações de campo, inconsistências
	Escopo mal definido	Aumento de escopo, necessidade de prazo adicional
	Tecnologia complexa	Retrabalho, baixa produtividade
	Interferências de outras empresas	Paralisações, conflitos
	Produtividades abaixo das orçadas	Necessidade de hora extra, custo adicional
	Baixa qualidade dos operários	Alta rotatividade, baixo espírito de equipe
Comercial	Subempreiteiros desconhecidos	Produtividade baixa, atrasos
	Subempreiteiros financeiramente frágeis	Falência, abandono da obra
	Atraso no pagamento de medições	Necessidade de maior capital de giro
	Contratos mal elaborados	Pleitos de fornecedores e subcontratados
Financeiro	Dificuldade de obter empréstimo	Necessidade de maior capital de giro
	Flutuação de preço de insumos	Aumento do custo da obra
	Variação cambial	Aumento do custo da obra
Gerencial	Falta de processos	Informalidade, ineficiência, conflitos
	Papéis e responsabilidades mal definidos	Responsabilidades difusas ou conflitantes
	Ausência de indicadores	Subjetividade, desempenho mal monitorado

7.13.2 Análise dos riscos

Uma maneira indicada de analisar os riscos é por meio da *matriz de probabilidade e impacto*. Na etapa de análise, deve-se tomar cada um dos riscos listados e avaliar a *probabilidade* de ele ocorrer e o impacto que ele traz ao empreendimento. Somente avaliando essas duas grandezas é que o gestor pode ter uma noção clara da *severidade* de cada risco.

Um risco de grande impacto e probabilidade baixa, como um terremoto, pode não ser tão relevante para fazer o gestor tomar providências de peso; já um risco de médio impacto e de probabilidade alta, como a flutuação de preço de insumos, demanda uma atenção maior da equipe de gestão da obra.

Para que a atribuição do grau de impacto não seja arbitrária, recomendamos a adoção de uma escala baseada em *critérios objetivos*, como a sugerida no Quadro 7.7.

Quadro 7.7 Critérios de classificação do impacto

Risco / Aspecto	Muito baixo	Baixo	Médio	Alto	Muito alto
Custo	Aumento de custo não significativo	Aumento de custo de < 10%	Aumento 10-20%	Aumento 20-40%	Aumento > 40%
Tempo	Aumento de tempo não significativo	Aumento de tempo de < 5%	Aumento de 5-10%	Aumento 10-20%	Aumento > 20%
Escopo	Impacto quase imperceptível	Impacto em áreas menos importantes	Impacto em áreas importantes	Redução inaceitável para o cliente	Escopo sem utilidade
Qualidade	Impacto quase imperceptível	Impacto em aplicações menos críticas	Redução exige aprovação do cliente	Redução inaceitável para o cliente	Produto final sem utilidade

Dessa forma, a matriz de probabilidade e impacto fica sendo a mostrada na Fig. 7.22.

7.13.3 Resposta aos riscos

A priorização derivada da matriz de probabilidade e impacto serve de norte para a equipe gestora definir as medidas mais eficientes para lidar com os riscos. Basicamente, pode-se tomar medidas visando a quatro resultados (Fig. 7.23):

- *Eliminar o risco*: a medida faz o risco desaparecer. Por exemplo, pode-se eliminar o risco cambial optando por utilizar apenas produtos nacionais.
- *Mitigar o risco*: a medida atenua o risco, isto é, reduz a probabilidade ou o impacto, tornando-o um risco menor. Por exemplo, intensificar o treinamento das equipes de campo ou alugar um gerador de reserva.

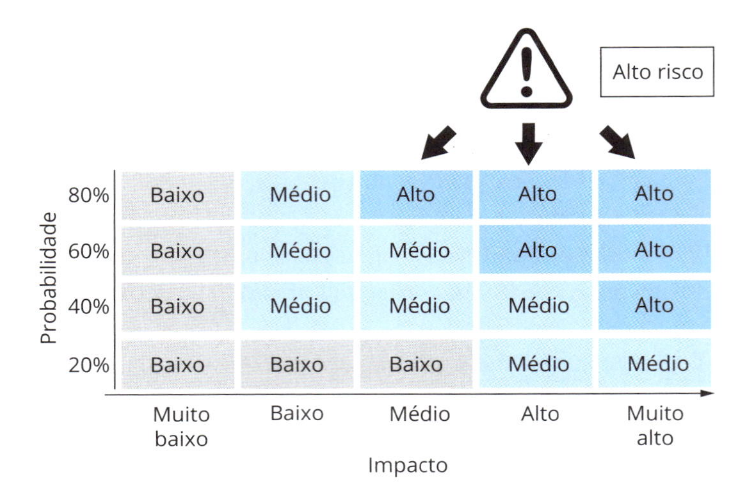

Fig. 7.22 *Matriz de probabilidade e impacto*

- *Transferir o risco*: consiste em tornar outra pessoa ou organização responsável pelo risco. Por exemplo, contratar um seguro de responsabilidade civil.
- *Aceitar o risco*: consiste em aguardar o evento acontecer para então tomar alguma medida. Por exemplo, não alugar gerador de reserva, deixando para tomar providências quando o problema ocorrer.

Fig. 7.23 *Respostas ao risco*

7.13.4 Monitoramento dos riscos

Como as incertezas são muitas e o cenário da obra é mutável com o passar do tempo e a evolução dos serviços, a lista de riscos deve ser continuamente revista. Novos riscos são incluídos e outros são retirados.

> Gerenciamento de riscos não é apenas um exercício teórico. Além de dar maior visibilidade aos tipos de problema que podem ocorrer e de permitir planejar a diminuição dos transtornos, ele também tem um lado econômico importante: *a empresa pode diminuir o custo da contratação dos seguros!* Pois é, as seguradoras ficam de olho na qualidade do executor da obra.

7.14 O QUE VI DE ÚTIL NO DESIGN THINKING

Quando eu era engenheiro de obra em início de carreira, ficava pensando em como melhorar processos na obra. E, pobre de mim, às vezes apresentava essas sugestões em reuniões de acompanhamento. A resposta era quase sempre intimidadora: "em vez de ficar querendo mudar as coisas, vá fazer o relatório para a diretoria". Não sei se é daí que vem minha aversão a relatórios (que ninguém lê) e minha inclinação por procurar formas alternativas de atacar questões. Hoje em dia, quando vejo a preocupação das empresas em inovar seus processos, noto que também na construção as ideias são bem-vindas e até incentivadas.

Há algum tempo me deparei com o *design thinking*, uma abordagem analítica do pensamento a fim de encontrar soluções para problemas específicos. Não se trata propriamente de uma metodologia, mas de uma abordagem que busca a solução de problemas de forma coletiva e colaborativa, em uma perspectiva de empatia máxima.

Resumidamente, o *design thinking* consiste em tentar mapear e mesclar a experiência cultural, a visão de mundo e os processos inseridos na vida dos indivíduos, no intuito de obter uma visão mais completa na solução de problemas e, dessa forma, melhor identificar as barreiras e gerar alternativas viáveis para transpô-las. Não parte de premissas matemáticas, parte do levantamento das reais necessidades do consumidor; trata-se de uma abordagem preponderantemente "humana" e que pode ser usada em qualquer área de negócio.

Os passos do *design thinking* estão mostrados na Fig. 7.24 e são resumidos a seguir.

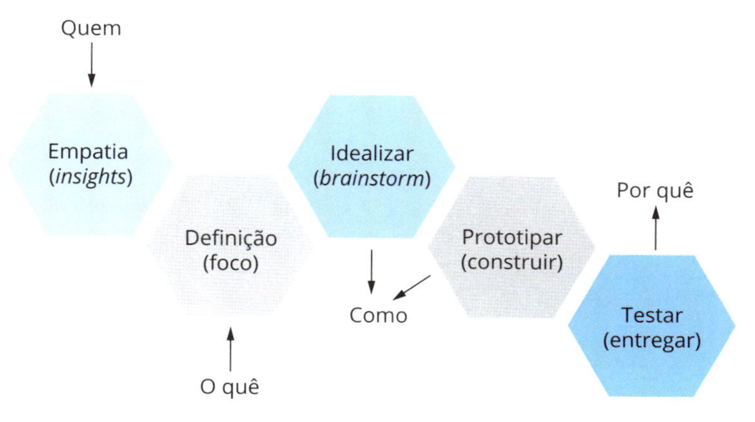

Fig. 7.24 *Processo de* design thinking

- *Empatia*: a maneira mais eficaz de encontrar uma solução é colocar-se na posição das pessoas envolvidas no problema. No caso da construção, os operários, o pessoal do almoxarifado, a equipe de suprimento etc.
- *Definição*: delimitação do problema com foco em encontrar oportunidades de melhoria, e não em apontar culpados. A abordagem tem um viés positivo.
- *Idealizar*: usar técnicas de *brainstorming* para extrair boas ideias do grupo (não há nada concebido individualmente). Não se trata de uma competição, mas de um pensamento em equipe.
- *Prototipar*: aplicar a solução proposta num teste. O projeto-piloto permite verificar, sem grandes gastos, se a ideia realmente atinge os objetivos almejados.
- *Testar*: implementar a solução e colher o *feedback* da equipe para aferir sua eficácia.

Alguns exemplos simples:

- O setor de engenharia não conseguia atingir o custo unitário orçado para o concreto. Relatórios mostravam que se gastava mais em mão de obra e material do que o previsto. Através de *design thinking*, o sistema de descarga dos caminhões-betoneira foi adaptado (deixaram de entrar de ré na obra, o que causava muita perda de tempo); adotou-se um número de concretagens menos frequente, porém com mais volume; e a construtora negociou com a concreteira que forneceria combustível para os caminhões (pois comprava mais barato) e descontaria da medição.
- O dono de uma construtora de obras prediais reclamava que o custo indireto das obras estava num percentual muito alto. *A pergunta certa foi: o indireto está alto ou a produção (custo direto) é que está baixa?* Pois bem, mediante uma seção de *design thinking*, alguns cargos foram compartilhados por obras próximas (engenheiro de planejamento, por exemplo), o *layout* do canteiro foi adaptado e algumas tarefas desempenhadas na obra passaram a ser feitas na matriz (onde geralmente tem gente "voando"...).

Parece fácil depois que a gente lê, não é?

7.15 Milestone trend analysis

Você gosta de ler relatórios extensos, cheios de texto e com informações nem sempre fáceis de digerir? Eu também não.

Em planejamento de obra, uma ferramenta gráfica que venho usando e que agrada bastante aos clientes é a *milestone trend analysis* (análise de tendência dos marcos). Leva-se um minuto para aprender e você não vai mais querer largar...

Vamos primeiro aos termos:

- *Milestone* = marco. Um marco é evento no tempo, sem duração, que serve para balizar a consecução de alguma etapa intermediária da obra. Aqui não nos referimos a marcos contratuais (que são fixos), mas aos marcos do cronograma do construtor (que podem variar no tempo à medida que as atualizações do cronograma vão sendo realizadas).
- *Trend* = tendência. A tendência é o comportamento do marco ao longo do tempo, ou seja, sua propensão a se atrasar ou a se antecipar em relação ao cronograma inicial (base).
- *Analysis* = análise. A análise envolve a interpretação da tendência dos marcos e seu impacto no cronograma geral da obra, a fim de dar uma visão panorâmica do progresso e permitir a tomada de decisões pelos responsáveis pela gestão da obra.

Agora a mecânica do gráfico.

7.15.1 Primeiro passo – Identificação dos marcos

O cronograma foi montado com marcos? Ótimo. Se não foi, é preciso definir alguns. Os marcos podem ser de *término* (Quadro 7.8) – conclusão da estrutura, término do desvio do rio, tubulação assentada, turbina entregue no canteiro etc. – ou de *início* – começo da soldagem, início do revestimento etc. *Eu prefiro montar meu cronograma com marcos de término, pois para mim são mais eloquentes.*

Quadro 7.8 Construção da Fábrica de Sonhos (exemplo)

Marco
Instalação do canteiro
Estrutura de concreto
Montagem da ponte rolante
Galpão
Estrada de acesso
Conclusão da obra

7.15.2 Segundo passo – Representação gráfica

O gráfico da *milestone trend analysis* (Fig. 7.25) tem os seguintes eixos:

- *horizontal*: data da atualização do planejamento;
- *vertical*: data de cada marco na respectiva atualização do planejamento.

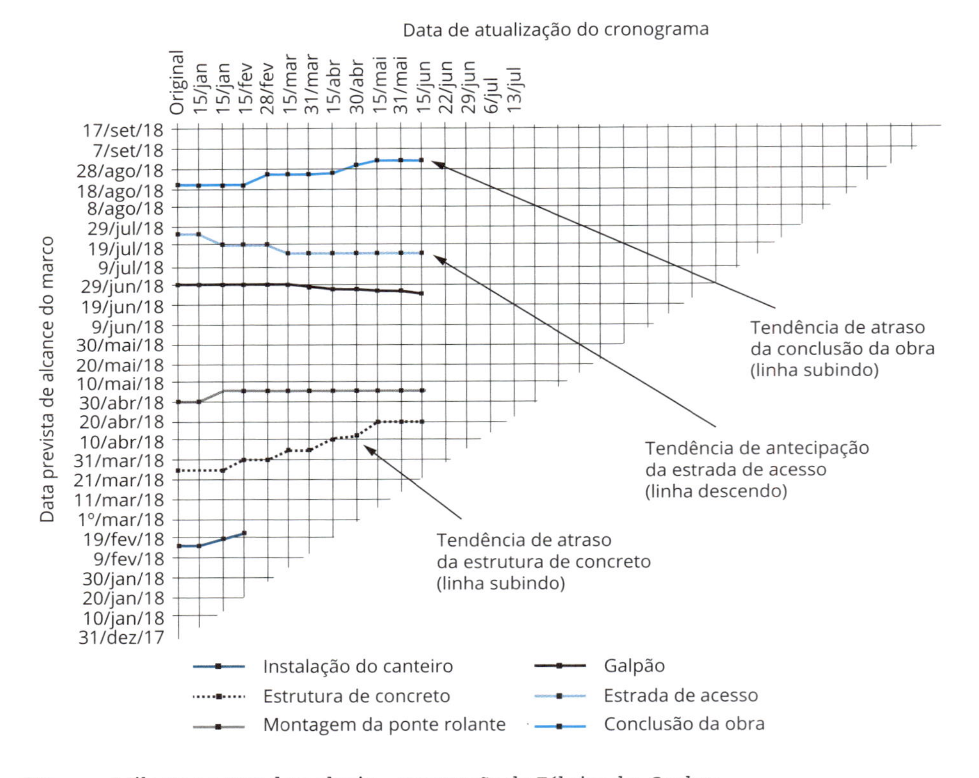

Fig. 7.25 Milestone trend analysis – *construção da Fábrica dos Sonhos*

7.15.3 Terceiro passo – Atualização periódica

À medida que o planejamento da obra é atualizado (semanalmente, quinzenalmente, mensalmente), os marcos vão "flutuando" no cronograma, ora apresentando atraso, ora adiantamento. O gráfico mostra justamente essa "dança" dos cronogramas.

7.15.4 Quarto passo – Interpretação

Se a linha que representa um dado marco *subiu*, isso significa que ele se *atrasou*, pois está sendo atingido mais tarde.

Se a linha que representa um dado marco *desceu*, isso significa que ele se *antecipou*, pois está sendo atingido mais cedo.

oito

LEAN CONSTRUCTION E INOVAÇÃO

8.1 A INOVAÇÃO VAI TIRAR O EMPREGO DO ENGENHEIRO?

Já perceberam que vaticinam a extinção do engenheiro a cada ciclo tecnológico por que passa o mundo? Eu me lembro de ouvir profecias de que a calculadora programável iria extinguir o calculista e o AutoCad eliminaria o projetista, mas nada disso aconteceu.

Agora, com o advento da Indústria 4.0, ou Nova Revolução Industrial, de novo o fantasma do aniquilamento dos engenheiros vem à tona. Mas será que a inovação vai tirar mesmo o emprego do engenheiro? Para mim, a resposta é não.

Em primeiro lugar, é preciso desmistificar o termo *inovação*: a raiz do vocábulo é *novo*, e não *tecnologia*. Muitos colegas creem piamente que inovação tem a ver com parafernália tecnológica, como *drones* que trazem um *chip* para um operário com óculos de realidade aumentada. Isso até pode acontecer, mas o que está no âmago de *inovar* é trazer ares novos à forma tradicional de produzir, e isso não necessariamente elimina a figura do bom e velho engenheiro com duas canetas espetadas no bolso da camisa. O que esse cinquentão pode fazer como ninguém é orientar a aplicação de tanta ferramenta – *design thinking*, SEO, realidade aumentada, realidade virtual, *machine learning*, *blockchain* – ao gerenciamento da obra, porque no fundo o que impera são os fundamentos da Engenharia.

Por mais que surjam ferramentas de programação, os fundamentos permanecem os mesmos. Quando, por exemplo, aparece uma *startup* trazendo um processo de apropriação de dados de campo, eu não vejo um engenheiro perdendo espaço. Eu vejo, sim, um engenheiro recebendo uma informação confiável, rastreável, quase instantaneamente, sem garranchos e sem mancha de café. Para quê? Para tomar uma decisão do que fazer com o planejamento da obra! Vai abrir mais uma frente de serviço? Autorizar hora extra para algumas equipes? Dobrar o turno? Mobilizar mais equipamentos? Por que tanta flutuação de produtividade nas últimas semanas? A decisão (ainda) é do homem. Se tem algo que o robô ainda não aprendeu é liderar pessoas.

8.2 Causas de fracasso na inovação

O interessante artigo "Por que as empresas falham ao inovar?", de Gláucia Alves Guarcello (2018), aponta sete razões pelas quais o processo de inovação é moroso ou pouco eficiente em muitas empresas: falta de conhecimento e capacidades internas, aversão a risco, cultura anti-inovação, falta de relação clara com a estratégia empresarial, ausência de processos de gestão da inovação, *head* de inovação centralizador e estrutura organizacional inadequada. Faço meus comentários a seguir:

- *Falta de conhecimento e capacidades internas*: conceitos como inovação, *startup*, *construtech* e *venture capital* são novos. No ambiente das construtoras e incorporadoras, estamos assistindo a uma mobilização das empresas, é verdade, porém sem um modelo de sucesso definido. Enquanto algumas empresas tratam inovação de forma estruturada – com consultoria externa e capacitação de pessoas, por exemplo –, outras buscam atabalhoadamente não perder o bonde da história – delegando a inovação a setores específicos e funcionais, como TI.
- *Aversão a risco*: eu li esses dias que as pessoas só mudam por dois motivos – dor ou amor. No caso das pessoas jurídicas, a dor é mais sentida, porque vem sob a forma de perda de clientes, perda de competitividade e êxodo de bons profissionais. Na escala de aversão a risco, a construção civil figura nos primeiros lugares. Sempre foi uma indústria morosa, de processos tradicionais e resistente a mudanças. Eu até entendo a razão: projetos longos, com grandes contingentes de pessoas, enorme cadeia de suprimento e múltiplos *stakeholders* exercem um peso forte contra a adoção de medidas de mudança. No entanto, inovação pode ser implementada de maneira gradual ainda que sistêmica, sem abalar tanto as fundações da empresa e suas crenças arraigadas.
- *Cultura anti-inovação*: o que a autora aponta nesse fator é a desvalorização do erro como fonte de acerto. Nisso eu concordo. De todos os lugares onde trabalhei (não foram poucos), só um conjunto reduzido de líderes e organizações prezavam ideias dos funcionários e induziam a geração de iniciativas próprias. O que hoje se chama de intraempreendedorismo era antes rebatido com a sumária ordem de "deixe de ficar pensando e vá fazer seu trabalho".
- *Falta de relação clara com a estratégia*: aqui eu faço um paralelo com a moda da qualidade nos anos 1990. Uma das primeiras tarefas de quem desejava obter a certificação ISO-9000 era apontar o "responsável da direção", o popular RD. O objetivo era claro: garantir que o processo não era uma mera iniciativa departamental, mas um compromisso bem definido do alto escalão

da empresa. Na inovação, a coisa é bem parecida: se ela não contar com o comprometimento da esfera mais alta e constar da estratégia empresarial, pode esperar seis meses para tudo cair no esquecimento. *Lembra-se das modas de 5S e reengenharia?*

- *Ausência de processos de gestão da inovação*: eu discordo do mito de que inovação não se controla. Até compreendo o que está por trás dessa máxima, porém em nosso mundo da construção um mínimo de controle há que se impor. Controle no sentido de processo, de rotina. Nossas organizações são grandes e espalhadas. A falta de um sistema de gestão definido pode fazer com que as fagulhas da inventividade só gerem fumaça, e não fogo.
- Head *de inovação centralizador*: o *mindset* (detesto essa palavra, mas vou deixá-la aí) mudou. Inovação precisa ter um caráter de transversalidade na empresa, todo mundo pensando junto. Quem inventou que o departamento de TI é que precisa abrigar a inovação? Inovação está em toda parte. Numa construtora, associa-se o termo com a utilização de *chips* em paletes de cerâmica, mas inovação pode se manifestar até na redução de perda de comida no refeitório. Abram as portas, derrubem os muros. Eu acho até que todo *head* (outra palavra que detesto) deveria fazer um curso de mediação.
- *Estrutura organizacional inadequada*: na construção civil pensamos em tudo sendo feito internamente, talvez só precisando contratar fora os consultores especializados de fundação e concreto. O espírito de trazer tudo para dentro atrapalha o florescimento da inovação. Imagine a diferença entre utilizar uma *startup* externa, enxuta, ágil e acostumada a tentativa e erro e recrutar esses mesmos profissionais para trabalhar na empresa. Vai ser um terror: RH, teste psicotécnico, entrevistas, *compliance*, jurídico, CLT, sindicato, CTPS, FGTS, INSS, mil formulários. Dá ânsia só de pensar. Quer implantar inovação? Seja simples, recorra a *startups*.

Você concorda com meus pontos de vista?

8.3 Princípios do lean construction

Lean construction é o termo que representa a aplicação da filosofia *lean production* ao mundo da construção civil. O adjetivo *lean* significa magro, sem gordura; em português, traduziram *lean construction* como *construção enxuta*, o que já levou muita gente a achar que se referia a construção sem água...

De maneira resumida, a filosofia *lean* busca identificar e reduzir os desperdícios que inevitavelmente surgem em qualquer operação produtiva. O objetivo é *priorizar as atividades que agregam valor*, com foco na eliminação de qualquer tipo de trabalho que seja considerado desnecessário na produção de um determinado produto, a fim de alcançar aumento de produtividade – os *desperdícios*.

Quando pensamos em desperdício, logo vem à mente entulho, sobras de construção, lixo, torneira aberta etc. Esses são tipos de desperdício, sim, mas são os mais fáceis de identificar, porque são *evidentes*. Há, contudo, outros tipos de desperdício que muitas vezes passam batido por estarem *ocultos*.

As atividades de um serviço são divididas em três tipos, conforme mostrado na Fig. 8.1.

Fig. 8.1 *Classificação das atividades na ótica do* lean construction

Pense numa obra cheia de operários se movimentando. Certamente vários desses deslocamentos podem ser aperfeiçoados, seja diminuindo a distância entre o ponto de armazenamento e o local de aplicação do material, seja mudando o meio de transporte do material (manual, carrinho de mão, caminhão Munck etc.), seja evitando o duplo manuseio (formação de pilha no almoxarifado, depois em frente ao monta-cargas, depois no pavimento).

O pensamento *lean* consiste justamente em identificar os desperdícios visíveis e ocultos, medi-los e buscar uma forma de eliminá-los ou pelo menos atenuá-los. O aumento da produtividade e a redução de custos são consequências da utilização dessa filosofia.

8.3.1 Desperdícios na visão do *lean construction*

Foi explicado em linhas gerais o conceito de *lean construction* ou *construção enxuta*. Como um de seus enfoques é priorizar as atividades que agregam valor, cabe ao engenheiro eliminar as operações desnecessárias, que são aquelas que geram os desperdícios.

Os principais tipos de desperdício são indicados na Fig. 8.2.

Espera	Movimentação	Processos desnecessários
Área inutilizada	Transporte	Estoque
Produção excessiva	Defeito	Atraso

Fig. 8.2 *Tipos de desperdício*

Espera

Por *espera* define-se qualquer tempo gasto por pessoas ou equipamentos aguardando algum tipo de ação por parte de terceiros. Durante o tempo de espera, os funcionários não exercem uma atividade, o que representa improdutividade. É, pois, um desperdício de tempo, não de material.

Alguns exemplos de espera:

* *Falta de material*: acontece geralmente porque o estoque da obra era insuficiente no início do serviço ou porque o setor de suprimento fez o pedido fora do prazo ideal.
* *Falta de ferramenta ou equipamento*: pode ser por mobilização tardia do equipamento ou até mesmo pela ausência de equipamento de reserva (vibrador de concreto, por exemplo).
* *Frota mal dimensionada*: já viu fila de caminhão aguardando sua vez para ser carregado por uma escavadeira (Fig. 8.3)? Isso pode ser decorrente de um dimensionamento errado de caminhões. Existe também espera no caso de a quantidade de caminhões ser pequena – aí a espera é na escavadeira.

Fig. 8.3 *Caminhão em espera*
Fonte: Eng. Macel Wallace.

Movimentação

Os desperdícios por *movimentação* ocorrem quando operários ou equipamentos realizam movimentos dispensáveis na execução de uma determinada atividade, sem agregar valor ao produto final. Um exemplo é o deslocamento para buscar ferramentas e materiais.

Uma das técnicas utilizadas para tentar reduzir desperdício por movimentação é o estudo de tempos nas operações. A Fig. 8.4 mostra o deslocamento dos operários em uma central de armação. Nota-se claramente que o arranjo da central não é dos mais eficientes, pois há muito deslocamento para um local afastado do centro de gravidade das operações. O que *você* faria nesse caso?

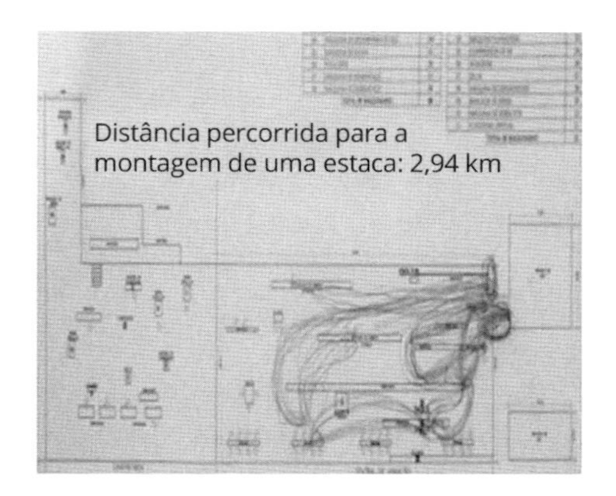

Fig. 8.4 *Mapeamento da movimentação dos operários*

Processos desnecessários

Os desperdícios por *processos desnecessários* se manifestam pela existência de processos intermediários que acabam por não agregar valor e tornam as atividades complexas e até redundantes.

Um exemplo clássico é a dupla carga ("dois tombos", como se diz no jargão da construção). Imagine que se faz uma escavação, leva-se o material para uma pilha de estoque e depois para o local de aterro. As duas cargas poderiam ser reduzidas a apenas uma se o processo fosse otimizado. A carga dupla é comum na descarga de material no canteiro de obra: o fornecedor descarrega o material no chão, um operário o transporta para o almoxarifado, depois o produto vai para uma pilha no monta-carga (ou cremalheira) e daí para uma pilha no pavimento de aplicação do produto.

Área inutilizada

Por *área inutilizada* define-se qualquer espaço dedicado à produção, porém que não é necessário ao processo construtivo. A existência dessa área ociosa pode agregar desperdício dos seguintes elementos:

- *Vigilância*: em grandes obras, um canteiro de obras muito extenso, cheio de vazios, pode levar a um custo desnecessário de vigilância.
- *Supervisão*: uma área maior do que a estritamente necessária pode gerar descontrole de materiais e má distribuição do efetivo.

* *Locação*: às vezes uma construtora precisa alugar um terreno vizinho para almoxarifado, depósito ou barracões. Será realmente necessário manter esse terreno alugado por todo o tempo da obra? Um bom estudo de espaços pode ajudar a reduzir gastos inúteis.

Transporte

A movimentação excessiva ou desnecessária de estoques intermediários configura um desperdício evidente. Mas não é só isso. Numa obra há muitos *meios de transporte* erroneamente utilizados, como carrinho de mão transportando blocos cerâmicos (um dia desses vi um carrinho de mão abarrotado de concreto fresco!).

Uma análise dos transportes externos e internos da obra pode ajudar a reduzir desperdícios. Alguns exemplos:

* *Entrega*: você já viu caminhões trazendo mercadoria, mas sem entrar na obra? A construtora precisa alocar vários ajudantes só para fazer o transporte entre o caminhão e o almoxarifado ou o local de estocagem do produto. Será que, se o caminhão de fornecimento fosse menor, a entrega e a descarga não seriam mais práticas?
* *Obra linear*: imagine uma estrada ou uma ferrovia. Nesses casos, é comum que a construtora receba entregas num ponto central para futura distribuição interna. Um estudo de logística de canteiro pode apontar para a viabilidade de o fornecedor entregar o produto em pontos espalhados ao longo da obra, reduzindo os custos de transporte.

Estoque

Muito gestor de construtora sente orgulho de exibir um almoxarifado repleto de mercadoria: sacos, latas, rolos e pilhas de produtos estocados até o teto. Isso é motivo de orgulho? Depende. Se a aplicação se der nos dias seguintes, sim; mas, se os produtos só forem utilizados meses depois, o estoque representa uma compra feita com muita antecipação, ou seja, dinheiro gasto antes da hora.

Alguns pontos de reflexão:

* Excesso de material "parado" significa dinheiro imobilizado, além de gastos desnecessários com estocagem (estoque tem custo).
* Entregas muito antecipadas ou atrasadas são indício de que o cronograma de suprimento da construtora está furado (se é que ele existe...).
* As técnicas de gestão da produção objetivam minimizar o estoque. O ideal é que o produto seja entregue na obra o mais perto possível da aplicação – *just in time* quer dizer exatamente isso: bem na hora.

Produção excessiva

A *produção excessiva* é um tipo de desperdício que pode ser de constatação fácil ou difícil. É fácil identificar a superprodução quando se nota visualmente que a equipe gerou mais produto ou realizou mais serviço do que o necessário, como quando se escava mais do que o projeto pede ou quando a produção ocorre muito antecipadamente à utilização, gerando estoque.

Entretanto, há também outros tipos de produção excessiva a ser combatida e que nem sempre é detectada:

- Pedido à concreteira de volume de concreto superior ao necessário ou sem ter onde ser aplicado.
- Talude de vala mais abatido do que realmente requerido. Numa longa vala, essa escavação pode representar um volume considerável.

Defeito

Defeitos são erros que consomem dinheiro e tempo e requerem retrabalho. Deve-se fazer certo da primeira vez. Nas obras, muitos defeitos são sistemáticos, mas a equipe de produção não divulga a solução dada para adoção generalizada na empresa. Uma sessão de lições aprendidas é fundamental para a incorporação do aprendizado. Os sistemas de controle de qualidade são grandes responsáveis pela diminuição e atenuação dessas perdas.

Alguns exemplos de defeito:

- Falta de estanqueidade em esquadrias.
- Patologias (fissuras, eflorescência) em fachadas.
- Abaulamentos e trilhas de roda em pavimentação.

Atraso

Atraso é um tipo de desperdício que dói no bolso. Durante um atraso existe ociosidade de equipes, gasto dispensável de dinheiro e até dilatação desnecessária do prazo da obra.

Alguns pontos de reflexão:

- Atrasos podem ser fruto de falta de análise das *restrições* de cada serviço: projeto detalhado, equipe mobilizada, área liberada, material comprado etc.
- Muitos atrasos ocorrem porque o cronograma da obra não está atualizado. Um cronograma factível e realista é uma ferramenta relevante de prevenção de atrasos.
- Havendo atraso numa atividade crítica do cronograma, a obra sofre impacto em sua duração. Recuperar o atraso deve ser uma meta a ser perseguida.

8.4 Três utilizações de *drones* que podem ajudar sua obra

Tenho visto com satisfação a utilização cada vez mais intensa de *drones* em obras brasileiras. Para quem não sabe, *drone* quer dizer zangão (macho da abelha) em inglês. Tem quem prefira a sigla VANT (veículo aéreo não tripulado), mas vamos usar mesmo *drone*.

Apesar de ver *drones* nos canteiros de obra, eu ainda percebo uma utilização mais recreativa do que propriamente técnica, ou seja, em minha opinião eles ainda estão sendo subutilizados sob o ponto de vista de sua capacidade *de engenharia*.

A seguir recomendo algumas formas de utilização de *drones* – não vou mencionar fotografias para fins de campanha publicitária antes de um prédio ser lançado porque isso é da área de marketing.

8.4.1 Reunião de partida

Reunião de partida ou de abertura (ou *kick-off meeting*) é a reunião inicial da obra, lá no início, quando contratante e contratado ainda estão otimistas, confiantes e amigos. Para mim, essa reunião, que muita gente nem se preocupa em fazer, reveste-se de grande importância porque serve de alinhamento geral, permite esclarecimentos antes dos serviços de campo começarem e ilustra bastante a posição do canteiro de obras, das frentes de serviço, de locais de descarte etc.

Em obras de infraestrutura, mais do que em prediais, essa reunião deveria ser obrigatória. Em um de meus clientes do setor rodoviário, testamos enriquecer a reunião de partida com um sobrevoo de *drone* projetado no telão (Fig. 8.5). O efeito tem sido notável: os setores de produção, operação, meio ambiente e segurança do trabalho se beneficiam bastante da filmagem. As pessoas apontam para a tela, tiram dúvida, dão *zoom* etc.

Fig. 8.5 *Foto de* drone *usada numa reunião de partida*

8.4.2 Levantamento de quantitativos para medição

Obras que envolvem movimento de terra requerem mensalmente a cubagem dos volumes de corte e aterro. Essa tarefa é geralmente feita por equipes de topografia. Meu pensamento é que o *drone* pode substituir em parte essas equipes em grandes trechos abertos e contínuos.

Para tanto, é necessário dispor de um plano de voo prévio, com definição de coordenadas, traçado, altura e aspectos ópticos que se repitam rigorosamente a cada voo. Assim, pode-se traçar as curvas de nível do terreno e, mês após mês, superpor as figuras para cálculo de volumes (Fig. 8.6).

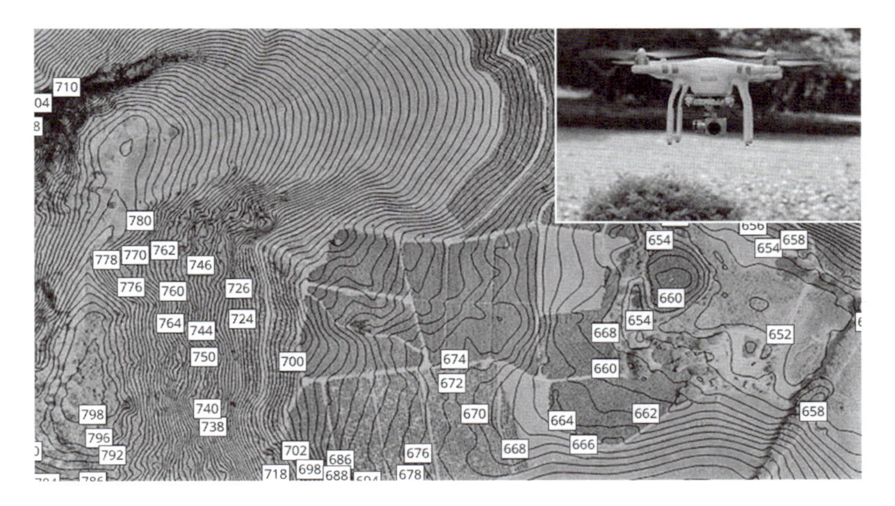

Fig. 8.6 *Medição de volumes com* drone

Uma pergunta que sempre me fazem: o *drone* é tão preciso quanto a estação total topográfica no cálculo de volumes? A resposta é não, mas o que proponho é que a cada três ou quatro meses seja feita uma medição topográfica de solo, mais precisa, para refinar o cálculo. Nos meses intermediários o *drone* atende bem.

8.4.3 Inspeção de serviços

Embora os *drones* já venham sendo usados corriqueiramente para mapeamento de locais de difícil acesso e para recebimento de serviços, existe a funcionalidade de acoplar a eles uma câmera termográfica para detecção remota de umidade (Fig. 8.7).

A vantagem é ser possível identificar anomalias em linhas de transmissão, telhados de fábrica e longos trechos de tubulação, em tempo real e sem a necessidade de locomoção de pessoas.

Fig. 8.7 *Imagem com câmera termográfica*

8.5 Comunicação móvel como ferramenta de organização

Você já parou para observar como funciona uma obra do ponto de vista da *comunicação*? Recentemente, tive contato com um material muito interessante sobre a importância da comunicação para o sucesso em projetos de construção e decidi destacar alguns pontos aqui, para reflexão.

8.5.1 Comunicação na construção

Quando se fala em comunicação, a maior parte das obras funciona à base de improvisação e intuição – digo isso por experiência própria –, mesmo se levarmos em conta que a maior parte de nosso tempo é dedicado à comunicação.

Um estudo da consultoria americana Box (2014) revelou que no setor da construção civil, por suas características de dispersão, alta quantidade de insumos e simultaneidade de atividades, os profissionais precisam se relacionar e compartilhar informações mais do que em outros setores (Fig. 8.8).

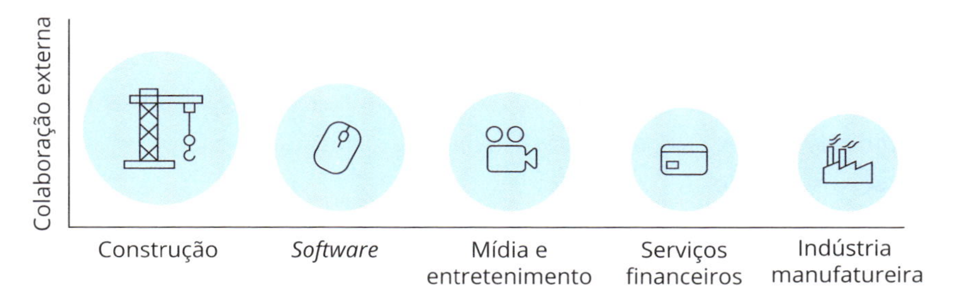

Fig. 8.8 *Comunicação externa em alguns setores da economia*
Fonte: Box (2014).

Além disso, no setor da construção as pessoas precisam se relacionar com *parceiros externos duas vezes mais* do que a média dos demais setores (faça uma comparação mental entre uma empresa de desenvolvimento de *software* e um canteiro de obras e tire suas conclusões). Isso porque temos que lidar com uma complexa cadeia de suprimento, que não pode de jeito nenhum funcionar como aquela brincadeira infantil do telefone sem fio.

A Fig. 8.9, muito expressiva, compara a comunicação na construção com a comunicação em outros dois setores. O gráfico mostra como operam os canais de comunicação: os nós internos são setores da empresa e os externos, parceiros de fora, como projetistas, subcontratados, fornecedores, fabricantes, órgãos de licenciamento e até vizinhos da obra.

Fig. 8.9 *Comunicação no setor de* software, *na construção e nos serviços financeiros*
Fonte: Box (2014).

Outro ponto que chama a atenção é que, apesar de a maior parte das atividades e custos acontecerem no canteiro de obra, o centro de decisão nem sempre está no próprio canteiro. Tanto mais centralizada a companhia, mais isso se verifica e aí mais relevante passa a ser a forma de as pessoas se comunicarem.

8.5.2 Relevância da comunicação

Uma pesquisa chamada *PM Survey*, conduzida pelo Project Management Institute (PMI, 2012 apud Beaurline; Florencio, 2016), mapeou problemas gerenciais em vários setores e chegou às conclusões apresentadas na Tab. 8.1.

Tab. 8.1 Principais problemas gerenciais

Habilidades mais necessárias e valorizadas em gestão de projetos	**% de resposta**	**Principais deficiências dos gerentes de projetos nas organizações**	**% de resposta**	**Problemas mais frequentes em projetos**	**% de resposta**
Comunicação	*58,3*	*Comunicação*	*41,8*	*Problemas de comunicação*	*70,1*
Liderança	50	Gerenciamento de conflitos	33,9	Não cumprimento de prazos	66,2
Negociação	41,5	Conhecimento em gestão de projetos	32,9	Escopo mal definido	62,2
Conhecimento em gestão de projetos	31,2	Domínio de ferramentas de gestão de projetos	31,7	Mudanças constantes de escopo	58,8

Tab. 8.1 (continuação)

Habilidades mais necessárias e valorizadas em gestão de projetos	**% de resposta**	**Principais deficiências dos gerentes de projetos nas organizações**	**% de resposta**	**Problemas mais frequentes em projetos**	**% de resposta**
Iniciativa	28,5	Capacidade de integrar as partes	28,3	Recursos humanos insuficientes	52,8
Conhecimento técnico	25,6	Liderança	24,6	Avaliação incorreta dos riscos	52,1
Capacidade de integrar as partes	25,4	Negociação	24,3	Concorrência de uso de recursos entre o dia a dia e os projetos	44,4
Gerenciamento de conflitos	24,1	Política	22,4	Descumprimento do orçamento	42,5
Trabalho em equipe	23,4	Organização	17,4	Mudança ou falta de prioridades	41,2
Organização	11	Iniciativa	16,2		
Domínio de ferramentas de gestão de projetos	7,3	Conhecimento técnico	12,5		
Política	7,1	Trabalho em equipe	11,3		

Fonte: PMI (2012 apud Beaurline; Florencio, 2016).

8.5.3 Comunicação móvel

Sem conhecer sua empresa ou sua obra, eu poderia apostar que há ordens que vêm do escritório central por telefone e são repassadas por e-mail para uns, por WhatsApp para outros e pessoalmente para outros. Tem gente mandando relatórios para pessoas que não precisam recebê-los, tem gente anotando coisas importantes na agenda ou num caderno, e tem o corre-corre para recolher documentos e informações do computador de alguém que está saindo da empresa. Acertei? Isso sem falar que um encarregado está com um problema e é necessário mandar uma foto para o projetista, mas caiu na caixa de *spam*.

É para "arrumar a casa" que entra em cena a moderna metodologia chamada *comunicação móvel em projetos*, que tem por objetivo otimizar o fluxo de mensagens, o controle de acesso, a rastreabilidade, o controle de revisões de documentos e a facilidade de armazenamento da informação com a utilização de *smartphones* (Quadro 8.1).

Quadro 8.1 Tipos de comunicação

Tipo de comunicação	WhatsApp	Comunicação móvel em projetos	E-mail
Frequência de uso	Tempo real (em qualquer lugar)	Tempo real (em qualquer lugar)	Diariamente (em geral, a partir de um computador)
Volume de mensagens	Muito alto	Médio	Alto
Linguagem	Informal	Direta	Formal
Nível de ruído	Alto (piadas, *memes*, grupos aleatórios)	Nenhum	Alto (*spam*)
Estrutura compartilhada	Grupo de pessoas	Tópico de projetos	Não há

Fonte: Beaurline e Florencio (2016).

Não se trata de implementar tecnologias e produtos novos e de difícil uso. O que a comunicação móvel propõe é tirar proveito de um aparelho de uso universal para aumentar a eficiência dos canteiros.

Estou fazendo uma reforma em casa e me dei conta de que isso teria me poupado muito trabalho e muitos fios de cabelo... Imagine quanta diferença ao gerenciar obras maiores, que chegam a envolver centenas de profissionais que precisam se comunicar intensamente! Não é feitiçaria, é tecnologia.

O aplicativo de comunicação em projetos de construção civil organiza as notas por projeto, prioridade, tipo de assunto tratado e prazo (Fig. 8.10). E é bem visual: pode incluir fotos, vídeos, marcações nas imagens etc.

Com essa ferramenta, é possível indicar o local da planta a que um determinado problema ou mensagem se refere (Figs. 8.11 e 8.12).

Fig. 8.10 *Comunicação móvel*
Fonte: Beaurline e Florencio (2016).

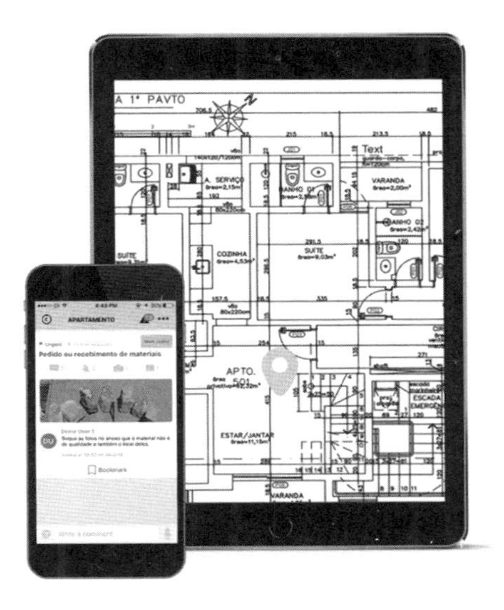

Fig. 8.11 *Indicação do local da planta*
Fonte: Beaurline e Florencio (2016).

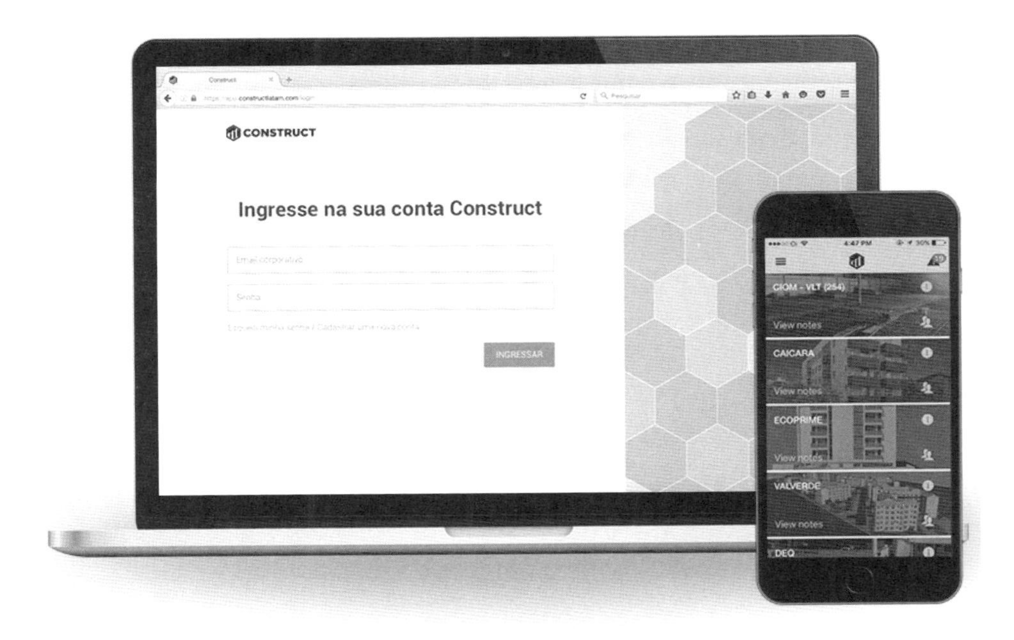

Fig. 8.12 *Organização por projeto*
Fonte: Beaurline e Florencio (2016).

8.6 Como funciona uma aceleradora de *startups*

Participei recentemente com grande prazer da fase final de seleção das *startups* a serem aceleradas por uma construtora. Fiz parte de um júri com outros nove profissionais, incluindo especialistas em inovação, engenheiros e consultores.

O programa de aceleração Vetor AG, realizado em 2018, foi o primeiro programa de aceleração de *startups* no Brasil totalmente focado em testar em campo tecnologias que visam à redução de custos e ao aumento de produtividade na indústria da construção.

Na primeira etapa da seleção, as 150 empresas candidatas apresentaram suas ideias para os 11 desafios priorizados pela empresa, que iam desde questões relacionadas a concreto até gestão de canteiros. Foram classificadas 25 empresas para o segundo *round*, aquele de que eu participei. E, por fim, ficaram as sete que estão no programa de aceleração.

Mas o que vem a ser a tal *aceleração*? Trata-se de um modelo de incubação, embasado por uma metodologia estruturada, no qual as empresas selecionadas desenvolvem soluções inovadoras e as testam em projetos-piloto em obras da construtora.

Na prática, o que o programa oferece a suas *startups* são quatro elementos fundamentais:

- infraestrutura;
- mentoria;
- treinamento;
- laboratório.

8.6.1 Infraestrutura

A maioria das *startups* de construção surgem da mente inventiva de jovens engenheiros, pessoas físicas sem espaço físico adequado e sem *back-office*, isto é, infraestrutura para desenvolver a solução. O programa de aceleração fornece um espaço de *coworking* e todo o apoio logístico necessário. A vantagem é que a *startup* "sai de casa" e ganha um espaço amplo moderno e, muito importante, oportunidade de coabitação com outras *startups* em grau similar de maturidade. Essa interação ajuda muito o desenvolvimento das ideias e das empresas incubadas. Mas essa não é a maior vantagem, a meu ver.

8.6.2 Mentoria

No seio de uma grande empresa, o desenvolvimento de uma *startup* é visivelmente mais sólido do que em outro contexto. A razão é simples: numa construtora como essa, a ideia da *startup* pode ser adaptada para diversos tipos de obra e, com isso, ganhar mais robustez e atingir um público-alvo maior. Mas o que para mim é a maior vantagem da construtora é que os novos empresários podem contar com o aconselhamento de diversos profissionais tarimbados. É aí que reside o grande diferencial do programa de aceleração.

8.6.3 Treinamento

O programa de aceleração da construtora, além de fornecer espaço, fornece também treinamento em gerenciamento de projetos, desenvolvimentos ágeis, *design thinking* e outras ferramentas que permitem um aprimoramento das *startups*.

8.6.4 Laboratório

Por "laboratório" me refiro a obras. Sim, porque para uma *startup* da construção (*construtech*) não basta a ideia – é preciso testá-la. Se a ideia se refere ao lançamento de cabos de uma linha de transmissão com *drone*, como saber se a solução dá certo se não for testando-a numa linha de transmissão real? É aí que a construtora e as empresas aceleradas "deitam e rolam": a construtora abre as portas para os testes e as *startups* têm as obras que sempre buscaram. Além disso, testando com o usuário real, as *startups* podem receber *feedbacks* valiosos para que façam as melhorias em suas soluções, acelerando o ciclo de aprendizagem.

É por ter vivido essa experiência que encorajo construtoras a se associarem em *clusters* ou *hubs*. Os Sinduscons estaduais podem ter um papel destacado nessas iniciativas. Os resultados são bastante positivos.

8.7 Informatização na construção civil

Um interessante estudo da consultoria McKinsey (2017) revela que a informatização (ou digitalização) no mundo da construção civil está em 21° lugar entre 22 setores pesquisados, ganhando apenas da agricultura/caça (Fig. 8.13).

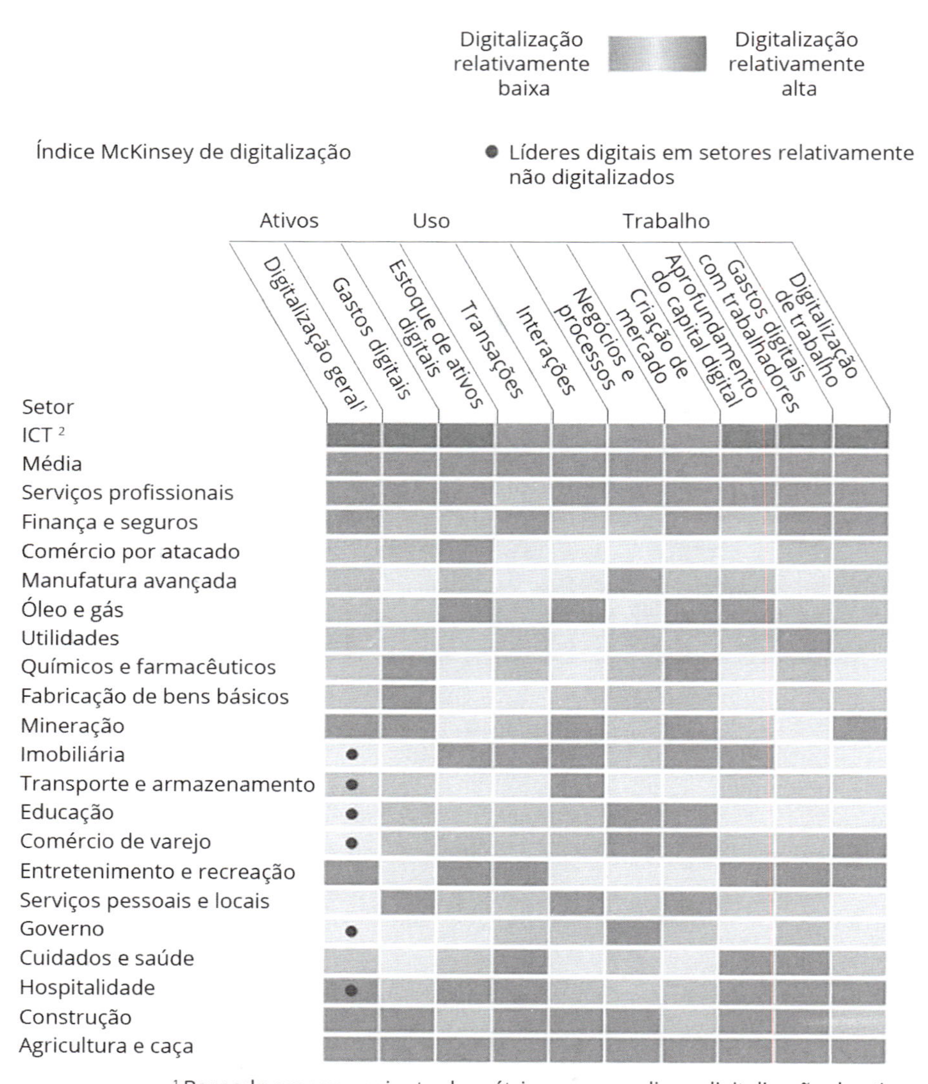

Fig. 8.13 *Índice de digitalização por setor*
Fonte: McKinsey (2017).

Segundo esse estudo, as razões para esse atraso são:

* a gestão das obras (como o planejamento, por exemplo) continua sendo feita com pouca coordenação entre o escritório e o campo, requerendo muita tarefa em papel;
* os contratos não incluem incentivos para compartilhamento de risco e inovação;
* a gestão do desempenho (*performance management*) é inadequada;
* as práticas usadas ao longo da cadeia de suprimento são pouco sofisticadas.

Eu vou além. As principais conclusões que eu tiro do gráfico são:

* os setores com maior taxa de digitalização são justamente aqueles que dependem de conteúdo e informação;
* setores que envolvem aplicação maciça de mão de obra terminam tendo menor margem para implantação de tecnologia;
* o fato de a construção ter uma atuação "nômade", com sucessivas mudanças de local, impõe limitações ao uso de ferramentas digitais constantes;
* a dependência de subempreiteiros e fornecedores pequenos e desestruturados representa um elo frágil no processo de informatização.

E você, o que acha disso?

8.8 Duas certificações que você pode tirar: PMP e CCP

Nesta seção trataremos das vantagens e desvantagens de duas certificações bastante conhecidas, a PMP e a CCP.

8.8.1 Project Management Professional (PMP)

Emitida pelo PMI, essa certificação é uma das mais conhecidas e difundidas no mercado. Não é uma certificação para engenheiros, mas para qualquer profissional que mexa com gerenciamento de projetos.

Vantagens:

* As ferramentas de gerenciamento de projeto que o profissional aprende na preparação para o PMP são aplicáveis a qualquer tipo de projeto, até mesmo para sua vida pessoal.
* É muito conhecida em todos os setores da economia.
* As empresas costumam exigir a certificação PMP para vários cargos de médio e alto escalão.
* O PMI tem um vasto acervo de manuais, cursos, eventos etc.
* Existem muitos capítulos do PMI no Brasil.

Desvantagens:

* É uma certificação generalista, sem ênfase em construção ou engenharia. Por exemplo, nem tudo o que se aprende no PMBoK (corpo de conhecimento que serve de base para o exame de certificação) é diretamente aplicável no mundo particular das obras.
* A quantidade de profissionais com PMP está tão grande, que eu me pergunto se essa certificação realmente está peneirando os bons candidatos. No mundo, já são 912 mil; no Brasil, 18 mil.
* Os eventos do PMI no Brasil e no mundo atraem gente de uma vasta gama de setores: TI (hoje são majoritários), governo, terceiro setor, indústria e construção, só para citar alguns.

8.8.2 Certified Cost Professional (CCP)

Emitida pela AACE International, essa certificação busca distinguir profissionais que dominam os fundamentos de Engenharia de Custos, disciplina que engloba orçamento, planejamento, gestão de contratos e gerenciamento de projetos no mundo da engenharia e da construção. Embora não seja uma certificação exclusiva de engenheiros, estes são a maioria.

Vantagens:

* Atesta o domínio de fundamentos de uma série de assuntos e a experiência no setor.
* É uma certificação cada vez mais procurada no mercado internacional – eu já capacitei profissionais de 20 nacionalidades.
* A quantidade de CCP é reduzida, o que confere prestígio ao profissional que a detém – no Brasil somos uns 30 apenas.
* Existem seções da AACE em todo o mundo, inclusive no Brasil.

Desvantagens:

* É uma certificação ainda pouco conhecida fora dos Estados Unidos e do Oriente Médio.
* O CCP é mais comum nos setores de óleo e gás e de mineração. No mercado imobiliário, é pouco comum.
* A certificação requer a elaboração prévia de um artigo técnico de 2.500 palavras (algo como oito páginas). Embora não seja nenhum bicho de sete cabeças, o artigo desestimula muita gente.

Eu tirei as duas certificações e as recomendo a vocês.

8.9 Quantas construtechs você conhece?

Construtechs são *startups* voltadas para o mundo da construção civil, ou seja, que têm por objeto algum aspecto da *cadeia de valor da construção*, conceito amplo que engloba os seguintes segmentos:

- extração de matéria-prima;
- indústria de materiais de construção;
- distribuição e comércio de materiais de construção;
- construção;
- setor imobiliário;
- manutenção;
- serviços gerais ligados a edificações e instalações.

O que mais me chama a atenção é que aos poucos a cadeia da construção também começa a perceber valor na transformação digital e acreditar que há ganhos em recorrer a *startups*. A meu ver, as vantagens que o modelo das *startups* traz para o empresário da construção são os seguintes:

- Startups *se desenvolvem em ambiente de incerteza*: fazer, errar, mudar, prototipar. Esse formato de criação e desenvolvimento das soluções tecnológicas segue um roteiro em que a mudança é inerente ao processo. Técnicas com *design thinking*, já estudado neste livro, ajudam bastante a criar o novo paradigma.
- Startups *são ágeis*: por essa razão, conseguem *pivotar*, isto é, mudar de rumo e ajustar o enfoque com grande facilidade. Na empresa tradicional isso às vezes não é muito fácil.
- Startups *são baratas*: ainda não vi estudos específicos, mas minha percepção é de que recorrer a uma empresa externa enxuta (no caso de inovação aberta) termina sendo mais barato do que contratar profissionais para o quadro na construtora/incorporadora ou mexer em sua estrutura funcional. Quando penso que tudo tem que passar por RH, jurídico, *compliance*, financeiro e TI, imagino a morosidade administrativa que às vezes impera nas companhias.

ÍNDICE REMISSIVO

Q

R

S

T

V

REFERÊNCIAS BIBLIOGRÁFICAS

AACE INTERNATIONAL. *Recommended Practice 10S-90*: Cost Engineering Terminology. 2019a.

AACE INTERNATIONAL. *Recommended Practice 17R-97*: Cost Estimate Classification System. 2019b.

AACE INTERNATIONAL. *Recommended Practice 18R-97*: Cost Estimate Classification System – As Applied in Engineering, Procurement, and Construction for the Process Industries. 2019c.

ABNT – ASSOCIAÇÃO BRASILEIRA DE NORMAS TÉCNICAS. *NBR 12721*: avaliação de custos unitários de construção para incorporação imobiliária e outras disposições para condomínios edifícios – procedimento. Rio de Janeiro, 2006.

ABNT – ASSOCIAÇÃO BRASILEIRA DE NORMAS TÉCNICAS. *NBR 15575*: edificações habitacionais – desempenho. Rio de Janeiro, 2013.

AsBEA – ASSOCIAÇÃO BRASILEIRA DOS ESCRITÓRIOS DE ARQUITETURA. *Guia para arquitetos na aplicação da norma de desempenho (ABNT NBR 15.575)*. [s.d.]. Disponível em: <http://www.asbea.org.br/userfiles/manuais/d4067859bc53891dfce5e6b282485fb4.pdf>. Acesso em: 3 jul. 2020.

BAETA, A. P. *Orçamento e controle de preços de obras públicas*. São Paulo: Pini, 2012.

BAETA, A. P. *Regime Diferenciado de Contratações Públicas*. São Paulo: Pini, 2013.

BEAURLINE, D.; FLORENCIO, T. F. *O que é comunicação móvel em projetos*: a importância da comunicação para o sucesso de projetos e o desafio da gestão de equipes. Construct, 2016. Disponível em: <https://constructapp.io/website/shared/uploads/2016/06/eBook-Comunicacao-Movel-em-Projetos-Construct-e-Gestor-de-Obras.pdf>. Acesso em: 3 jul. 2020.

BOX. *The Information Economy*: A Study of Five Industries. Redwood City: Box Incorporated, 2014.

BRASIL. Decreto nº 8.428, de 2 de abril de 2015. Dispõe sobre o Procedimento de Manifestação de Interesse a ser observado na apresentação de projetos, levantamentos, investigações ou estudos, por pessoa física ou jurídica de direito privado, a serem utilizados pela administração pública. *Diário Oficial da União*, 6 abr. 2015.

BRASIL. Decreto-Lei nº 5.452, de 1º de maio de 1943. Aprova a Consolidação das Leis do Trabalho. *Diário Oficial da União*, 9 ago. 1943.

BRASIL. Lei nº 4.591, de 16 de dezembro de 1964. Dispõe sôbre o condomínio em edificações e as incorporações imobiliárias. *Diário Oficial da União*, 21 dez. 1964.

BRASIL. Lei nº 8.666, de 21 de junho de 1993. Regulamenta o art. 37, inciso XXI, da Constituição Federal, institui normas para licitações e contratos da Administração Pública e dá outras providências. *Diário Oficial da União*, 22 jun. 1993.

BRASIL. Lei nº 8.987, de 13 de fevereiro de 1995. Dispõe sobre o regime de concessão e permissão da prestação de serviços públicos previsto no art. 175 da Constituição Federal, e dá outras providências. *Diário Oficial da União*, 14 fev. 1995.

BRASIL. Lei nº 9.307, de 23 de setembro de 1996. Dispõe sobre a arbitragem. *Diário Oficial da União*, 24 set. 1996.

BRASIL. Lei nº 10.931, de 2 de agosto de 2004. Dispõe sobre o patrimônio de afetação de incorporações imobiliárias, Letra de Crédito Imobiliário, Cédula de Crédito Imobiliário, Cédula de Crédito Bancário... *Diário Oficial da União*, 3 ago. 2004a.

BRASIL. Lei nº 11.079, de 30 de dezembro de 2004. Institui normas gerais para licitação e contratação de parceria público-privada no âmbito da administração pública. *Diário Oficial da União*, 31 dez. 2004b.

BRASIL. Lei nº 12.462, de 4 de agosto de 2011. Institui o Regime Diferenciado de Contratações Públicas – RDC... *Diário Oficial da União*, 5 ago. 2011.

BUTTS, G. Technical Paper Session II: Fast Conceptual Cost Estimating of Aerospace Projects Using Historical Information. In: SPACE VISIONS CONGRESS – GROWING THE NEXT GENERATION OF SCIENTISTS AND ENGINEERS. 2007. *The Space Congress Proceedings*, Apr. 2007.

CBIC – CÂMARA BRASILEIRA DA INDÚSTRIA DA CONSTRUÇÃO. Caracterização dos projetos-padrão conforme a ABNT NBR 12721:2006. *CUB/m²*: indicador dos custos do setor da construção civil, [s.d.]. Disponível em: <http://www.cub.org.br/projetos-padrao>. Acesso em: 3 jul. 2020.

CBIC – CÂMARA BRASILEIRA DA INDÚSTRIA DA CONSTRUÇÃO. *Desempenho de edificações habitacionais*: guia orientativo para atendimento à norma ABNT NBR 15575/2013. Fortaleza: Gadioli Cipolla Comunicação, 2013. Disponível em: <https://cbic.org.br/wp-content/uploads/2017/11/Guia_da_Norma_de_Desempenho_2013.pdf>. Acesso em: 3 jul. 2020.

CBIC – CÂMARA BRASILEIRA DA INDÚSTRIA DA CONSTRUÇÃO. *Guia contrate certo*: guia para contratação de empreiteiros e subempreiteiros na construção civil. 3. ed. Brasília, 2019.

CBIC – CÂMARA BRASILEIRA DA INDÚSTRIA DA CONSTRUÇÃO. *Implementação do BIM para construtoras e incorporadoras*: fundamentos BIM. Brasília, 2016. v. 1. Disponível em: <https://cbic.org.br/inovacao/2017/10/18/coletanea-bim/>. Acesso em: 3 jul. 2020.

CEF – CAIXA ECONÔMICA FEDERAL. *Sinapi*: metodologias e conceitos. Brasília, 2015.

CEF – CAIXA ECONÔMICA FEDERAL. *Sinapi*: metodologias e conceitos. Brasília, 2020.

CII – CONSTRUCTION INDUSTRY INSTITUTE. *Knowledge Base*. [s.d.]. Disponível em: <https://www.construction-institute.org/resources/knowledgebase/best-practices/constructability>. Acesso em: 3 jul. 2020.

CONFEA – CONSELHO FEDERAL DE ENGENHARIA E AGRONOMIA. Resolução nº 1.094, de 31 de outubro de 2017. Dispõe sobre a adoção do Livro de Ordem de obras e serviços das profissões abrangidas pelo Sistema Confea/Crea. *Diário Oficial da União*, 6 nov. 2017.

CONFORTO, S.; SPRANGER, M. A *Engenharia de Custos na viabilidade econômica de empreendimentos industriais*. Rio de Janeiro: Taba Cultural, 2011.

COTT, M. S. *Até quando vale a pena insistir na mentira de que a obra vai terminar no prazo?* Espírito Santo, 2017. LinkedIn: @marciosperandio. Disponível em: <https://www.linkedin.com/feed/update/urn:li:activity:6318381016121692160>. Acesso em: 3 jul. 2020.

CSCMP – COUNCIL OF SUPPLY CHAIN MANAGEMENT PROFESSIONALS. *Supply Chain Management*: Terms and Glossary. Aug. 2013. Disponível em: <https://cscmp.org/CSCMP/Educate/SCM_Definitions_and_Glossary_of_Terms.aspx>. Acesso em: 3 jul. 2020.

DIAS, P. R. V. *Novo conceito de BDI*. 5. ed. Rio de Janeiro, 2012.

DNIT – DEPARTAMENTO NACIONAL DE INFRAESTRUTURA DE TRANSPORTES. *Guia de gerenciamento de riscos de obras rodoviárias*: fundamentos. 1. ed. Brasília, 2013. Disponível em: <http://189.9.128.64/custos-e-pagamentos/custos-e-pagamentos-1/guiadegerenciamentoderiscosfundamentos.pdf>. Acesso em: 3 jul. 2020.

DNIT – DEPARTAMENTO NACIONAL DE INFRAESTRUTURA DE TRANSPORTES. *Manual de custos de infraestrutura de transportes*. Brasília, 2017.

DNIT – DEPARTAMENTO NACIONAL DE INFRAESTRUTURA DE TRANSPORTES. *Manual de custos rodoviários*. Rio de Janeiro, 2003. v. 4.

EY. *Estudo sobre produtividade na construção civil*: desafios e tendências no Brasil. 2014.

GONÇALVES, C. M.; CEOTTO, L. H. *Custo sem susto*. São Paulo: O Nome da Rosa, 2014.

GUARCELLO, G. A. *Por que as empresas falham ao inovar?* Rio de Janeiro, 2 out. 2018. LinkedIn: @glauciaalves. Disponível em: <https://www.linkedin.com/pulse/por-que-empresas-falham-em-inovar-gl%C3%A1ucia-alves-da-costa>. Acesso em: 3 jul. 2020.

KRALJIC, P. Purchasing Must Become Supply Management. *Harvard Business Review*, Sept. 1983.

LIMA, M. C. Comparação de custos referenciais do DNIT e licitações bem-sucedidas. In: SIMPÓSIO NACIONAL DE AUDITORIA DE OBRAS PÚBLICAS (SINAOP), 13., Porto Alegre, 2010.

MATTOS, A. D. *Como preparar orçamentos de obras*. São Paulo: Oficina de Textos, 2019.

MATTOS, A. D. *Patrimônio de afetação na incorporação imobiliária*. São Paulo: Pini, 2013.

McKINSEY & COMPANY. *A digitalização chega à construção civil*. McKinsey & Company, 2017. Disponível em: <https://www.mckinsey.com/industries/capital-projects-and-infrastructure/our-insights/tackling-infrastructures-digital-frontier/pt-br>. Acesso em: 3 jul. 2020.

MENDES, A. *Aspectos polêmicos de licitações e contratos de obras públicas*. São Paulo: Pini, 2013.

PINI. Estimativas de gastos por etapa de obra. *Revista Construção Mercado*, 190, maio 2017.

ROCHA, M. S. Novos parâmetros de referência para os BDIs de obras públicas executadas com verbas federais – o Acórdão 2622/2013-TCU-Plenário. *Auditoria Aplicada à Engenharia*, 16 out. 2013. Disponível em: <https://auditoriadeengenharia.com/2013/10/16/novos-parametros-de-referencia-para-os-bdis-de-obras-publicas-executadas-com-verbas-federais-o-acordao-26222013-tcu-plenario/>. Acesso em: 3 jul. 2020.

RS MEANS. *RS Means Building Construction Cost Data 2003*. 61st ed. Oct. 2002.

SOUZA, U. E. L. *Como reduzir perdas nos canteiros*. São Paulo: Pini, 2005.

TCU – TRIBUNAL DE CONTAS DA UNIÃO. *Acórdão nº 325*. Administrativo. Critérios de aceitabilidade do lucro e despesas indiretas – LDI em obras de linhas de transmissão e subestações de energia elétrica. Aprovação de valores referenciais. Orientações às unidades técnicas. Brasília, 2007.

TCU – TRIBUNAL DE CONTAS DA UNIÃO. *Acórdão nº 2.369*. Administrativo. Adoção de valores referenciais para taxas de benefício e despesas indiretas – BDI para diferentes tipos de obras e serviços de engenharia e para itens específicos para a aquisição de produtos... Brasília, 2011.

TCU – TRIBUNAL DE CONTAS DA UNIÃO. *Acórdão nº 2.622*. Administrativo. Conclusão dos estudos desenvolvidos pelo grupo de trabalho interdisciplinar constituído por determinação do Acórdão nº 2.369/2011 – Plenário... Brasília, 2013.

TIGRE S. A. *Orientações para instalações de água fria*: água fria predial. [s.d.].

TISAKA, M. *Metodologia de cálculo da taxa do BDI e custos diretos para a elaboração do orçamento na construção civil*. São Paulo: Instituto de Engenharia, 2009. Disponível em: <https://www.institutodeengenharia.org.br/site/wp-content/uploads/2017/10/arqnot9705.pdf>. Acesso em: 3 jul. 2020.